武器系统与工程导论

主编
张相炎

编著
张相炎　李军　周克栋　杜忠华
李豪杰　陈雄　高强

国防工業出版社
·北京·

内 容 简 介

本书系统地简要介绍武器与武器系统的基本知识，介绍武器系统与工程专业以及兵器科学与技术学科的内涵、培养目标、知识结构和培养计划，介绍武器系统与工程专业主要涉及的武器发射与推进原理、弹道学、轻武器技术、火炮技术、火箭与导弹发射技术、装甲车辆技术、弹药工程、火箭与导弹武器技术、目标探测与引信技术、指挥与控制科学与技术、火炸药科学与技术等学术方向的技术及其发展概况等。

本书主要作为武器系统与工程专业入门教材，也可作为兵器类其他专业入门教材，还可以作为武器系统与工程研究和生产企业工程技术人员的参考书，以及武器爱好者的阅读资料。

图书在版编目(CIP)数据

武器系统与工程导论/张相炎主编．—北京：国防工业出版社，2014.2

ISBN 978-7-118-09291-2

Ⅰ.①武… Ⅱ.①张… Ⅲ.①武器系统—系统工程—研究 Ⅳ.①E92

中国版本图书馆 CIP 数据核字(2014)第 022406 号

※

国防工业出版社出版发行

(北京市海淀区紫竹院南路 23 号 邮政编码 100048)

三河市腾飞印务有限公司印刷

新华书店经售

*

开本 787×1092 1/16 **印张** 12¼ **字数** 279 千字

2014 年 2 月第 1 版第 1 次印刷 **印数** 1—3000 册 **定价** 28.00 元

国防书店：(010)88540777 发行邮购：(010)88540776

发行传真：(010)88540755 发行业务：(010)88540717

前　言

《武器系统与工程导论》作为武器类专业入门教材,系统地简要介绍武器与武器系统的基本知识,介绍武器系统与工程专业以及兵器科学与技术学科的内涵、培养目标、知识结构和培养计划,介绍武器系统与工程专业主要涉及的武器发射与推进原理、弹道学、轻武器技术、火炮技术、火箭与导弹发射技术、装甲车辆技术、弹药工程、火箭与导弹武器技术、目标探测与引信技术、指挥与控制科学与技术、火炸药科学与技术等学术方向的技术及其发展概况等。全书共分 11 章。第 1 章绪论,主要介绍武器与武器系统的基本知识,武器系统与工程专业以及兵器科学与技术学科的内涵、培养目标、知识结构和培养计划。第 2 章武器发射与推进原理,介绍武器的工作模式与技术发展,身管武器发射原理与特点,火箭推进原理与推进武器的特点,弹道学。第 3 章轻武器技术,介绍轻武器及其特点,轻武器技术及其发展。第 4 章火炮技术,介绍火炮及其特点,火炮技术及其发展。第 5 章火箭与导弹发射技术,介绍火箭与导弹发射及其特点,火箭与导弹发射技术及其发展。第 6 章装甲车辆技术,介绍装甲车辆基本概念、类型及特点,装甲车辆技术及其发展。第 7 章弹药工程,介绍毁伤机理,弹药基本概念、类型及特点,弹药技术及其发展。第 8 章火箭与导弹武器技术,介绍火箭及导弹武器及其特点,火箭及导弹技术及其发展。第 9 章目标探测与引信技术,介绍目标探测与识别基本概念、类型及特点,引信技术及其发展。第 10 章指挥与控制科学与技术,介绍战场指挥与信息化基本概念、类型及特点,武器系统控制原理与方法,指挥与控制技术及其发展。第 11 章火炸药科学与技术,介绍火炸药基本概念、类型及特点,发射药及其装药设计,火炸药技术及其发展。

本书由南京理工大学张相炎教授主编。参加这次编写工作的有:张相炎(第 1 章、第 2 章、第 4 章、第 6 章、第 11 章),周克栋(第 3 章),李军(第 5 章),杜忠华(第 7 章),陈雄(第 8 章),李豪杰(第 9 章),高强(第 10 章)。全书由张相炎统稿定稿。

本书主要针对武器系统与工程专业学生,运用通俗的语言,系统而简要地介绍了武器系统及其主要学术方向相关技术的基本概念、工作原理和发展趋势,以及相关专业方向主要的研究内容、研究方法和研究热点,填补了国内外在此方面的空白。本书根据现代武器系统及其主要学术方向相关技术的特点和发展趋势,结合近年来取得的科研成果,具有时代特色和先进性;介绍基本理论和方法在武器系统中的应用原理和思路,具有一定的通用性和适应范围;以介绍应用原理和方法为主,具有较强的针对性和实用性。本书主要目的是作为武器系统与工程专业入门教材,也可作为兵器类其他专业入门教材,还可以作为武器系统与工程研究和生产企业工程技术人员的参考书及科普读物,希望能为普及国防知识贡献一点绵薄之力。

南京理工大学许多专家教授对本书初稿提出了有益的修改意见,本书在编写中参考了许多专著和论文,在此对所有为本书的出版付出心血的同仁以及本书的主审专家、编辑一并表示衷心感谢。

由于编著者水平所限,书中难免有遗误和不妥之处,恳请读者批评指正。

张相炎

2013 年 9 月于南京

目　　录

第1章 绪 论

1.1 武器与武器系统

1.1.1 武器

武器,又称兵器。按照《辞海》和《中国军事百科全书》的定义,它是直接用于杀伤敌人有生力量(战斗人员)和破坏敌方作战设施的工具。武器,既可用于攻击,也可被用来威慑和防御,它可以是一根简单的木棒,也可是一枚核弹头。古代有弓、箭、刀、矛、剑、戟等,近现代相继出现枪炮、化学武器、生物武器和火箭、导弹、核武器等。广义上,任何可造成伤害的工具和手段(甚至可造成心理伤害的)都可泛称为武器。当武器被有效利用时,它应遵循"期望效果最大化、附带伤害最小化"的原则。严格说来,兵器和武器还是有区别的。兵器一般是指以非核常规手段杀伤敌有生力量、破坏敌作战设施、保护我方人员及设施的器械,是进行常规战争、应付突发事件、保卫国家安全的武器。兵器是武器中消耗量最大、品种最多、使用最广的组成部分。随着军事技术的发展和国防工业管理体制的变化,兵器和武器的内涵已经发生了很大的变化,现在一提到兵器,一般指的是除战略导弹、核武器、作战飞机和作战舰艇之外的武器,这已经成为多数人的共识。

武器是人类技术发展的标志,是个体力量的延长,本质上它是为了弥补人类身体的局限性。武器的发展史贯穿于人类社会发展史、科技发明史和战争史的始终。通常,将武器技术与战争时代划分为:冷兵器战争时代;热兵器战争时代;信息化战争时代。

人类最初使用原始兵器可以追溯到60万年前。那时候,原始人已经学会用石头做工具,人类在以狩猎、捕鱼和采集为主要生活方式的原始经济条件下,最早用于武力冲突的兵器就是由这些生产工具转化而来的,而参战的人员也是部落中的一员。在漫长的旧石器时代,原始人发明了石刀、石矛、石斧等劈刺型兵器;到了新石器时代,弓箭被发明出来,它一直是冷兵器战争中最主要的投掷型兵器。当人类进入第一个阶级社会(奴隶社会)以后,奴隶主阶级为了镇压奴隶的反抗和对外掠夺,组织起脱离生产的、用最精良的兵器装备的专门武装力量(军队),而规模愈来愈大的武装冲突也演变成为战争。

17世纪以前,人类处在农业经济社会。这个时代的战争主要使用石质、木质、青铜和铁质的兵器,它们相对后来的以化学能(火炸药)为能源的"热"兵器而言,称为"冷"兵器,这个时代的战争也被称为冷兵器战争。各种冷兵器的原理,都是一种传递或延长(借助杠杆、弓弩张力)人的体能的战斗器械。冷兵器主要有以下几种类型:①进攻型手持兵器:刀、枪、剑、戟、斧、叉、矛、鞭、锤、铲等;②弹射兵器:弓、弩等;③防御性兵器:盾、铠甲、胄(盔)等;④运载工具:战船、战车、战马等。

火药的发明是兵器技术的一次重要革命,在公元808年,我国就已记载了这项发明。10世纪至12世纪,我国已将火药用于兵器,制成火球、火箭、火蒺藜、火炮等火器。13世纪,这项发明先后传入阿拉伯地区及欧洲。但是,由于当时的技术水平很低,火器的威力很小,过于笨重,制造困难,价格昂贵,难以大量使用,火器在战场上只占很小部分。冷兵器仍是这一时期战争的主要兵器。

17 世纪到 20 世纪末,人类处在工业经济社会。这个时代的战争主要使用以化学能(火炸药)为主要能源的兵器,兵器发射与推进的距离和杀伤破坏的威力都大大提高了,称为“热”兵器,这个时代的战争也称为“热兵器战争”。特别是在欧洲,16 世纪就发明了枪、炮机械点火装置,取代了火绳枪,并对由中国传入的火炮做了许多改进,如采用粒状火药、铸铁炮弹、活动炮架和瞄准装置,提高了射程和机动性;17 世纪后,来复枪、左轮手枪、手榴弹等被发明出来,火炮已成为军舰、城堡攻防的重要兵器。19 世纪中叶起,枪炮设计出现了一系列重大改进:后装式火炮、定装式弹药、带反后坐装置的弹性炮架、螺旋膛线及旋转稳定弹丸、无烟火药及梯恩梯炸药等奠定了枪、炮作为热兵器时代主要兵器的技术基础。各种运载工具的发明,使得热兵器时代战场空间不断扩张,机动速度大大增加,开始了兵器机械化进程。

进入 20 世纪 80 年代以来,以信息技术为中心的新技术革命深刻地影响着经济与社会,一种以知识为基础的经济形式正逐步取代工业经济。与此同时,发生在 20 世纪 90 年代的几场局部战争也表现出与以往热兵器时代机械化战争的许多不同特点,呈现出未来战争的信息化特征。随着新军事变革深入发展,推进军事转型,构建信息化军队,打赢信息化战争,已经成为世界各国发展武器的目标牵引。军事大国正加紧调整军事战略,以信息技术推动信息化武器的发展。

在冷兵器时代,由于兵器的技术水平很低,一般兵器都是单兵使用的器械。随着兵器技术的发展,兵器的功能、类别、结构越来越复杂,机械化、自动化程度也越来越高,在完成战斗任务时,就必须把各种兵器、技术装备根据各自的功能,按照一定的规范组合起来,以便高效率地统一行动,完成指令任务。

武器家族,成员众多,随着科技的进步,新成员层出不穷,各有特色。由于武器是在矛与盾的对抗中发展起来的,所以呈现出名目繁多,相互兼容的特点,这给武器分类带来了许多困难。一般从不同角度,武器可以进行如下分类。

(1) 按时代:古代武器、近代武器、现代武器、未来武器。

(2) 按制造材料:木武器、石武器、铜武器、铁武器、复合金属武器、非金属武器等。

(3) 按性质:进攻性武器、防御性武器。

(4) 按作用:战斗武器、辅助武器。

(5) 按能源:冷兵器、火药兵器、核武器、化学武器、生物武器、激光武器、粒子束武器、声波武器等。

(6) 按杀伤原理:打击武器、劈刺武器、弹射武器、爆炸武器、定向能武器、动能武器等。

(7) 按杀伤力:常规武器、非常规武器(大规模的杀伤破坏武器)。

(8) 按作战任务:战略武器、战术武器、战役(战斗)武器。

(9) 按使用空间:水下武器、水面武器、地面武器、空中武器、太空武器。

(10) 按军种:海军武器、陆军武器、空军武器、防空部队武器、海军陆战队武器、空降部队武器和战略导弹部队武器(导弹部队武器),以及公安警用武器等。

(11) 按用途:杀伤武器、压制武器、反坦克武器、防空武器、反卫星武器等。

(12) 按运动方式:携行武器、牵引武器、自行武器、舰载武器、机载武器等。

(13) 按配属部队:炮兵武器、装甲兵武器、步兵武器、航空兵武器等。

(14) 按质量轻重:轻武器、重武器等。

(15) 按弹道是否受控:制导武器和非制导武器。

(16) 按射击自动化程度:自动武器、半自动武器和非自动武器。

(17) 按操作人数:单兵武器和集体武器。

按照人们的习惯划分,武器可分为以下 14 种。

(1) 枪械,包括手枪、步枪、冲锋枪、机枪和特种枪。

(2) 火炮,包括加农炮、榴弹炮、火箭炮、迫击炮、高射炮、坦克炮、反坦克炮、航空炮、舰炮和海岸炮等。

(3) 装甲战斗车辆,包括坦克、装甲输送车和步兵战车等。

(4) 舰艇,包括战斗舰艇(航空母舰、战列舰、巡洋舰、驱逐舰、护卫舰、潜艇、导弹艇等)、两栖作战舰艇(两栖攻击舰、两栖运输舰、登陆舰艇等)、勤务舰艇(侦察舰船、抢险救生舰船、航行补给舰船、训练舰、医院船等)等。

(5) 军用航天器,包括军用人造卫星、宇宙飞船、空间站和航天飞机等。

(6) 军用航空器,包括作战飞机(轰炸机、歼击机、强击机、反潜机等)、勤务飞机(侦察机、预警机、电子干扰机、空中加油机、教练机等)、直升机(武装直升机、运输直升机等)、无人驾驶飞机、军用飞艇等。

(7) 化学武器,包括装有化学战剂的炮弹、航空炸弹、火箭弹、导弹弹头和化学地雷等。

(8) 防暴武器,包括橡皮子弹、催泪瓦斯、炫目弹、高压水枪等。

(9)生物武器,包括生物战剂(细菌、毒素和真菌等)及其施放装置等。

(10) 弹药,包括枪弹、炮弹、航空炸弹、手榴弹、地雷、水雷、火炸药等。

(11) 核武器,包括原子弹、氢弹、中子弹和能量较大的核弹头等。

(12) 精确制导武器,包括导弹、制导导弹、制导炮弹等。

(13) 隐形武器,包括隐形飞机、隐形导弹、隐形舰船、隐形坦克等。

(14) 新概念武器,包括定向能武器(激光武器、微波武器、粒子束武器)、动能武器(动能拦截弹、电磁炮、群射火箭)、军用机器人和电脑病毒等。

1.1.2　武器系统

系统,是具有特定功能的、相互间具有有机联系的许多要素(元素)所构成的一个整体;它是由相互作用和相互依赖的若干组成部分,按一定规律结合而成的,具有特定功能的有机整体。

武器系统(兵器系统),按《中国军事百科全书》定义,是由若干功能上相互关联的武器(兵器)及各种技术装备有序组合、协同完成一定作战任务的整体。它是一个表达武器及其运行所需各部件的总称,是能够独立实施作战使用的一整套兵器和技术器材,也称为一个作战使用综合体,其必备部分是在武装斗争中用于毁伤各种目标的武器。

武器系统的根本作用在于完成包括杀伤人员、毁伤固定或活动目标、发布信号、施放烟幕、侦察、干扰、技术支援等在内的各种预定作战任务。为了完成这些不同的作战任务，需要有不同类型的武器系统，如轻武器系统、压制武器系统、导弹武器系统、技术支援武器系统等。无论何种武器系统，一般都需要由多个功能不同、但又存在有机联系的子系统组成，都必须在指挥、操作人员的使用、控制下才能完成作战任务，必要时还需要车辆、飞机、舰艇等运载平台。不同类型武器系统的组成不尽相同，从完成作战任务的过程和功能考察，它一般由侦察系统、指挥控制系统、火力系统、技术支援系统及动力系统等辅助系统组成。

武器系统不是各部分的简单集合，而是正确的系统整合，内部有机协调，整体优化。武器系统内部有严格的精度分配、时间分配、性能分配、功能协调。武器系统整体有科学的考核指标；在系统分配的使命任务、结构体系、系统交联、功能转换以及环境条件的适应性等方面，在综合优化的基础上，武器系统对分系统及系统单元也有严格要求。系统单元及分系统、总体技术和环境条件也会制约武器系统整体的使命任务、结构组成、技术途径，因此，系统整体优化整合是系统研制运行的核心。

武器（兵器）系统可以分成战略武器系统与战术武器系统，其中，每类又可分为进攻武器系统和防御武器系统。根据武器功能的不同，又可分为许多子系统。例如，野战防空武器系统，是由中小口径高炮、地空导弹、光电跟踪测距装置及火控计算机等组成；坦克武器系统，是由坦克武器（坦克炮、坦克机枪和弹药）与坦克火控子系统（观察瞄准仪器、测距仪、火控计算机、坦克稳定器和操纵装置）组成；防空反导武器系统，是由地空导弹、目标搜索、识别、跟踪系统、导引系统与指挥控制中心组成，等等。

可以看出，任何武器系统都应具备如下功能，而实现这些功能的技术则构成了兵器科学技术中既相对独立又相互联系着的技术体系。

（1）目标探测与识别：利用各种侦察、观（探）测手段（如雷达、光学、光电探测、声纳等）搜索目标，并对目标的类型、数量、型号、敌我属性等进行辨识。

（2）火力与指挥控制：根据目标探测与识别所获得的各种信息，通过不同的工作站实现信息收集、信息传输、信息（融合）处理、信息利用过程，并完成对目标的威胁估计、对所属部队的任务分配及指挥决策、对火力单元实施射击的诸元（方位角、高低角）计算等工作。

（3）发射与推进：根据火力与指挥控制系统确定的射击诸元，通过发射管道（如炮管、枪管、发射筒、发射井）或其他推进装置（如火箭推进器）提供的力，赋予战斗部（弹丸）一定的初速，将其抛射到预定的目标上（或区域）。

（4）弹药毁伤：通过发射与推进过程将战斗部（弹丸）送抵预定目标上（或区域）后，通过弹丸内装填物（剂）的物理、化学或生化反应等过程，使弹丸与目标发生碰击、侵彻、爆炸作用，达到毁伤目标的军事目的。

（5）辅助设施：为保障部队及武器（兵器）系统正常工作、输送等的其他设备。

1.2 兵器科学技术

1.2.1 兵器科学技术概述

兵器科学技术是研究军事对抗中所使用的武器及武器系统和军事技术器材的科学技

术,它以兵器工程技术为研究对象,具有与其他学科完全不同的科学内涵,并形成了一个较为完整的学科知识体系。兵器科学技术的研究内容涉及武器及武器系统和军事技术器材的战术技术性能、构造原理、技术手段、系统分析、工程设计、试验验证、制造生产、技术运用、工程保障及效能评估等过程中需要的理论和技术,包括新概念、新原理、新技术、新材料、新结构和新工艺等,是一门综合性的工程技术学科。兵器科学技术的发展受军事思想和战略战术需求牵引,同时对军事思想、战略战术及军队编成产生重大影响,它的一些研究成果还可向民用领域转移,直接为国民经济建设服务。兵器科学技术在整个科学技术领域中占有重要地位,它总是利用科学技术的最新成就,把自己推到当代科技的前沿。

兵器科学技术的主要研究范围包括以下几个方面:

(1) 兵器技术预先研究。兵器技术预先研究是为研制先进精良的兵器装备、改造现有的兵器装备提供必需的知识、理论和技术,同时培养和造就高水平的兵器科研队伍、积蓄发展兵器装备的后劲。其主要内容是研究发展兵器所必需的新概念、新原理、新技术、新材料、新工艺、新型元器件和新装备,突破关键技术。预先研究分为应用基础研究、应用研究及先期技术开发三类。

应用基础研究,是以研制新型兵器为目的而开展的探索新思想、新概念、新原理的科学研究活动,为解决新型兵器研制的技术问题提供基本知识。

应用研究,是运用第一类研究及其他学科研究的成果,探索新思想、新概念、新原理在新型兵器研制中应用的可行性和实用性,确定其主要参数的科学研究活动,为新型兵器研制提供技术基础。

先期技术开发,是运用前两类研究的成果和实际经验,通过兵器系统部件或分系统原型的研制、试验或计算机仿真,验证其可行性和实用性的技术开发活动,为新型兵器研制提供技术依据。

(2) 兵器技术基础研究。它是为开展兵器技术的预先研究、兵器装备的研制与生产、有关信息的收集、处理与传递等提供技术保障与服务的科学技术活动,其中包括:兵器科学技术情报、标准化、计量、科技成果管理、产品质量与可靠性、理化检测、环境试验、靶场试验等方面的研究活动。

兵器技术基础研究的水平在很大程度上决定着兵器技术预先研究成果的水平和兵器装备的质量和研制周期。高技术兵器的发展,对兵器技术基础研究提出了更高的要求。

(3) 兵器研制方法研究。高新技术的迅猛发展以及未来战争的需求,使兵器装备趋向于多层次的复杂结构,已经形成了诸如主战坦克、步兵战车、自行火炮等复杂的兵器系统。这些兵器系统通常是由运载、发射、火控、防护、毁伤等分系统构成,所涉及的学科多,技术范围广,需要由科研、论证、生产、使用等部门进行广泛协作。它要求应用系统工程的现代研制方法,进行作战需求分析、系统效能分析、效能—费用分析、权衡研究、系统综合、系统仿真、系统评估;要求对研制系统进行全寿命管理,开展可靠性、维修性等系统运用工程研究;要求采用系统设计、优化设计、模块化设计、计算机辅助设计等先进设计技术。

(4) 新型兵器研制。兵器科学技术的最终目的是研制新型兵器,以满足未来战争的需要。新型兵器的研制是从系统方案设想开始,经过预先研究、战术技术论证、工程研制、设计定型、生产定型,到装备部队使用为止的研究与研制活动。

(5) 现有兵器装备的改造。兵器装备的发展,除了研制新型兵器装备外,还有一条重要途径，这就是运用成熟或接近成熟的高新技术改造现有的兵器装备，这条途径对兵器发展速度的加快、研制周期的缩短和效能—费用比的提高，以及满足现代军事战争对兵器装备提出的更高的作战需求，均具有重大的现实意义。对现有兵器装备进行改造的方向是：以现有兵器的发射运载平台为基础，用先进的火控技术和制导技术提高现有兵器装备的反应速度和命中精度；用指挥控制技术提高现有兵器装备的作战能力；用先进的弹药技术提高现有兵器装备的毁伤威力；用先进的光电技术提高现有兵器装备的干扰与抗干扰能力；用先进的动力传动技术提高现有兵器装备的机动性；用先进的雷达、夜视技术提高现有兵器装备的全天候作战能力。

在人类社会发展的进程中，最先进的科学技术通常首先被用于军事和战争中。从这个意义上说，兵器科学技术既是一门历史悠久的传统学科，又是一门极富时代特色的现代综合性工程技术学科，它在整个科学技术发展进程中占有十分重要的地位。

国家是阶级斗争的产物，有国家，就必须有国防。兵器科学技术作为国防科学技术的重要组成部分，是保证国家独立、领土完整和社会安定的必要条件，是实现国防现代化的物质技术基础，同时又是国家经济建设力量的组成部分。

在战时和平时两种状态下，兵器科学技术的地位和作用是不同的。战时，兵器科学技术是战争机器的重要组成部分，为军队提供兵器装备，直接为战争服务；平时，兵器科学技术是维护国家主权和世界和平的重要因素，是国家经济建设的重要保证，同时还可以通过军转民技术支援国家经济建设。

显然，兵器科学技术的基本功能是军事功能，即为军队研制兵器装备，以满足战争需求。这也是兵器科学技术存在与发展的出发点和归宿。兵器装备作为武器装备的重要组成部分，是军队的物质技术基础，是决定战争胜负的重要因素。

当前的世界形势表明，在未来一个时期内，尽管还不能完全排除爆发世界核战争的可能性，但其可能性很小，未来战争将是核威慑条件下的常规战争，主要是高技术条件下的局部战争。兵器装备是进行这类战争所必需的武器装备的重要组成部分，兵器科学技术担负着为未来战争提供先进的防空武器、反坦克武器、坦克装甲车辆、精确制导弹药、夜视器材、指挥控制系统、电子对抗装置等高技术兵器的重任。

现代兵器科学技术是为满足现代战争需要，运用先进的理论体系、设计思想、工程方法和技术途径实现的兵器系统所涉及的科学技术群。

现代战争多为高技术条件下的局部常规战争或武装冲突，直接涉及的国家和地区有限，战争持续的时间逐渐缩短，机动反应速度明显提高。由于国际政治经济的制约，战争伤亡和破坏的程度也应尽量减小到最低限度。与此同时，战场上的作战空间逐渐扩大，出现了海、陆、空、天、电子诸多军兵种联合的全方位、大纵深、高立体、不对称、非线性的战场形态。作战打击目标更加明确，超视距、远距离、防区外的精确打击作战样式日显突出。

随着高新技术的迅猛发展，在现代战争中，技术先进、性能优良的武器装备已成为战争制胜的重要因素，提高武器装备的质量已成为国防现代化的关键。世界各国竞相发展远射程、高精度、大威力、机动隐蔽、快速反应和智能化的知识和技术密集型武器装备，军备竞赛已由数量竞争转向质量竞争。

C^4ISR（即指挥、控制、通信、计算机、情报、监视与侦察）系统是现代战争的“神经中枢”和“力量倍增器”。它在加快信息处理速度，缩短指挥周期，提高指挥效率；对武器系统实施有效控制,提高武器系统反应速度;科学规划物资储备,提高后勤指挥效率;监控战场空间内己方的作战物质、能量和信息流动等方面发挥着至关重要的作用。在现代战争中,C^4ISR 系统是驾驭战争,实施正确、及时、连续、灵活、隐蔽指挥的有效手段。

现代战争的作战特点要求兵器系统具有如下主要作战能力:

(1) 精确打击能力。现代兵器系统充分利用先进的侦察探测技术,对所要攻击的目标实施高精度的探测、识别、跟踪和定位,以实现精确打击的作战任务。如卫星侦察系统,能够分辨出地面 10cm ~ 30cm 的目标;全球定位系统(GPS)可以实时地为飞机、舰船、地面部队和精确打击弹药提供准确的目标位置和飞行弹道,其定位误差不超过 10m;精确制导导弹的命中率可达 85% ~95%,精确制导炸弹的命中率高达 90% 以上,实现了真正的"直接点目标命中"。

(2) 远程攻击能力。随着精确打击能力的提高,现代兵器系统可以大幅度地提高对目标的远程攻击能力,实现防区外攻击。精确制导战术导弹能够攻击数百千米至上千千米外的目标;精确滑翔炸弹可在 80km 以外投放;通过底部排气和火箭增程技术,大口径火炮射程可由 30km 提高到 120km ~ 150km。现代兵器系统的远距离攻击能力,是有效打击敌人和保护自己的重要作战手段。

(3) 高效毁伤能力。现代兵器系统应具有强大的终端毁伤威力,在有限战斗载荷条件下,通过高新技术提高毁伤要素的毁伤威力。对于压制兵器,可通过子母式弹药来提高地面杀伤威力;对于破甲弹,可通过串联战斗部来对付主动装甲和复合装甲,并加大对装甲的侵彻深度;对于基础设施和钢筋混凝土掩体侵彻弹药,可采用串联爆破随进侵彻战斗部和可编程冲击/空穴灵巧引信,实现对多层介质和预定介质层的破坏。

(4) 全天时和全天候作战能力。现代兵器系统要能在各种气候条件下和夜间作战,首先要具备全天时和全天候侦察能力,及时掌握瞬息万变的战场情况,占据主动;其次应能在各种恶劣气候环境中正常执行并完成预定的作战任务;最后应具有良好的夜视能力,利用红外、微光等高技术夜视手段,使夜间战场变成"单向透明"的战场。

(5) 良好的隐身、机动和防护能力。现代战争还要求兵器系统具有良好的隐身能力、快速机动反应能力、防核、防生物、防化学武器能力及装甲、电磁防护能力。隐身技术的应用可使兵器装备的雷达反射截面积比同类非隐身装备小 100 倍;快速机动反应能力,不仅可以抓住战机,先发制人,而且可以在激烈的战场对抗中,迅速转移投入新的战斗,或及时躲避敌方的后续打击。

兵器科学技术的蓬勃发展,使现代兵器系统的组成越来越复杂,成为一个功能完备、技术先进的武器系统。它不单具有火力系统,而且还涉及侦察探测、搜索跟踪、定向定位、火力控制、动力传动、通信导航、指挥自动化、电子对抗,以及后勤技术保障等,逐步实现了机械化、系列化、标准化。对现代兵器系统的共性要求是:

(1) 先于敌发现而尽量不被敌发现。

(2) 快速响应运载推进,先于敌发射。

(3) 对敌目标准确命中而尽量不被敌命中。

(4) 对敌目标有效毁伤而尽量不被敌毁伤。

(5) 快速准确地判定作战效果。

为实现上述作战要求,现代兵器系统必须具备五种作战功能,即目标探测与识别、火力与指挥控制、发射与推进、弹药毁伤、效果评估等,而实现这些功能的技术则构成了兵器科学技术中既相对独立又相互联系的技术体系。

目标探测与识别是兵器系统体系与体系对抗的首要环节,它包括情报、侦察、探测、识别等内容。利用各种侦察、观(探)测手段(如雷达、光学、光电探测、声纳等)搜索目标,并对目标的类型、数量、型号、敌我属性等进行辨识。

火力与指挥控制是兵器系统的精确打击环节,其功能是控制有效战斗载荷直接命中目标或到达相对目标的最佳毁伤位置,它包括火力控制、指挥控制、跟踪定位、制导导航等技术。根据目标探测与识别所获得的各种信息,通过不同的工作站实现信息收集、信息传输、信息(融合)处理、信息利用过程,并完成对目标的威胁估计、对所属部队的任务分配及指挥决策、对火力单元实施射击的诸元(方位角、高低角)计算等工作。

为了对所发现和识别的敌目标实施摧毁,需要通过飞机、车辆、舰船等运载平台及火炮、火箭等发射、推进装备将有效战斗载荷送至目标区。发射与推进是根据火力与指挥控制系统确定的射击诸元,通过发射管道(如炮管、枪管、发射筒、发射井)或其他推进装置(如火箭推进器)提供的力,赋予战斗部(弹丸)一定的初速,将其抛射到预定的目标上(或区域)。

弹药毁伤是兵器系统的最终威力环节,根据目标性质的不同而采用不同毁伤机理的战斗部,并在目标最有利的空间位置或最佳的毁伤时机释放毁伤元素,通过物理、化学或生化反应等过程,对目标产生碰击、侵彻、爆炸等作用,达到毁伤目标的军事目的。它包括各种弹药战斗部、引信和火工元器件等技术。

上述4个环节组成了现代兵器系统的一个攻击循环。但一次攻击循环未必能对预定目标造成致命的毁伤,为了不遗漏计划摧毁的目标而又不无谓地浪费战斗载荷,仅有上述4个环节是不够的,还必须就每次攻击循环对目标的毁伤效果加以核查与判定,从而决定是对该目标再次实施攻击,还是转向下一个目标。

武器系统还包括为保障部队及兵器(武器)系统正常工作、输送等的其他辅助设备。

按照兵器科学技术的发展现状和习惯,可将其划分为以下主要分支:

(1) 火炮、枪械技术:以现代力学和机械工程学为基础,研究火炮、自动武器及单兵武器等管式发射武器的原理、系统论证、设计理论与方法。

(2) 火箭、导弹武器技术学科:以现代力学和物理学为基础,研究火箭及导弹武器的推进原理、火箭发动机及发射装置的系统论证、设计理论与方法。

(3) 弹道学:以现代力学和物理学为基础,研究弹丸从发射、飞行至终点毁伤目标的全弹道理论、设计方法、系统仿真及武器诊断与实验方法。

(4) 含能材料:以现代化学和物理学为基础,研究火药、推进剂、炸药及其他高能反应物的作用机理、制造工艺、工程设计及应用技术。

(5) 弹药技术:以现代力学和物理学为基础,研究弹药及其组成单元(战斗部、装药、火工品、引信等)的作用原理、毁伤效应、系统论证、设计理论与方法。

(6) 水中兵器:以现代力学和物理学为基础,研究鱼雷、水雷、深水炸弹等水中作用兵器的原理、系统论证、设计理论与方法。

(7) 兵器探测技术:以现代光学、电子学及光电子学为基础,研究可见光、激光、红外、微光、微波等探测原理及在侦察、瞄准、遥感、测量及识别、制导等方面的工程应用与设计方法。

(8) 兵器控制技术:以现代控制理论为基础,研究兵器系统(指控、火控、制导)的控制原理与方法、系统总体及设计。

(9) 兵器系统与运用工程:以现代系统科学为基础,研究兵器系统分析、技术集成、总体设计、综合运用以及战术与技术的协同。

兵器科学技术与科学技术的发展密不可分。特别是伴随着近代自然科学和工程技术的诞生和发展,冶金工业、机械制造工业和化学工业的迅速发展,推动了独立军火工业的产生,出现了专门从事兵器科学技术工作的科学家和工程师。中国古代先进的技术成就,如冶铸青铜合金的技术、百炼钢技术,火药的发明等,都是首先或大量地应用于军事,促使中国古代兵器不断创新,走在世界各国的前列。19 世纪枪、炮身管由滑膛改进为线膛,现代火炸药取代黑火药,使枪、炮的射程和射击精度、弹药对目标的毁伤威力都大幅度地提高。但当西方国家经过 16 世纪的文艺复兴运动,在现代自然科学基础上迅速发展起来的各种新技术,把中国古代发明的火器发展成为西方资产阶级打倒封建主的有力武器的时候,中国却由于当时社会发展的缓慢导致科学技术发展缓慢,使中国的火器落后于西方。19 世纪末,对从兵器发射到侵彻目标全过程的力学规律和伴随的物理化学现象进行了全面的研究,建立了系统的弹道理论和枪炮设计理论方法。20 世纪以来,特别是两次世界大战中,兵器科学技术获得迅猛的发展,1916 年坦克的发明和用于战争,显著地增强了地面作战的攻防能力。20 世纪 30 年代末一些主要军事国家实现了以坦克为基础的机械化和自动化,坦克及各种装甲战车已成为现代及未来地面战争中最主要的和不可替代的攻防一体化机动作战平台。在两次世界大战期间,随着作战飞机的出现,防空兵器随之发展起来。潜艇和航空兵的大量使用,使海上封锁与反封锁斗争日趋尖锐,进一步促进了水中兵器的发展。第一次世界大战时,化学武器首先由德国开始大量使用,迅速受到各参战国的重视,防化器材也随之获得迅速发展。随着火箭、导弹与核武器的出现,本学科得到迅猛发展,世界主要国家陆续形成和建立了国家规模的兵器科学与技术研究体系,出版了一系列专门著作和学术刊物,使本学科的学科体系得到进一步丰富和完善。受军事需求的牵引和现代科学技术进步的推动,本学科的内涵不断丰富和更新,目前已成为与机械、电子、化学、光电、信息、控制等学科交叉融合性较强的学科。

现代高科技战争对武器系统及军事技术器材的性能提出了更高的要求,促使本学科在武器体系攻防对抗的科学原理和实现途径上实现新的突破,这将促使本学科与微电子技术、材料科学与技术、计算机技术、信息技术、控制工程等更紧密地结合,为提高军队信息对抗能力、精确打击能力、应急机动作战能力、快速反应突防作战能力、封锁与反封锁能力和综合支援保障能力提供系统完整的知识和技术。

根据现代战争的特点,兵器科学技术的发展主要有以下几种发展趋势:

(1) 兵器系统向轻型化、高机动性方向发展 。未来快速反应、机动部署需要高机动性、高可部署性的地面作战平台和武器系统。轻型化是提高常规武器系统机动性、可部署性的重要途径。

(2) 兵器系统向远程化方向发展。现代兵器系统的远距离攻击能力是有效打击敌人和保存自己的重要手段。

(3) 兵器系统向精确化和高效毁伤方向发展。在武器平台上采用先进的技术,构建远程精确打击武器体系,使武器装备具有更强的战场感知能力、快速反应能力、可远程精确打击能力以及高效毁伤能力,可使武器装备的综合作战效率成倍增长。

(4) 兵器系统向信息化、数字化方向发展。在现代和未来的战场上,武器平台的信息化及数字化、信息战装备及技术、先进信息系统对夺取信息优势、发挥武器体系的整体作战效能、克敌制胜至关重要,必将得到优先发展。

(5) 兵器系统向适应于复杂环境下的战争需要发展。未来战场向太空和深海领域扩展,面临极高温差、超高压、稀薄气体、微重力、微尺度等极端恶劣环境与条件,这对现有武器系统提出了更高的要求和挑战。微小型武器、深水武器和空天武器等是未来发展的一个趋势。

(6) 多用途及特种需求兵器技术发展方兴未艾。满足不同特殊需要或多用途的兵器具有强烈的需求背景,如:将在许多领域都得到应用的子母抛撒技术;为了适应制导弹药技术的发射需求的低过载发射技术;提高发射速度和方便勤务处理的埋头弹发射技术,等等。

(7) 兵器科学技术与其他学科进一步交叉、渗透、融合。为适应现代兵器的发展趋势,应拓宽兵器科学技术学科的研究内涵,推动远程精确打击武器研究进入国际发展前沿,促进我国兵器科学技术学科的长远、持续发展和常规兵器技术的跨越式发展。

1.2.2 兵器科学与技术学科

兵器科学与技术是教育部学科目录中一个一级学科(学科代码0826)。兵器科学与技术一级学科目前包括以下4个二级学科:武器系统与运用工程,兵器发射理论与技术,火炮、自动武器与弹药工程,军事化学与烟火技术,以及自主设置二级学科,如智能武器技术与工程等。

"武器系统与运用工程"主要从事各类常规武器系统及其核心子系统的系统分析、总体设计、技术运用、技术保障以及战术技术协同的研究。"兵器发射理论与技术"主要从事武器系统(如火炮、枪械和水中兵器)的弹道及火箭、导弹发射理论与技术的研究。"火炮、自动武器与弹药工程"主要从事火炮、枪械、弹药理论及技术的研究。"军事化学与烟火技术"主要从事有毒化学物质的侦检、防护和烟火理论及应用技术的研究。遵循"科学、规范、拓宽"的原则,调整后的上述4个二级学科的内涵得到进一步的拓宽,既具有一定的独立性,彼此之间又有很紧密的联系,涵盖了兵器科学与技术的主要领域。

兵器科学与技术通常按二级学科培养研究生。本着有利于学科建设和促进科学技术发展、有利于学科交叉、按宽口径培养研究生的精神,从兵器科学与技术的发展趋势出发,在条件成熟的院校可按一级学科招收和培养博士研究生。对按一级学科招收和培养研究生的高校,可以自设二级学科方向。

与兵器科学与技术学科联系较密切的相邻学科主要有:力学,化学工程与技术,机械工程,光学工程,材料科学与工程,信息与通信工程,航空宇航科学与技术,系统科学,船舶与海洋工程,电子科学与技术,控制科学与工程,动力工程及工程热物理,军事学学科中的战略学、战役学、战术学和军队指挥学等。

1. 武器系统与运用工程

武器系统与运用工程是研究现代战争条件下各种武器系统及其装备的系统分析、总体设计、技术保障、综合运用以及战术和技术的协同等问题的综合性技术学科。它涉及武器系统的方案论证、系统分析、总体设计与综合技术集成、子系统专门技术、安全工程、维修工程、寿命与可靠性、武器系统的运用方法以及作战效能评估等科学技术内容,是兵器科学与技术中的综合性学科。

现代武器系统是多种子系统及多种技术的综合集成。武器系统与运用工程的基本目的是通过系统总体和各子系统的优化、协调匹配及有效运用,获得最大的系统效能。

近代武器系统与运用工程的思想产生于第一次世界大战期间,并在第二次世界大战及战后得到迅速发展,它对于武器系统的综合作战效能具有倍增作用。未来战争是交战双方之间体系与体系的对抗,武器系统与运用工程的作用将进一步增强。它所形成的现代系统分析理论与方法还被推广应用于国民经济建设的其他领域。本学科涵盖了原兵器系统工程、兵器运用工程及水中兵器学科部分内容,并形成了新的学科内涵,与系统科学、军事学、信息与通信工程、控制科学与工程、机械工程、光学工程等学科有密切联系。

本学科培养的博士研究生应具有以下能力:①具有坚实宽广的理论基础和系统深入的专门知识,牢固掌握武器系统的分析优化与仿真、系统总体设计与核心子系统设计、系统运用与技术保障等方面的理论和方法,深入了解本学科及主要相关学科的发展方向和国内外研究前沿,能熟练运用相关理论、计算机技术和先进的实验测试手段从事本学科领域的科学研究和产品研制,并能创造性地将本学科与相关学科相互渗透与交叉;②至少掌握一门外国语,能阅读本专业的外文资料,具有一定的写作能力和进行国际学术交流的能力;③具有严谨求实的科学态度和作风,具备学术带头人或重要研究项目技术负责人的素质,能够独立承担并完成有重大意义的科研课题,能够胜任高等学校、科研院所及有关军兵种相关部门的教学、科学研究、产品研制或技术管理工作。

本学科培养的硕士研究生应具有以下能力:①具有坚实的理论基础和深入的专门知识,能较好掌握武器系统分析、优化与仿真、系统总体设计与核心子系统设计、系统运用与技术保障等方面的基本理论和方法,能够熟练运用相关理论、计算机技术和仪器设备等技术手段独立从事本学科领域的科学研究与技术开发;②较为熟练地掌握一门外国语,能阅读本专业的外文资料,了解本学科的国内外现状与发展方向;③具有严谨的科学态度和作风,具有在企业、科研院所、高等学校及有关军兵种相关部门从事工程技术及产品开发、科研、教学、工程运用及技术管理等工作的能力。

本学科研究范围涉及武器系统的建模、分析、优化与仿真;武器系统总体及核心子系统设计;军用目标特性分析、探测、识别、制导与控制;武器装备综合技术运用与军械技术保障;武器安全工程;武器系统可靠性与维修工程;武器系统的环境效应、毁伤能力与作战效能;武器系统对抗技术研究;武器装备与作战指挥一体化技术。

主要相关学科有兵器发射理论与技术,火炮自动武器与弹药工程,军事化学与烟火技术,光学工程,信息与通信工程,军队指挥学,战术学,机械工程,控制科学与工程,力学,电子科学与技术,船舶与海洋工程,化学工程与技术,管理科学与工程。

2. 兵器发射理论与技术

兵器发射理论与技术是研究枪、炮、火箭、导弹及鱼雷等抛射武器实现有控与无控的发射、飞行及终点效应的理论与技术,是兵器科学与技术的主要学科。它涉及抛射体推进过程控制、飞行稳定与准确寻的、对目标的毁伤效应、发射环境效应、发射控制与检测、发射准备与模拟训练、发射系统工程等研究领域,关系到系统总体设计优化及新发射原理、武器的更新等,对武器系统的研制开发与作战效能的提高,具有先导和推动作用。

兵器发射理论与技术学科涵盖了原火箭导弹发射技术、弹道学及水中兵器等学科的内容,并在此基础上形成了新的学科内涵。本学科与飞行器设计和火炮、自动武器及弹药工程、武器系统与运用工程、航空宇航科学与技术、控制科学与技术等学科有着密切的联系。

本学科培养的博士研究生应具有以下能力:①具有坚实宽广的数学、力学、工程热物理及机电理论基础,具有本学科主要研究方向系统深入的专门知识;深入了解学科的前沿及发展方向,熟练掌握计算机技术和先进的实验测试手段,具有独立从事创造性工作的科研能力;②至少掌握一门外国语,能阅读本专业的外文资料,具有一定的写作能力和进行国际学术交流的能力;③有严谨求实的科学态度和作风,具备学术带头人和项目负责人的素质,能独立承担有重大意义的高新科研课题和尚待解决的理论与工程问题的研究任务,胜任高等院校、科研院所及有关军兵种的教学、科研或技术管理工作。

本学科培养的硕士研究生应具有以下能力:①具有坚实的数理基础、本学科主要研究方向的专业知识,了解本学科的进展与动向,能熟练运用计算机及有关的实验测试仪器,具有从事科学研究或独立担负专门技术工作的能力;②较为熟练地掌握一门外国语,能阅读本专业的外文资料;③有严谨求实的科学态度和作风,可在高等学校、科研院所、工厂企业及有关军兵种从事本专业或相关专业的教学、科研及工程技术工作。

兵器发射理论与技术学科研究范围包括:内弹道学;发射动力学;空气及水中弹道理论;弹箭散布与增程技术;终点弹道学;创伤弹道学;超高速发射技术;发射系统仿真与自动检测;发射效应及其控制技术;发射安全及可靠性技术;发射系统总体设计与分析;发射系统试验技术;发射系统故障诊断。

本学科的主要相关学科有:火炮、自动武器与弹药工程;武器系统与运用工程;航空宇航科学与技术;动力工程及工程热物理;控制科学与工程等。

3. 火炮、自动武器与弹药工程

火炮、自动武器与弹药工程由火炮与自动武器和弹药战斗部工程两个二级学科合并而成,覆盖火炮、自动武器、弹药战斗部工程三个专业技术的研究领域。火炮、自动武器与弹药工程研究各类管射武器和各类弹药系统的总体设计与分析、先进设计理论和方法的应用、系统测试技术等,是各类管射武器各分系统以及与其相配套的军工类学科的综合应用性学科,对我国兵器科学技术的发展与应用、军事装备现代化起到重要的推动作用。火炮、自动武器及各类弹药是各国军队主要的火力装备,数量极多,其现代化水平的高低是部队战斗力水平的重要体现。现代化作战武器系统的先进性、复杂性和高性能要求赋予了本学科新的内涵,使本学科由原机械属性向机电一体化、数字化拓展。本学科与机械、力学、电子、控制、材料、计算机和弹道等学科有紧密的联系,是多种技术的综合集成体。本学科研究的领域又与国民经济有着密切的关联,许多高新技术可直接用于国民经济建设。

本学科培养的博士研究生应具有以下能力:①具有扎实而宽广的理论基础与系统深入的专业知识,熟悉本学科的研究、开发、试验技术,全面了解本学科现状与发展方向,把握学术前沿,了解相邻学科发展,有很强的科研创新能力;②至少掌握一门外国语,能阅读本专业的外文资料,具有一定的写作能力和进行国际学术交流的能力;③学位获得者具备科研项目负责人或学术带头人的素质,能胜任本学科科研工程开发、教学、管理等工作,同时也能从事通用机电系统开发研究工作。

本学科培养的硕士研究生应具有以下能力:①具有扎实的理论基础和系统的专业知识,了解本学科现状与发展方向;②较为熟练地掌握一门外国语,能阅读本专业的外文资料;③学位获得者具备承担科学研究课题的能力和素质,能胜任本学科教学、科研、开发和管理等工作,也能担任通用机电系统开发研究工作。

本学科研究范围:武器(火炮、自动武器与弹药)系统分析与总体设计;武器设计理论与方法;武器系统自动化、智能化技术;弹药设计理论;目标毁伤学与终点效应;武器测试及试验技术;武器机电技术;新概念、新原理弹药理论研究;弹药装药与炸药应用技术;弹药推进剂应用技术;炸药与安全技术。

本学科的主要相关学科有:武器系统与应用工程;兵器发射理论与技术;仪器科学与技术;控制科学与工程;力学;机械工程;材料科学与工程;电气工程等。

4. 军事化学与烟火技术

军事化学是以有机化学、分析化学、药理学、化学工程为基础,研究有毒、有害化学物质的侦检、防护、洗消的理论与技术和研究特种军用化学品的一门应用学科,是防化装备器材论证、研制和评价的科学技术基础,直接为国防建设服务。20 世纪初,由于化学工业的发展,第一次世界大战中开始大规模使用有毒化学物质,化学防护技术应运而生。第二次世界大战期间,随着元素有机化学的发展而出现的高毒性含磷有机化合物的应用,促进了相应的侦检、防护、洗消技术的发展。20 世纪 60 年代以来,随着现代分析技术、吸附催化技术、生物技术及信息技术的飞速发展,该学科逐步发展为一门与现代高技术相结合的综合性化学学科。

烟火技术是以化学物理学、光电物理学为基础,研究烟火药剂和无源干扰材料及其施放技术,以达到光、声、色、烟、热等化学物理效应的理论与技术,以及各种起爆、点火等火工品和火工系统的理论与技术。20 世纪的两次世界大战期间,出现了照明弹、发烟弹、燃烧弹等特种弹药,使烟火技术获得全面快速的发展。60 年代以来,形成了利用烟火药剂及无源干扰材料干扰红外、激光、微波等观瞄器材及制导武器的技术,进而发展成一门光、电、力学相交叉的边缘学科。本学科涵盖了原军事化学和火工、烟火技术专业的内容。

本学科培养的博士研究生应具有以下能力:①具有坚实而宽广的理论基础及系统深入的专门知识,能深入了解和熟悉我国和国际军事化学与烟火技术的现状及发展方向,对本学科的新概念、新技术的前沿领域有较强的科学洞察力和创造力,博士论文成果应具有创造性;②至少掌握一门外国语,能阅读本专业的外文资料,具有一定的写作能力和进行国际学术交流的能力;③具有学术带头人或项目负责人的素质。

本学科培养的硕士研究生应具有以下能力:①具有坚实的理论基础及系统的专门知识,能了解并熟悉我国和国际军事化学与烟火技术的现状及趋势,对新技术和新方法有较强的分析和应用能力,具有进行科学研究或独立承担专门技术工作的能力;②较为熟练地掌握一门外国语,能阅读本专业的外文资料;③既能担任高等学校的教师,也能在科研单位、设计部门及大中型企业从事研究、设计、管理等工作。

本学科研究范围:军事有机化学;天然产物化学及分子设计;化学侦检及敏感试剂;军

事吸附及催化技术;化学消毒及消毒材料;特种军用化学品;烟火学理论研究;烟火药剂及器材应用技术;无源干扰技术;火工系统理论与应用技术。

1.3 武器系统与工程

1.3.1 武器系统工程概述

工程是针对特定目的之各项工作的总和。如果工程的特定目的是系统的构建或运行,则这个工程即称为系统工程。系统工程广义的定义是:应用科学和工程知识,解决人—机系统和系统各组成部分的计划、设计、评定及建造工作的总体。现代武器装备的论证、研制、使用和保障是一项复杂的系统工程,特别是在武器装备使用前的各个阶段,如何论证、研究、设计、制造出满足作战需求的武器装备,以及如何有效地控制研制进度、费用和性能指标,如何采购到部队适用并能迅速发挥和持续保持作战效能的武器装备等,都是一些需要解决的问题。

武器系统工程是以武器系统为研究对象,从系统的整体目标出发,研究武器系统的论证、设计、试验、生产、使用和保障,以实现系统优化的科学方法。

武器系统工程将科学技术和工程的基本理论、方法、成果应用于武器系统的论证、设计、试验、生产、使用和保障等诸方面,主要表现为:

(1) 运用科学技术和工程的基本理论、方法、成果,通过定义、综合、分析、设计、试验与评价的反复迭代过程,将作战要求转换成对武器系统性能参数和技术状态的描述。

(2) 综合有关的技术参数,确保所有物理的、功能的和程序接口的相容性,使整个武器系统的论证和设计达到最佳状态。

(3) 将可靠性、维修性、保障性、安全性、生存性、人素工程和其他有关因素综合到整个工程中去,使费用、进度和技术性能达到总目标要求。

1.3.2 武器系统与工程专业

1. 培养目标

本专业培养具备武器系统及其子系统综合设计、产品研制、实验测试和工程管理等能力,以及具备机械工程、自动化、电子工程和控制工程等相关民用工程技术方面的基础理论知识与工程实践能力,能够适应本专业发展的基本需要,可以继续攻读硕士学位,能在国家有关部门、科研单位、高等学校、部队、企业和管理部门从事武器系统以及机电系统设计、技术开发、产品制造、实验测试和科技管理等方面工作,具有较好的人文社科和管理知识、良好的职业道德素质、身心健康、全面发展的高素质工程科技人才。

2. 培养要求

本专业学生主要学习武器系统及其子系统总体技术,以及机械工程和自动化等相关民用工程技术方面的基本理论和专业知识,接受武器系统设计、技术综合、产品研制、实验测试及工程管理方面的基本训练,具备武器系统分析与综合、工程设计与计算、计算机应用、试验检测、科技管理等方面的基本能力。

毕业生应获得以下几方面的知识和能力。

（1）具有良好的职业道德，强烈的敬业精神和社会责任感，丰富的人文素养。

（2）掌握兵器科学与技术、力学、机械工程、电子科学与技术、控制科学与工程等学科的基本理论和专业知识；掌握武器系统与工程的分析与设计方法及产品研制技术；熟悉国家有关技术经济和国防建设的方针、政策及法规；了解武器系统构造与工作原理、战技性能与评估、武器运用与工程保障等基本理论与专业知识；了解当代武器系统及相关民用工程技术领域的发展现状与趋势。

（3）具有扎实的专业知识和综合运用所学科学理论，分析和解决工程技术问题的基本能力。

（4）具有持续自主学习和进行一定科学研究的能力；具有一定的批判性思维和创新意识。

（5）掌握文献检索、资料查询的基本方法，具有信息获取、知识更新和终身学习能力。

（6）具有良好的质量、环境、职业健康、安全和服务意识；具有武器专业试验，以及应对突发事件应急处理的初步能力。

（7）具有一定国际视野，较强的交流沟通、环境适应、语言表达、团队合作和工程管理的能力。

3. 主干学科和主要课程

（1）主干学科：兵器科学与技术、机械工程、控制科学与工程。

（2）核心知识领域：力学、机械设计与制造、电工电子技术、数值仿真技术、现代控制理论、武器工作原理与构造、武器分析与设计等。

（3）核心课程：力学系列课程（包括理论力学、材料力学、流体力学、传热学等），机械设计基础系列课程（包括工程图学、机械设计基础等），计算机应用系列课程（包括计算机程序设计基础、计算机原理与应用等），电工电子技术基础课程［包括电工技术、电子技术（模拟电路、数字电路）、机电传动控制等］，机械制造基础系列课程（机械工程材料、制造技术基础、材料成型技术基础等），测控系列课程（测试技术、机械控制工程、液压与气压传动、数控技术等），武器专业方向系列课程（包括武器工作原理与构造、武器分析与设计、武器制造与运用、武器实验技术等）。

（4）主要实践性教学环节：金工实习、计算机操作与工程应用软件实训、课程设计、科技训练、专业实习、生产实习、毕业设计（论文）等。

（5）主要专业实验：机械与力学实验、电工电子技术实验、机电控制技术实验、武器测试技术实验、武器性能实验等。

4. 学制与学位

（1）标准学制：四年。

（2）修业年限：三至六年。

（3）授予学位：工学学士。

5. 毕业生就业方向

在国家有关部门、科研院所、高等院校、部队、企业和管理部门从事武器系统以及机电系统设计、技术开发、产品研制、实验测试和科技管理方面工作。

6. 其他

本专业为兵器类专业的系统总体专业，涵盖内容多，涉及面广，各学校应根据自身特点，在专业框架内，细化具体培养方案。

第2章　武器发射与推进原理

2.1　概　　述

2.1.1　武器的工作模式

发射与推进是兵器的基本功能。发射与推进子系统是兵器系统的基本组成部分。任何兵器,无论是最简单的冷兵器,还是现代复杂的武器系统,其最终目的都是把具有一定杀伤力的物体(弹药)抛射到预定的目标区,以毁伤敌方人员与设施。

根据牛顿运动定律,为了达到将物体抛向远方的目的,首先应对被抛射的物体施加一个力,使之获得一定的速度和方向。而所施加的力越大、作用时间越长,即力的冲量越大,则被抛射物体获得的速度就越大,其飞行距离就越远。对被抛射的物体施加力的方法可以多种多样,对兵器而言,抛射方法有抛投、发射和推进三种基本形式。

抛投,是指利用人的体力或运载工具的惯性赋予物体(弹药)初始速度将其抛射到预定目标区的过程。在冷兵器时代,标枪是利用人的臂力赋予其初始速度实现抛投的,守城护寨的"滚木雷"是利用地势高度和重力的作用实现抛投的。在热兵器时代,单兵应用最广泛的手榴弹是利用人的臂力赋予其初始速度实现抛投的,现代的航空炸弹和飞机布撒器(见图2-1)等是借助飞机赋予其初始速度实现抛投的。

图2-1　飞机布撒器

发射,是指借助管道或其他装置提供的外力赋予物体(弹药)初始速度将其抛射到预定目标区的过程。在冷兵器时代,弓箭、弩、抛石机等都是利用弹力及杠杆作用实现发射的。

在热兵器时代,枪、炮等身管发射武器则是借助身管内高压火药燃气的推动和加速作用赋予弹丸初始飞行速度和方向实现发射的。根据战争的需要,身管发射武器安装在不同的发射平台上,已经形成了一个庞大的武器家族,在战争中发挥着重要作用。自行火炮是集威力、机动和防护于一体的现代典型身管发射武器(见图2-2)。

推进,是指利用抛射体自身的动力抛射到预定目标区的过程。从最原始的"火药火箭",直到现代火箭弹和导弹(见图2-3),都是利用火箭内的火药燃气从喷管高速流出提供的反作用力和冲量实现推进的。

抛投技术、发射技术和推进技术在军事上的应用,各有其特点,但也都有其不足。现代兵器科学技术的发展,要求综合运用各项技术,扬长避短,发展复合作用的新型兵器。如发射与推进复合作用的"火箭增程"和"炮射导弹"等;抛投与推进复合作用的"防区外机载布撒器"等;发射与抛投复合作用的"滑翔炮弹"等。

图2-2　自行火炮

图2-3　导弹

2.1.2　兵器技术发展

科学技术的发展和战争的需求，推动了发射与推进技术本身的发展与进步，拓宽了兵器的内涵。发射与推进的新技术在军事上得到更广泛的应用，产生了许多新概念武器，如液体发射药火炮、电磁炮、电热炮、激光武器等。

抛石机早在春秋时期就出现了，也称之为“砲”，它利用杠杆原理，把大石块抛出去，或攻打城堡或杀伤人员。这是最古老的抛射武器，它使人的体力得到了延伸，可以打击人体够及不到的目标，但其抛射距离和杀伤威力都十分有限。

后来，人们在战争过程中又发明了抛射带有燃爆性质的火器，如霹雳炮、震天雷等。抛射的能源以黑火药代替人力后，“炮”便取代了“砲”。火枪的出现，开创了身管发射兵器的先河，它最早是用竹筒制成，内装火药，临阵点燃，喷火烧敌。这种抛射火器具备了火药、身管、弹丸三个基本要素，可以认为它就是身管发射兵器的雏型。以后，抛射火器的品种逐渐增多，手持的火器演化为枪械，其他的成为火炮。枪、炮的出现，大大提高了兵器的威力，也促进了发射技术的发展。

黑火药的发明并应用于武器，产生了“火药火箭”，它是将装满黑火药的竹筒绑在普通的箭上，黑火药点燃后箭便由弓上射出去，这样就提高了箭的飞行速度和射距。“火药火箭”可以看作是推进兵器的原型。

伽利略创立的物体在空中飞行的抛物线理论，牛顿提出的物体运动的惯性定律、质点运动定律和作用与反作用原理，以及飞行物体的空气阻力定律，欧拉、伯努利、达朗贝尔等人系统地建立的流体力学和气体动力学，是发射与推进的理论基础。尤其是作用与反作用原理和气体动力学，将火箭推进原理由感性认识提高到理性认识，极大促进了推进理论和技术的发展。

科学技术的进步推动兵器在结构上发生了深刻的变革。枪、炮由威力有限的前装式滑膛身管，发射球形弹丸，发展为带螺旋膛线的线膛身管，发射锐头圆柱弹丸，显著提高了枪炮的射击密集度和射程。楔式和螺式炮闩的出现，形成了从炮身后端快速装填弹药的新结构，大大提高了发射速度。枪炮威力不断增大，自身重量随着剧增，发射时的跳动和后移猛烈，严重影响操作使用。带有弹簧和液压缓冲装置的弹性炮架的出现，有效地缓解了威力和机动性之间的矛盾。枪炮从初期的前装式滑膛铜质与铁质身管和刚性架体发展到后装式线膛钢质身管和弹性架体,标志着枪炮技术实现了又一次质的飞跃,确立了现代枪炮的基本构架。

科学研究步入组织化发展的道路,推动了兵器发射与推进技术的快速前进。坦克、军用飞机和军舰在战场上出现,为发射与推进技术的应用和发展提供了新的舞台。

一般发射武器,如普通炮弹,是在炮管指向一定的前提下,由在炮膛内引燃的火药所产生的燃气压力赋予它一定的初速度,而后按一定轨迹飞向目标的。炮弹的飞行轨迹主要是由炮身的倾角和火药燃气压力给予的初速度所决定的。炮弹一旦射出,其飞行轨迹就无法改变。如果计算有误,或者目标在运动,或遇有恶劣天气条件等情况,都可能使炮弹无法命中目标。因此,人们总是希望能控制炮弹的飞行,使其能准确击中目标。现在称之为"导弹"的武器,是一种能依靠自身动力装置推进飞行的、无人驾驶的、具有自动寻找和攻击目标的武器,是推进技术在武器中的典型应用。

现代战争是以高科技现代化为主要特征的战争,大量使用了各种飞机、电子装备和精确制导武器。新武器的发展和运用,使作战思想、战场上的火力组成和任务分工发生了深刻的变化。以发射与推进技术为基础的兵器,仍是战场的主要力量。

科学技术的进步是兵器技术发展的基础,战争的需求是兵器技术发展的动力,解决威力和机动性之间的矛盾是兵器技术发展的主线。随着高技术的发展和应用,兵器在提高动能和射程、精度和操作控制自动化程度、更新杀伤和毁伤机理等诸多方面具有较大的发展潜力;在进一步改善机动性能、增强自身防护、提高生存能力、实现数字化和自主作战功能等方面,具有广阔的继续发展空间。

2.1.3 兵器的地位与作用

兵器的发展与战争密不可分。战争的多样性决定了兵器的多样性。各种兵器的功能各有侧重,轻重梯次配置,相互补充、优化组合,形成完整的装备和火力体系。

枪械是单兵突击火力的重要组成部分,用于在近距离上杀伤敌方有生力量,压制火力点,是进攻和防御中作战的有效武器。使用枪械作战也是三军的主要自卫手段,它具有机动灵活、不受地形气象条件的约束、适应性强 、勤务保障简便等特点。

火炮是战场上常规武器的火力骨干。它配置于地面、空中、水上各种运载平台上,进攻时用于摧毁敌方的防御设施,杀伤有生力量,毁伤陆上机动的装甲车辆、空中飞行物、海上舰船等运动目标,压制敌方的火力,实施纵深火力支援,为后续部队开辟进攻通道;防御时用于构成密集的火力网,阻拦敌方从空中、地面、水上的进攻,对敌方的火力进行反压制。它具有火力密集、反应迅速、抗干扰能力强等特点。

火箭炮由于发射带有发动机的火箭弹,不需要普通火炮那样笨重的炮身和复杂的反后坐装置,因此,可以将十几个或几十个发射管联结在一起,通过电点火的方式在极短暂的时间里发射出大量火箭弹,不但具有极大的火力突然性和大面积的杀伤破坏作用,而且能在敌人心理上产生极大的震憾和威慑作用。

导弹依靠自身动力装置推进,由制导系统导引、控制其飞行轨迹,具有射程远、威力大、命中准确度高的突出优点,是进行点打击的最好武器。在现代战场的各个角落,人们都可以从不同侧面看到导弹的身影,并在作战中起到越来越重要的作用,必将对未来的现代战争产生深刻的影响。

2.2　武器发射原理

2.2.1　身管武器发射原理

身管发射是指利用火药在半封闭的管形容器(称为身管)内燃烧所产生的高温高压燃气膨胀作功,推动被抛射的物体(弹丸)在管内加速运动,获得一定速度,并沿身管所赋予的初始射向飞向预定目标。弹丸所获得的最大速度称为初速。

身管发射过程如图2-4所示,可以分为如下几个阶段:

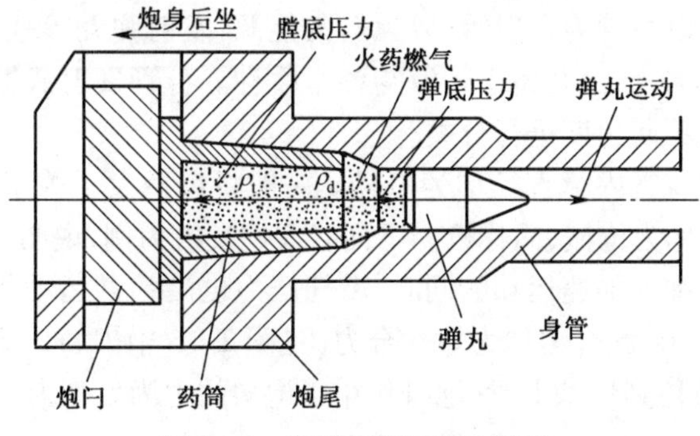

图2-4　身管发射过程示意图

(1) 点火阶段:利用电能或动能引燃比较敏感的点火药(底火),所产生的火焰点燃发射药。

(2) 发射药定容燃烧阶段:发射药点燃后,生成高温高压火药燃气。在燃气压力不足以推动弹丸运动前,发射药在一定容积的药室内进行定容燃烧。随着发射药不断燃烧,燃气压力不断升高。

(3) 弹丸加速运动阶段:当弹后燃气压力大到足以推动弹丸运动时,燃气压力推动弹丸开始在身管内加速运动。随着弹丸运动,弹后容积不断增大,发射药是在容积变化的弹后空间里进行变容燃烧,这对发射药燃烧、燃气生成、压力变化、弹丸运动等规律均有直接影响。通过合理设计发射药的形状尺寸、炮膛结构尺寸等来控制膛内压力变化规律,从而控制弹丸的运动规律。一般膛内压力变化规律用膛压曲线表示(见图2-5)。

(4) 火药燃气后效作用阶段:弹丸运动出管口后,火药燃气高速从管口喷出。从管口高速喷出的火药燃气,继续对身管和弹丸产生作用,使弹丸有少量增速。可以通过控制从管口高速喷出的火药燃气的流动方向及流量来控制其对身管的作用效果。

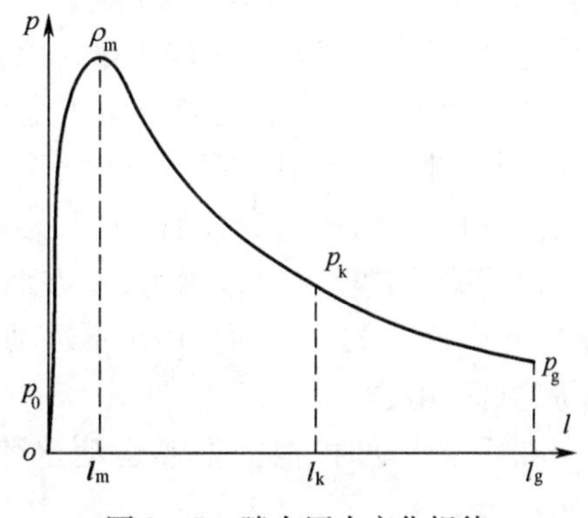

图2-5　膛内压力变化规律

(5) 弹丸惯性飞行阶段:在火药燃气作用结束之后,弹丸依靠自身的速度和惯性,在空气中飞行,并达到预定目标区。由于存在重力、空气阻力,加上气象等条件影响,弹丸不可能完全按预定计划准确发射到预定目标上，而是散布在围绕目标的一定区域内。

弹丸的运动轨迹称为弹道。研究弹丸的运动及伴随发生的各种现象和规律的科学称为弹道学。由于弹丸在不同阶段的运动规律和研究方法不同，弹道学又分为起始弹道学（主要研究点火过程和弹丸启动及其规律）、内弹道学（主要研究火药燃烧规律和弹丸在膛内的运动规律）、中间弹道学（主要研究弹丸飞离膛口后火药燃气排空规律及其伴随现象）、外弹道学（主要研究弹丸在空中飞行规律）、终点弹道学（主要研究弹丸对目标作用效应）。

2.2.2 身管武器发射特点

身管发射武器是以身管为发射管，以火药为能源，发射弹丸等战斗部的武器。枪、炮是典型的身管发射武器，广泛装备于陆海空各军兵种。身管发射武器的结构形式多种多样，用途各异，可以从不同角度进行分类。

身管发射武器的身管内膛直径称为口径。一般将口径大于等于 20mm 的称为火炮，将口径小于 20mm 的称为枪械，简称枪。下面以火炮发射为例，说明身管武器发射特点。

在燃气压力推动弹丸加速运动的同时，燃气压力也沿弹丸运动相反方向作用在半封闭的身管（称为炮身）上，此合力称为炮膛合力（见图 2-6 中 F_{pt}）。炮膛合力最终通过发射装置的架体（炮架）传到地基上，称炮身作用于炮架的力为后坐力。

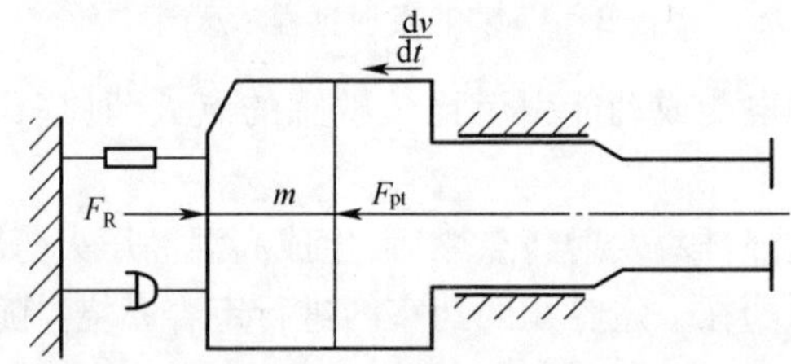

图 2-6　后坐部分的后坐运动

由于发射时膛内燃气压力非常高（最大膛内压力高达 250MPa ~ 700MPa，见图 2-5 中 p_m），因此炮膛合力非常大（炮膛面积乘膛内压力，如 155mm 火炮的炮膛合力可以高达 7×10^6N）。如果身管与发射装置的架体刚性连接，则后坐力就等于炮膛合力。为了保证正常射击，在射击时，发射装置既不能移动（保证射击静止性），也不能翻转（保证射击稳定性），还应具有足够的刚度和强度。这样，发射装置势必就非常庞大和笨重，导致其机动性下降。减小后坐力，减轻重量，提高机动性，是身管发射武器发展的永恒主题。

为了使炮膛合力不直接作用于炮架，现代火炮都在炮身与炮架之间设置缓冲装置（称为反后坐装置），让炮身及其他零部件（所有参与运动的零部件合称为后坐部分）在炮膛合力的作用下，能沿身管轴线向后运动（称为后坐），后坐部分的后坐运动如图 2-6 所示。反后坐装置提供的作用力，一方面作用于运动着的后坐部分，称其为后坐阻力（见图 2-6 中 F_R），另一方面作用于不运动的炮架，称其为后坐力。后坐力与后坐阻力大小相等，方向相反。

在后坐运动时，根据牛顿运动定律，后坐部分的后坐运动规律可以用下面公式来表示：

$$m\frac{\mathrm{d}v}{\mathrm{d}t}=F_{\mathrm{pt}}-F_{\mathrm{R}} \tag{2-1}$$

式中　m——后坐部分的运动质量；

v——后坐部分的运动速度；

$\frac{\mathrm{d}v}{\mathrm{d}t}$——后坐部分的运动加速度；

$m\frac{\mathrm{d}v}{\mathrm{d}t}$——后坐部分的运动惯性力；

F_{pt}——作用在后坐部分上的炮膛合力；

F_{R}——炮架通过反后坐装置作用在后坐部分上的后坐阻力。

将上式移项变形，得

$$F_{\mathrm{pt}}=m\frac{\mathrm{d}v}{\mathrm{d}t}+F_{\mathrm{R}} \tag{2-2}$$

由此可见，在后坐加速时期，炮膛合力 F_{pt}转化成两部分，一部分是后坐部分的后坐运动惯性力 $m\mathrm{d}v/\mathrm{d}t$，另一部分是通过反后坐装置作用于炮架的后坐力 F_{R}。由于后坐加速运动（$\mathrm{d}v/\mathrm{d}t>0$），炮膛合力主要用来产生后坐运动，因此作用于炮架的后坐力比炮膛合力小得多（约为炮膛合力的1/20～1/40），从而，可以在保证射击静止性和稳定性以及发射装置的刚度和强度的同时，减轻发射装置的重量，减小发射装置的结构尺寸，提高其机动性能。

在火药燃气作用完毕之后，后坐部分由于惯性在反后坐装置作用下继续减速后坐，直到后坐终了，然后又在反后坐装置作用下向前运动（称为复进），恢复发射前状态。在后坐减速时期及复进时期，反后坐装置提供的作用力，一方面继续作用于后坐部分，另一方面继续作用于炮架，但是，与炮膛合力相比，反后坐装置作用力要小得多。

由此可知，反后坐装置的作用是将作用时间极短、作用距离很小、量值很大的炮膛合力转化为作用时间较长、作用距离较大、量值较小的后坐力，如图2-7所示。一般来说，在一定范围内，后坐距离越长，后坐力越小。但是，并不是后坐距离越长越好，实际上后坐距离不仅受到结构的限制，还受到使用、勤务、操作方面的限制。通过合理设计反后坐装置，可以控制炮身的运动和后坐力。

反后坐装置主要由两部分组成，第一部分是制退机，主要用来控制后坐运动和消耗部分后坐动能，使炮身后坐到一定距离而停止；第二部分是复进机，主要用于在后坐过程贮存能量，当后坐终了后保证火炮能恢复到原先位置。后坐运动时，炮身在炮膛合力作用下带动制退机中制退活塞相对制退筒运动，挤压制退机工作腔液体，由于液体不可压，并且流液孔面积比制退活塞面积小得多，因此工作腔内的制退液经流液孔高速喷入非工作腔，同时在工作腔形成较大后坐液压阻力，节制炮身后坐运动。根据流体力学定律可以导出，液压阻力正比于后坐运动速度的平方，反比于流液孔面积的平方。在非工作腔形成高速飞溅湍流，液体与液体之间，以及液体与筒壁之间产生高速碰撞，将部分后坐动能转化为热能而消耗掉，如图2-8所示。

根据动量守恒定理，速度与质量成反比。由于后坐部分质量比弹丸质量大得多，因此后坐部分的后坐速度比弹丸运动速度小得多。动能与质量成正比，与速度的平方成正比，通常后坐部分的后坐运动动能约为弹丸动能的几十分之一。并且后坐运动动能常用作开闩、供输弹机构及后坐部分复进的动力源。对于采用液压式制退机的武器,大部分后坐能量转化为制退机内制退液的温升内能而消耗掉。

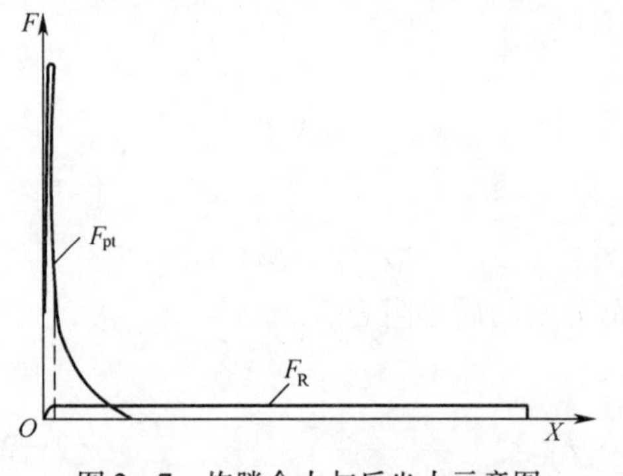

图2-7 炮膛合力与后坐力示意图

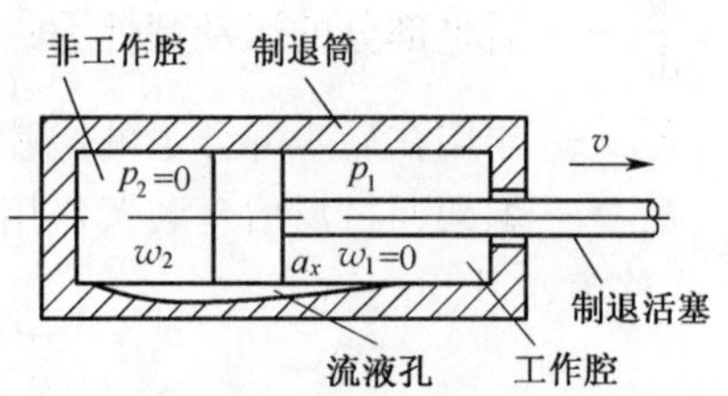

图2-8 制退机工作原理

火炮的发射过程中,身管后端被封闭着,火药气体推弹丸向前运动的同时,还推身管后坐运动。是否可以既不增加燃气压力对发射装置的作用,又不产生后坐呢?为了消除后坐,根据动量守恒原理,达·芬奇设想将两个相同的发射装置相互顶着,同时向相反方向发射,使后坐力及后坐相互抵消。这种思维方式非常好,但是实际上是不可能办到的。美国人戴维斯在第一次世界大战中试验把两个身管对接起来,一头发射弹丸,另一头向后发射平衡弹,以抵消后坐。这种无后坐原理是一种质量平衡原理,又称戴维斯原理。俄罗斯人梁布新斯基在芬兰战争中利用喷管向后喷出的火药燃气产生的反作用来平衡后坐,这种无后坐原理是一种气动平衡原理(见图2-9)。但是,要使向前和向后作用始终大小相等、方向相反,在技术上是难以达到的,所谓的“无后坐”只是一种理想状态。在实际发射过程中,向前和向后的两个随时间变化的作用并非完全相等,只不过由于相差很小,且作用时间短,方向变化快,不致于发生明显的后坐。从设计角度来说,主要是保证系统的总动量与火药燃气总冲量相等。

现有无后坐火炮都是采用气动平衡原理。对于采用气动平衡原理的无后坐火炮,由于在发射的同时要向后喷射火药燃气,不仅对射手及其后面人员产生安全影响,而且会产生火光,暴露目标。正在研究的一种“微痕”无后坐力炮(又称“弓弩”原理),采用的基本原理,一是离散型质量动平衡原理,二是用两个闭气活塞承受火药气体压力,推送弹丸及平衡体沿炮膛轴线相反方向运动,到达炮口时,两活塞被制动,将火药气体封闭在炮膛内,实现发射时无后坐、无闪光、无烟尘、无冲击波、微噪声、微红外辐射。这种武器系统除具有一般轻型直瞄随伴火炮的作战性能特点之外,还具有“隐身”的特性。其“隐身”特性,一是发射声、光微弱的“隐身”作用,二是可以隐蔽在狭小的封闭空间内射击。因而,在现代战争的近距离对抗中,它不易被现代化的声、光、电侦察手段发现,能隐蔽地发射突击火力,保证较高的先敌开火概率和较多的先敌开火发数,能更有效地“保存自己,消灭敌人”,具有较高的生存能力和作战效能。特别适合于城镇、居民点、要塞、坑道及山地等各种复杂地形的战斗和完成侦察、穿插、伏击、奔袭、游击等特种作战任务。

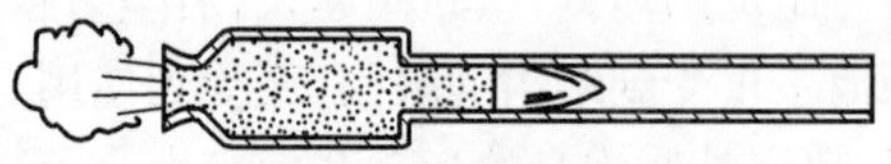

图2-9 无后坐原理示意图

身管发射过程是一个极其复杂的动态过程。一般发射过程极短（几毫秒至十几毫秒），经历高温（发射药燃烧温度高达2500K～3600K）、高压（最大膛内压力高达250MPa～700MPa）、高速（弹丸初速高达200m/s～2000m/s）、高加速度（弹丸直线加速度是重力加速度的10 000倍～30 000倍，发射装置的零件加速度也可高达重力加速度的200～500倍，零件撞击时的加速度可高达重力加速度的15 000倍）过程，并且发射过程可以高频率重复进行（每分钟高达10 000次循环）。由于身管发射过程的时间很短，它的瞬时功率很高，但热损失很大，其能量利用率为16%～30%，远比其他热力机械为低。

身管发射过程伴随发生许多特殊的物理、化学现象。身管发射的能源是火药，火药是一种含能的化学材料，既有燃烧剂又有助燃剂，当达到一定的温度以后就会燃烧。火药燃烧后在容器内生成有一定温度和压力的火药燃气，化学能转化为热能。火药燃气在膛内膨胀，推动弹丸飞出膛口，实现了由热能向动能的转化，即将一定质量的弹丸从静止状态加速到飞出膛口时获得一定的速度。身管发射过程中，对发射装置施加的是冲击载荷，身管、膛口装置、抽气装置、炮尾、炮闩及各连接件，直接承受火药燃气的冲击载荷，这个载荷是构件强度设计的主要依据。在冲击载荷的激励下还会引发发射装置的振动，尤其是膛口振动是影响射弹散布的重要原因之一。身管发射过程中，身管的温升与内膛表面的烧蚀、磨损，是非常复杂的物理、化学现象。在工程实践中，采取各种方法冷却身管，在发射装药中增加缓蚀添加剂，采用爆热低的发射药，研究新型的身管材料，对身管内膛进行特殊工艺处理等多种技术措施以减少烧蚀和磨损。当弹丸飞离膛口时，膛内高温、高压的火药燃气，在膛口外急剧膨胀，甚至产生二次燃烧或爆燃。特别是采用膛口制退器时，所产生的膛口冲击波、膛口噪声与膛口焰，容易暴露目标，降低战场生存能力，同时，对阵地设施、武器及载体上的仪器、仪表、设备和操作人员都会产生有害的作用。

射击过程，首先赋予身管正确的初始射向。初始射向包括方位和射角。由方向机赋予身管初始方向，由高低机赋予身管初始射角。其次将弹药装填到内膛，然后进行发射。

从已装填入膛的弹药击发开始至次一发弹药击发止，这一过程称作射击循环。典型的身管武器射击循环包括以下各种动作：击发、后坐、复进、开闩、抽壳与排壳、弹药传输、弹药装填、关闩闭锁、待击发。开闩是指当发射过程完成后，把闭锁机构打开，以便抽壳与排壳和下一发弹药的装填。抽壳与排壳是指闭锁机构打开后，用专门机构将弹壳或药筒从药室中抽离并抛出。但采用药包、全可燃药筒、无壳弹等弹药的身管发射武器则无此环节。弹药传输是指把弹药从存储位置转移到输送或装填位置。对整装式弹药，只需用一个通道。对分装式弹药，一般需要用两个通道，即弹丸和装药（包括药筒、药包或模块装药）分别传输。弹药装填是指把处于装填位置的弹药，输送入膛，使之处于待击发位置的过程。整装式和分装式弹药所需要的通道数与供弹同，也称输弹或进弹。关闩闭锁是指使闩体到位并实现闩体与炮尾的暂时刚性连结，使药室可靠密封。待击发是指解脱保险，完成击发准备。这些环节，可以人工完成，也可以由专门的装置或机构来完成。单位时间内发射的射弹数称为射速，即发/分。

现代战争中，目标的运动速度越来越快，机动性越来越高，因此对射速要求也越来越高。以高射速形成弹幕，是现代对付高速来袭小目标的最可靠也是最后一道防线。为了提高射速，射击循环的各环节都有专门的装置或机构来自动或半自动完成。自动完成射击循环的身管武器称为自动武器。由于中小口径身管武器主要用于对付快速机动目标，所以中小口径身管武器都是自动武器,其射速可高达6000发/分。对于陆基大口径火炮,主要用于对付静止或运动速度不大的目标,由于结构所限,一般采用半自动机构,其射速可达10发/分左右。对于大口径舰炮,主要用于对付运动目标,本身安装平台很大,结构和重量限制不是很严,通常采用自动炮,其射速可达每分钟几十至几百发。舰炮的弹药都贮存在甲板底下,因此舰炮都需自动扬弹装置,将弹药从甲板底下输送到火炮中。

2.3 武器推进原理

2.3.1 火箭推进原理

火箭是靠火箭发动机向前推进的。火箭发动机点火以后,推进剂(液体的或固体的燃烧剂加氧化剂)在发动机的燃烧室里燃烧,产生大量高压燃气;高压燃气从发动机喷管高速喷出,所产生的对燃烧室(也就是对火箭)的反作用力,就使火箭沿燃气喷射的反方向前进。因此,火箭推原理又称喷气推进原理。

如果把火箭 A 及其喷射的物质 B 看成一个质点系,其质心初始位置为 O;根据动量守恒原理,当质量为 m_b 的喷射物质以速度 v_b 向后喷射时,为保持质点系的质心位置 O 不变,质量为 m_a 的火箭必然会以速度 v_a 向前运动。当火箭不断地向后喷射物质时,火箭就不断地向前推进,如图2-10所示。

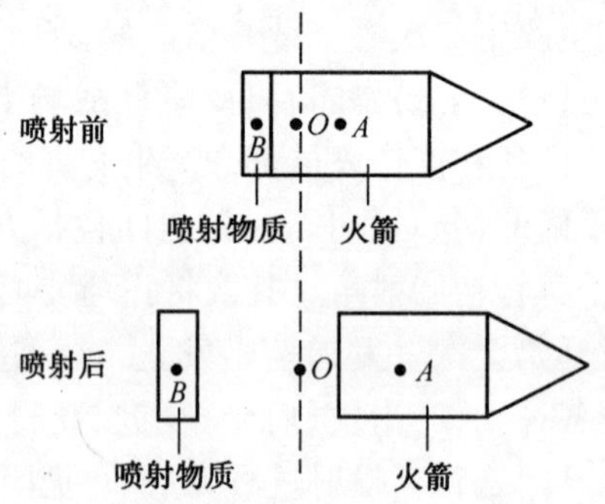

图2-10 火箭推进原理示意图

在火箭喷气推进中,喷气通过火箭体上的喷孔喷出。根据牛顿第二定律,喷出气体的动量变化率与加到气体上的力成正比,此力称为喷射力,是火箭体作用于高速喷气流的力。按照牛顿作用力与反作用力定律,高速喷气流对火箭体也作用一个大小相等、方向相反的力,称为推力,推力的作用方向与燃气流喷射方向相反。

在火箭向前运动的同时,推进剂不断燃烧变成燃气,并以相对于火箭 v_e 的速度向后高速喷出。这种燃气流是火箭携带的推进剂燃烧的产物,因此,随着推进剂不断消耗,火箭的质量不断减少。所以,火箭是典型的变质量物体,火箭的运动是变质量物体的运动。建立火箭的运动方程必须使用变质量物体力学定律。变质量物体的动量定理为:变质量物体动量的时间导数等于作用于变质量物体的外力之和,即

$$\frac{\mathrm{d}(mv)}{\mathrm{d}t} = m\frac{\mathrm{d}v}{\mathrm{d}t} + \frac{\mathrm{d}m}{\mathrm{d}t}v = F \tag{2-3}$$

式中　m——火箭(包括未燃推进剂和研究时刻喷出的燃气)质量；

v——火箭速度；

F——作用于火箭上的外力,如重力、空气阻力等。

移项可得

$$m\frac{\mathrm{d}v}{\mathrm{d}t} = F - \frac{\mathrm{d}m}{\mathrm{d}t}v \tag{2-4}$$

变质量物体运动的动量定理与定质量物体运动的动量定理相比,多出了一项$v\mathrm{d}m/\mathrm{d}t$,该项可以看作是由于喷射引起的推力。火箭质量变化率 $\mathrm{d}m/\mathrm{d}t$ 就等于所喷出的燃气流的质量流率 $\dot{m}$ 的负值,即

$$\dot{m} = -\frac{\mathrm{d}m}{\mathrm{d}t} \tag{2-5}$$

由火箭喷出燃气流的质量变化率与燃气流速度产生的使火箭向前运动的推力,称为喷气反作用力,或称动推力。动推力的大小取决于喷出的燃气质量流率和喷气速度,即

$$F_{\mathrm{d}} = \dot{m}v_{\mathrm{e}} \tag{2-6}$$

式中　F_{d}——动推力；

$\dot{m}$——单位时间内喷射物质的质量(质量流率)；

v_{e}——喷射物质相对于火箭的速度(称喷射速度)。

式(2-6)称为推力公式。

为了获得一定推力,喷气速度越大越好。燃气流的喷气速度在很大程度上取决于推进剂的种类(能量高低)和火箭发动机的工作效率。在理想状态,火箭的飞行速度正比于燃气流的有效喷气速度及火箭质量比(火箭起始质量与任意时刻质量之比)的自然对数,即齐奥尔科夫斯基公式:

$$v_{\mathrm{k}} = v_{\mathrm{e}}\ln\left(\frac{m_0}{m_{\mathrm{k}}}\right) \tag{2-7}$$

式中　v_{k}——火箭所获得的速度；

v_{e}——喷射速度；

m_0——为火箭的初始质量；

m_{k}——为火箭对应于速度 v_{k} 时的质量。

称 m_0/m_{k}为质量比。用齐奥尔科夫斯基公式计算的火箭速度,称为理想速度或特征速度,它略去了外界力(地球重力和空气阻力等)的影响,表征了火箭的性能。根据推力公式,喷射速度可以看成每单位质量流量产生的推力大小。火箭质量比和喷射速度是决定火箭理想速度非常重要的参数。火箭质量比与火箭结构、推进剂的利用率有关。喷射速度与推进剂性能、发动机的工作效率有关。在实际情况中,由于外界力的影响,火箭所获得的实际速度与理想速度是不同的。在上升段,火箭实际速度总是小于理想速度,这个速度差称为速度损失,它与火箭总体参数、飞行弹道有关。

要提高火箭理想速度有两个途径:一是提高燃气流的喷气速度,二是提高火箭的质量比。当火箭的推进剂选定之后,燃气流的喷气速度也就一定,在这种情况下,火箭的质量

比越大,火箭所能获得的理想速度就越大。然而,火箭的质量比是不能无限提高的,因为,火箭上所有的推进剂都燃烧完毕,除有效载荷(战斗部)之外,最终有一部分质量要成为多余质量,如火箭空箭体,以及不能利用的剩余推进剂,这些称为结构质量。火箭的质量比大,说明推进剂质量所占的比例大而结构质量所占的比例小,自然它所获得的理想速度就大。

由于提高火箭的质量比是有限的,因此火箭的速度也是有限的。为了提高火箭的速度,必须增加推进剂的质量,同时这也增加了火箭的结构质量,也就增加了火箭的总质量,会使火箭非常庞大和笨重。

在单级火箭飞行时,火箭的结构质量也要被加速,这些多余质量要消耗掉一部分能量,如果能够在飞行中不断地把这部分无用质量抛掉,那是最理想的。虽然实际上不可能连续地把部分火箭空箭体抛掉,但是可以把火箭做成多个箭体(包括相应的发动机)。当每个箭体内推进剂耗尽后,就可将该段空箭体抛掉,从而使火箭能量利用更为合理。用这种思想设计的火箭称为多级火箭。多级火箭把整个火箭分成几级,每一级是一个独立的工作单位,每一级都有自身的推进系统。第一级(也是最底一级)火箭发动机工作,使整个火箭起飞并加速。当第一级火箭的推进剂燃烧完后,使整个火箭达到一定的速度,这时第一级火箭自动脱落,同时第二级火箭发动机自动开始工作,使火箭在第一级加速的基础上继续加速。这样继续下去,直到最后一级。就靠最后一级火箭带着有效载荷(战斗部等)完成预定的飞行任务。多级火箭最终获得的速度是各级火箭所获得的速度的总和,即

$$v_{\mathrm{k}} = \sum_{i=1}^{n} v_{\mathrm{eq}i} \ln\left(\frac{m_{0i}}{m_{\mathrm{k}i}}\right) \tag{2-8}$$

式中 n ——火箭的级数;

$v_{\mathrm{eq}i}$ ——第 i 级的喷射速度;

m_{0i} ——第 i 级的初始质量;

$m_{\mathrm{k}i}$ ——第 i 级的终点质量($i=1,2,\cdots,n$)。

多级火箭可以提供比单级火箭更高的速度。

多级火箭的特点是逐级工作和逐级脱落,这样,在逐级扔掉每一级火箭之后,火箭的重量就减轻了,火箭继续加速所消耗的能量就可以减少。采用多级火箭可以大大减轻火箭的起始重量。设计合理的多级火箭,可使火箭运载的有效载荷达到宇宙速度,实现宇宙航行。一般说,在一定的起飞质量条件下,增加级数可提高火箭的理想速度,但实际上火箭级数的增加是有一定限度的,随着级数增加,必然导致系统更加复杂化和工作可靠性降低。通常用于发射航天器的运载火箭级数为 3 级左右。远程弹道导弹的火箭级数为 2 级左右。

2.3.2 火箭推进武器的特点

火箭推进,是完全不需要外界的任何物质(如空气中的氧气),而完全依靠点燃火箭自身所携带的推进剂(固体的、液体的、固液混合的)就能形成燃气流喷射而产生推力,将火箭抛射到预定目标区的过程。一般称完全依靠点燃自身所携带的推进剂就能形成燃气流喷射而产生推力的发动机为火箭发动机。火箭发动机不仅可在大气层里工作,也可在

外层空间工作。通常所说的“火箭”就是指一种依靠火箭发动机推进的飞行器。

火箭根据用途的不同可以装载各种不同的有效载荷。当火箭装有战斗部(或称弹头),用于杀伤敌人时,就构成为火箭武器。

我国古代劳动人民是火箭的发明者。早在公元969年,人们就将装满黑火药的竹筒绑在普通的箭上,点燃黑火药后利用弓将箭射出去,制成了最早的火药火箭。火箭作为武器一直在不断发展完善,在战争中发挥了巨大作用。火箭武器具有结构简单,质量轻,操作使用方便;无后坐(力),机动性好;射程受限制小;火力密集等优点,一直受到各军事强国的高度注意。尤其是在第二次世界大战中,苏联红军使用多管车载火箭炮“喀秋莎”反击德国法西斯,充分显示了火箭炮火力突然、猛烈的强大威力。

火箭推进原理决定了火箭武器的火药利用率很低,有效载荷占总质量的比例偏小,发射的大部分是消极载荷。火箭武器通常是一种无控飞行器,出口速度低,易受干扰;发射后主动段存在推力偏心,动不平衡,质量偏心,以及阵风和起始扰动等因素对落点散布影响很大;在保持相对射击密集度指标不变条件下,射程越远,绝对散布也越大。

虽然人类很早以前就想发明一种能随心所欲地加以控制的武器,但限于过去的工业生产和科学技术水平,一直不能实现。制导技术的发明使火箭飞行有了控制的可能。

导弹是一种受制导系统控制的飞行武器,它装有发动机及控制引导仪器设备(制导系统)。导弹的推进系统一般是火箭发动机,可以把导弹看作是一种火箭武器。

实际上,“导弹”并不仅仅是指火箭武器,有一些导弹是装备着其他动力装置的,如空气喷气发动机等。

在火箭武器中,装有制导系统的称为有控火箭或导弹,没有制导系统的称为无控火箭或火箭弹。导弹由发动机、制导系统、弹体和战斗部四大部分组成,而对于火箭弹来说,除了无制导系统外,其余三大部分仍是必不可少的。要使火箭弹和导弹能作为武器使用,除了火箭弹和导弹本身之外,还需要一套发射、勤务保障系统、侦察瞄准系统和指挥通信系统,这就构成了火箭武器系统。

2.4　弹道学简介

2.4.1　弹道学

弹道一般是指弹丸或其他发射体质心运动的轨迹。从设计理论角度,把研究弹丸或其他发射体从发射开始到终点的运动规律及伴随发生的有关现象的科学称为弹道学,把研究发射装置的构造原理及发射过程中的伴随现象和规律的科学称为武器设计理论。

早期的弹道学仅局限于研究质心运动轨迹的力学范畴。随着武器技术的进步、基础科学和测试技术的发展,弹道学的研究对象逐步扩展到发射全过程的各个方面,包括发射装药的点火、燃烧、高温高压燃气的产生与膨胀做功,弹丸或其他发射体的运动、对目标的作用,以及伴随出现的各种现象等,大大丰富了弹道学的研究内容,使之逐渐发展成为涉及刚体动力学、气体动力学、空气动力学、弹塑性力学、化学热力学以及燃烧理论、爆炸动力学、撞击动力学、优化理论和现代计算技术等学术领域的综合性学科。

弹道学是武器设计和应用的理论基础。研究弹道学的目的在于本着全弹道的观点,在理论和实践上指导武器的设计、使用和改进,以使武器在优化条件下达到预期的射程、射击精度和毁伤效果,并保证射击的安全性。此外,弹道学还可以在新型武器的研制、新发射方式的探讨以及新能源的利用等方面发挥应有的指导作用,并促使本身向新的学术领域扩展。

由于弹丸在不同阶段的运动规律不同以及相应的研究方法不同,根据射击过程不同阶段的物理现象,身管武器(枪炮)弹道学最初是以身管武器的膛口为界,划分为膛内弹道学(简称内弹道学)和膛外弹道学(简称外弹道学)。它们经过一个多世纪的发展,到19 世纪后期,才初步完善了各自的学科体系。

介于其间的膛口现象研究,原先仅作为内弹道现象的延续。随着对武器的威力和射击精度要求不断提高,以及应用膛口装置之后,膛口气流的利用及有害现象的抑制等问题的出现,促使对膛口气流的研究日益受到重视,而气体动力学理论、计算技术以及流场测试技术的相继发展,又为这方面的研究提供了必要的条件。20 世纪 60 年代以后。这一新领域的研究已从内弹道学中分化出来,形成了中间弹道学学科。

弹道起始段的研究,原来也只是属于内弹道学的一个组成部分,但随着武器向高初速、高膛压及高装填密度方向发展的需要,发射装药起始燃烧阶段对射击安全性和弹道稳定性等的重要影响日益受到重视。而现代燃烧理论、内弹道两相流理论以及脉冲 X 光测试技术等也为这方面的研究提供了必要的条件,使这个领域研究的深度和广度都在不断发展,也使其逐渐地从内弹道学中分化出来,形成了起始弹道学学科。

终点弹道学的研究虽然早在 19 世纪前期即已兴起。但是它的发展进程同中间弹道学的情况一样,也是 20 世纪中期在有关基础学科和测试技术发展的推动下,才逐渐形成了较完整的学科体系的。

目前,根据射击过程不同阶段的物理现象,可将身管武器(枪炮)弹丸运动的全过程划分为 5 个弹道阶段及相应的研究领域,即起始弹道、膛内弹道、中间弹道、膛外弹道、终点弹道。

2.4.2 内弹道学

内弹道学是研究发射过程中膛内的火药燃烧、物质流动、能量转换、弹体运动和其他有关现象及其规律的科学,是弹道学的一个分支。

内弹道学的研究对象,归纳起来主要有 4 个方面:①有关点火药和火药的热化学性质,点火和火药燃烧的机理及规律;②有关枪炮膛内火药燃气与固体药粒的混合流动现象,以及气流对火药燃烧的影响;③有关弹带嵌进膛线的受力变形现象,弹丸和枪、炮身的运动现象;④有关能量转换、传递的热力学现象和火药燃气与膛壁或发动机之间的热传导现象等。

内弹道学研究的主要内容和基本任务是:从理论和实验上对膛内的各种现象进行研究和分析,揭示发射过程中所存在的各种规律和影响规律的各有关因素;应用已知规律提出合理的内弹道的方案,为武器的设计和发展提供理论依据;有效地利用能源及探索新的发射方式等。

发射过程中膛内的各种现象既同时发生而又相互影响,它们之间的关系是通过火药燃气的温度、压力及弹丸速度等各种量的变化规律来表达的。因此,研究并掌握这些规律就成为内弹道学的一个基本问题。通常是根据对各主要现象的物理实质的认识，分别建立描述过程变化的质量、动量、能量守衡方程及气体状态方程，再结合武器的特点，将各相应的方程组成内弹道方程组。对方程组求解的数学过程，即称为内弹道解法。它可以根据给定内膛结构数据及装填条件，解出压力和速度的变化规律，为武器的改进提供依据。对内弹道方程组求解，可以直接给出随弹丸行程及时间变化的压力曲线和速度曲线（见图2-11和图2-12），图中p、v、l、t分别为炮膛压力、弹丸速度、弹丸行程和弹丸运动时间；下标m、k、g分别表示最大压力点、火药燃烧结束点及炮口点；p_0表示弹丸的弹带全部挤进膛线开始运动时的膛内压力，称为挤进压力。曲线所表示的变化规律即反映了内弹道的特点。

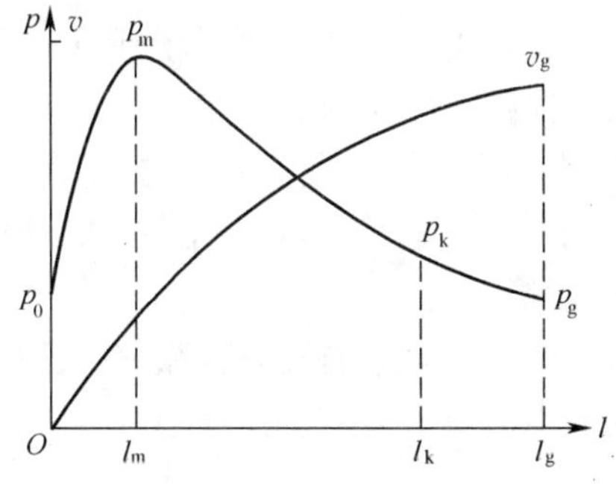

图2-11　膛内的p—l、v—l曲线

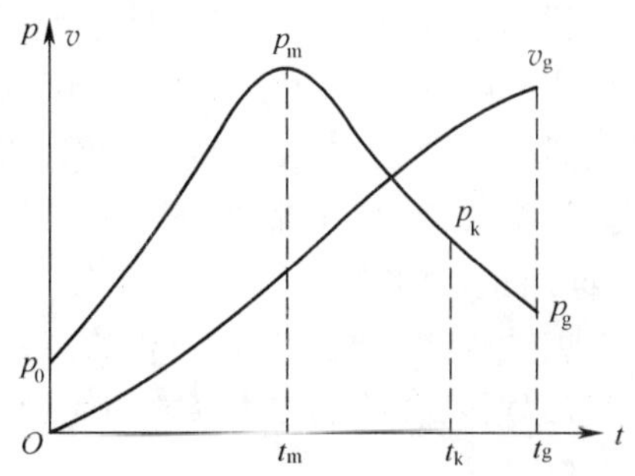

图2-12　膛内的p—t、v—t曲线

压力曲线的变化规律表明，膛内存在着两个作用相反的效应：火药燃烧生成气体使压力增长；弹丸向前运动时，弹后的空间增大又使压力下降。因此，曲线的压力上升段即表示前者的效应超过后者，而压力下降段则相反。当两种效应达到瞬态平衡时即为最大压力。在整个过程中压力虽然不断在变化，但弹丸则一直受压力的作用而不断加速，从而给出不断上升的速度曲线。弹丸飞出膛口瞬间的速度称为膛口速度，用实验方法测算的膛口速度称为初速。最大压力和初速是内弹道的两个重要弹道量，它们是武器性能和弹药检验的主要标志量。

利用所掌握的内弹道规律，改进现有的武器和设计出新型的武器，就是内弹道设计。它也是以内弹道方程组为基础的。例如，根据战术技术要求所给定的火炮口径及外弹道设计所给出的初速、弹重等主要起始数据，解出合适的内膛结构数据、装填条件以及相应的压力和速度变化规律。在内弹道设计方案确定之后，方案的数据就是进一步进行药筒、弹丸、引信、身管等部件设计的基本依据。因此，武器的性能在很大程度上决定于内弹道设计方案的优化程度。

为了选择最优化的设计方案，内弹道学根据所研究过程的特点，采用了如下的弹道指标作为评定弹道性能的主要标准：①最大压力。内膛所承受的最大压力，是身管、弹丸、药筒、引信等部件强度设计的主要依据。为了减轻部件的重量，在能保证火炮满足所要求的射程及威力的条件下，这个指标应尽可能地降低。②示压系数（或内膛工作容积利用系数）。火药燃气在膛内膨胀做功，使弹丸、身管及火药燃气获得动能的过程表明，压力随行程变化的曲线不仅反映压力变化的规律，曲线下面的面积还反映出弹丸获得动能的变化规律,一定的弹丸膛口动能与一定的曲线总面积相对应。因此,进行内弹道设计时,在给定最大压力指标的条件下,为了达到设计要求的膛口动能或曲线总面积,可以从不同的压力变化规律以及不同的弹丸全行程长度进行选择。在最大压力和曲线总面积都相同的条件下,弹丸全行程长与压力曲线下降的平缓程度有关。为了表示曲线的这种特点,常采用曲线积分面积的平均压力与最大压力的比值(示压系数)作为评定指标。这个比值愈大,则曲线下降愈平缓,所设计的身管将愈短,有利于武器机动性能的提高。例如,现有火炮的示压系数一般在0.5~0.75之间。③弹道效率。根据膛内能量转换过程的特点,内弹道学采用火药燃气总内能转换为膛口动能的百分比,作为评定能量利用效率的指标,称为弹道效率。为了充分利用火药能量,这个指标应尽可能地提高。例如,现有火炮的弹道效率一般为20%~30%。

内弹道设计方案从选择到具体实现,除了以上各主要指标之外,还要考虑其他一系列的要求,例如,减少对内膛的烧蚀作用以提高寿命;保证弹道性能的稳定性及射击精度;避免膛内激波的形成;减少膛口焰、尾焰和膛口噪声等有害现象以及武器应用的高低温度范围等。根据武器的具体情况,这些指标和要求在不同程度上已成为评定武器性能的重要标准,同时也是内弹道学研究工作经常要解决的课题。

发射能源是实现内弹道过程的主要物质基础,如何选择合适的发射能源,有效地控制能量释放规律,合理地应用释放的能量以达到预期的弹道效果,一直是内弹道学研究的一个主要问题。

火药是最常用的主要能源。早在无烟火药开始应用时,对于成形药粒的燃烧,就采用了全面着火、平行层燃烧的假设,并以单一药粒的燃烧规律代表整个装药的燃烧规律,即几何燃烧定律。它是内弹道学的一个重要理论基础。长期以来,这个定律被用来指导改进火药的燃烧条件,控制压力变化规律以达到提高初速和改善弹道性能的目的。广泛应用的方法有两种,一种是采用燃烧过程中燃烧面不断增加的火药,如7孔、14孔、19孔等多孔火药;另一种则采用燃烧速度不断增加的钝化火药。由于这两种方法受到现有火药的性能和工艺条件的限制,再进一步发展已较困难。因此,人们又开展了包覆火药,镶嵌金属丝及涂层金属火药,成型组合装药,以及随行装药等方法的研究,并取得了初步的成果。20世纪70年代以来,对利用液体燃料作为发射能源的可能性进行了探索性研究,也取得了一定的进展。

2.4.3 外弹道学

外弹道学是研究弹丸在空中的运动规律及有关现象的科学,是弹道学的一个分支。弹丸在空中飞行时,由于受空气阻力、地球引力和惯性力的作用,不断改变其运动速度、方向和飞行姿态。不同的气象条件也将对弹丸的运动产生影响。通常可以将弹丸的运动分解为质心运动和围绕质心运动(绕心运动)两部分,分别由动量定律和动量矩定律描述。

外弹道学的研究内容主要包括:弹丸或抛射体在飞行中的受力状况,弹丸质心运动、绕心运动的规律及其影响因素,外弹道规律的实际应用等。它涉及理论力学,空气动力学、大气物理和地球物理等基础学科领域,在武器弹药的研究、设计、试验和使用上占有重要的地位。

作用于弹丸的力和力矩,主要是地球的作用力和空气动力。地球的作用力,可以归结为重力与哥氏惯性力。重力通常可以看作是铅直向下的常量。当不考虑空气阻力时,弹丸的飞行轨迹(真空弹道)为抛物线。对于远程弹丸则要考虑重力大小、方向的改变和地球表面曲率的影响,其轨迹为椭圆曲线。哥氏惯性力还对远程弹丸的射程和方向有一定影响。

作用于弹丸的空气动力与空气的性质(温度、压力、黏性等)、弹丸的特性(形状、大小等)、飞行姿态以及弹丸与空气相对速度的大小等有关。当弹丸飞行速度矢量与弹轴的夹角(称为攻角或章动角)为零时,空气对弹丸的总阻力的方向与弹丸飞行速度矢量方向相反,它使弹丸减速,称为迎面阻力。当攻角不为零时,空气对弹丸的总阻力可分解为与弹丸飞行速度矢量方向相反的迎面阻力和与其垂直的升力;后者使弹丸向升力方向偏移。由于总阻力的作用点(称为阻心或压心)与弹丸的质心并非恰好重合,因而形成了一个静力矩。它使旋转弹丸的攻角增大而使尾翼弹丸的攻角减少,因而分别称为翻转力矩和稳定力矩。当弹轴有摆动角速度时,弹丸周围的空气将产生阻滞其摆动的赤道阻尼力矩;当弹丸有绕轴的自转角速度时,将形成阻滞其自转的极阻尼力矩,如自转时有攻角存在,还将形成一个与攻角平面垂直的侧向力和力矩,称为马格努斯力和马格努斯力矩。在诸空气动力中,迎面阻力、升力和静力矩对弹丸运动影响较大,它们可以表达成弹速、弹丸横截面积、弹长和空气密度,以及弹丸阻力系数的函数。

此外,随时间、地点和高度的不同而变化的气象因素(如气温、气压和风等),将直接影响空气的密度和弹丸与空气的相对速度,使空气动力发生变化。通常气温高、气压低或顺风均使射程增大,反之则减小。横风将使弹丸侧偏。

要准确地描述弹丸运动的规律,有赖于对上述空气动力的准确测量,测量的方法通常有风洞法和射击法两类,后者已发展成为实验外弹道学的主要内容。

在攻角为零、标准气象条件和其他一些基本假设下,弹丸质心运动的轨迹将是一条平面曲线(理想弹道)。它由初速、射角和弹道系数完全确定。弹道系数是反映弹丸受空气阻力影响大小的重要参量,它是弹径、弹重和弹形系数(当攻角为零时弹丸阻力系数与某标准弹阻力系数之比)的函数。弹道系数越小,对减小阻力、增大射程越有利。在同样的初速和射角条件下,弹道系数与射程的关系如图 2－13 所示。

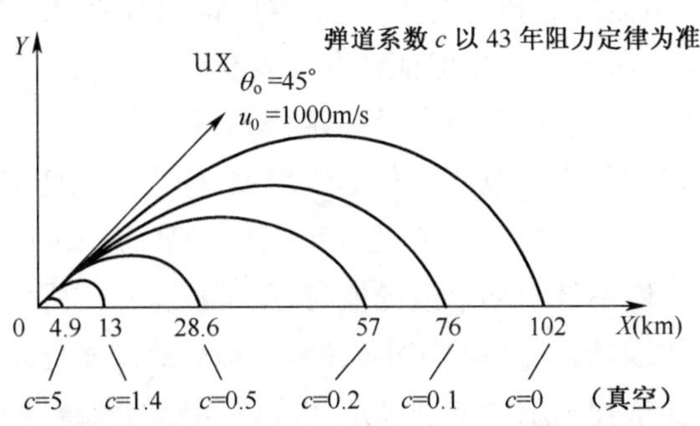

图 2－13　弹道系数与射程的关系

通常采用减小弹形系数,增加弹丸的长细比和选用高密度材料等方法来减小弹道系数。例如枣核弹,由于改善了弹头、弹尾的形状,减小了空气阻力,使弹形系数减小到 0.7 左右;底部排气弹由于采用了底部排气技术,提高了弹底压力,使弹形系数进一步减小到 0.5 左右;某些次口径穿甲弹,由于提高了初速,增大了长细比或采用钨、铀等高密度材料,不仅增大了射程,还提高下落速和穿甲能力。

研究质心运动规律的目的,在于准确地获得弹道上任意点的坐标、速度、弹道倾角和飞行时间等弹道诸元,以及在非标准条件下的射击修正量。由初速、射角和弹道系数等参量可以编制外弹道表,用以直接查取或求得顶点、落点乃至任意点的弹道诸元和有关的修正系数。

弹丸在作质心运动的同时作绕心运动。当攻角不大时,绕心运动可用线性理论来描述。起始扰动引起攻角的大小呈周期性变化。攻角平面在空中绕速度矢量旋转,与攻角相应的升力矢量也将在空中旋转,使弹丸质心运动的轨迹成为一条空中螺旋线。螺旋线的轴线向一方偏离形成平均偏角,它的大小主要与随机变化的起始扰动有关。这是造成跳角及其散布,特别是低伸弹道高低和方向散布的重要原因。由重力引起的非周期性变化的攻角称为动力平衡角。它对于右(左)旋弹丸主要偏向弹道右(左)方,与其相应的升力产生使弹丸向右(左)侧运动的偏流。此外,由于弹丸攻角大小的变化,还将引起迎面阻力的增大和变化使射程减小并产生散布,如图 2-14 所示。对于尾翼稳定弹丸绕心运动对质心运动的影响,除了不形成偏流外,其他与旋转弹丸相似。

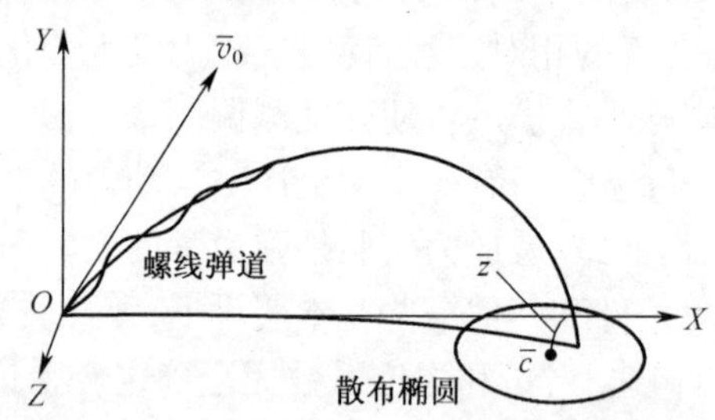

图 2-14 螺线弹道、偏流与散布示意图

$\overline{c}$—平均落点;$\overline{z}$—平均偏流。

由绕心运动的规律可以确定弹丸的飞行稳定性,即保证弹丸在飞行全过程中攻角始终减小或不超过某一最大限度。这是保证弹丸具有良好射击精度的必要条件。弹丸的飞行稳定性取决于它的运动参量、气动力参量和结构参量。尾翼稳定弹丸利用其尾翼作用使阻心移到质心后面,形成稳定力矩使攻角不致增大,称为静态稳定弹。一般阻心与质心间的距离达到全弹长的 10% ~15% 时,就能保证良好的静态稳定性。旋转弹丸不具有静态稳定性,但当其旋转速度不低于某个最低值时,就可以依靠陀螺效应使弹轴围绕某个平均位置旋转与摆动,不致因翻转力矩的作用而翻转,即具有陀螺稳定性。在重力作用下弹道是逐渐向下弯曲的,如果弹轴不能追随弹道切线以同样的角速度向下转动,势必造成攻角增大甚至弹底着地。旋转弹丸由于有动力平衡角存在,与其相应的翻转力矩将迫使弹轴追随弹道切线向下转动,因而具有追随稳定性。为了保证攻角始终较小,动力平衡角也不能过大。如果弹丸旋转速度太高,其陀螺定向性过强,就可能造成动力平衡角过大,因此又必须限制转速不超过某一个最高值。由保证陀螺稳定的最低转速和保证追随稳定的最高转速,可以确定相应的膛线缠度(以口径的倍数表示膛线旋转一周时的前进距离)的上下限。通常枪炮的膛线缠度 η 均在其上限的 0.70~0.85 范围内选取。膛线缠度主要由弹丸的结构参量、阻心位置和翻转力矩系数来确定。静态稳定的尾翼弹丸同时具有追随稳定性。此外,具有静态稳定的尾翼弹丸或具有陀螺稳定和追随稳定的旋转弹丸,其弹轴摆动虽是周期性的,但摆动的幅值可能因条件不同而逐渐衰减或逐渐增大。为了保证弹丸的飞行稳定性,还必须要求摆动幅值始终衰减,即要求弹丸具有动态稳定性。动态稳定性与其升力、静力矩、赤道阻尼力矩、极阻尼力矩和马格纳斯力矩等有关。

从质心运动和绕心运动的有关规律,可以分析估算射弹散布的大小。引起散布的因素很多,不仅与起始扰动、阵风等随机因素有关,而且与弹道参量、弹炮结构参量以及它们的变化范围等有关。

利用所掌握的外弹道规律,可以进行外弹道设计和编制射表。外弹道设计、计算,是根据火炮的战术技术要求,应用空气动力学、现代优化理论和计算技术对相应的外弹道方程组进行弹道计算,以寻求最有利的运动条件并确定出弹重、弹径、初速和弹形结构等的合理值。综合应用飞行稳定性和散布理论,提供满足射程、射击精度要求和减小散布的有利条件,寻求最优化的总体设计方案,为武器、弹药、引信等的设计、研究、试验、使用提供依据。编制射表,是根据外弹道理论结合射击试验,准确地列出特定火炮的射角、射程及其他弹道诸元间的对应关系;应用修正理论给出相应弹道诸元在非标准条件下的修正量;用实验和散布理论确定出有关的散布特征量,为准确有效地实施射击提供依据。准确完善的射表或简单可靠的弹道数学模型是设计制作瞄准具、射击指挥仪或火控系统等的基础。

2.4.4　全弹道体系

弹丸运动的 5 个弹道阶段,组成了一个完整的弹道体系。在这个体系中,起始弹道通过装药的点火燃烧及弹丸挤进膛线等起始条件,直接影响内弹道规律;内弹道又通过弹丸的初速、膛内弹丸的运动状态、枪炮身的振动和炮口膛压等因素,影响中间弹道进而影响外弹道;而外弹道则通过弹丸的落速、落角等因素影响终点弹道,从而密切地联系在一起,并体现出全弹道的整体概念。

在现有弹道学体系的基础上,根据应用条件的特殊性,还派生出各种新的分支学科。例如,由于水的介质密度大于空气而可压缩性小于空气,水中发射有其特殊的弹道规律,因而,随着水中兵器的发展而形成了水中弹道学。此外,还有研究在短时间和短距离内发射重载物的弹射弹道学;研究投射物对人体致伤作用与机理的创伤弹道学等。

弹道学体系各分支学科及其一些重要理论的形成与发展,往往取决于某些弹道实验技术与发展。这是由于弹道学的研究对象比较复杂,一般都具有高压、高温、高速和瞬时性等特点,有关参数的测量必须使用专门的仪器与设施,从而逐渐发展并形成了实验弹道学。这个学科是弹道学体系的一个重要组成部分,每个弹道阶段都有其相应的弹道实验。

长期以来,由于弹道现象的复杂性,导致了理论研究及计算的困难,影响了弹道学的发展。随着计算机及计算技术的发展,弹道学的研究取得了突破性的进展。计算机的迅速发展,对中间弹道学和终点弹道学这两个分支,以及内弹道气动力理论体系的形成和发展,也都起了巨大的推动作用。各个分支学科都建立了求解各自问题的数学模型和计算程序。为了适应全弹道体系发展的需要,计算弹道学也逐步发展成专门的分支学科。

第3章　轻武器技术

3.1　轻武器及其特点

3.1.1　轻武器的基本概念

轻武器又称轻兵器，是枪械及其他由单兵或班组携行战斗的武器的总称。轻武器是目前世界上装备数量最大、种类最多、使用最广泛的步兵作战武器。轻武器是步兵的主要装备，是空降兵和海军陆战队等特种部队的基本武器，也是空军、海军及其他兵种的近距离作战武器。此外，轻武器还广泛用于防暴、反恐、维护社会治安、执法、体育运动、射击比赛和狩猎等活动中。轻武器还可配备于飞机、舰船、车辆。轻武器最初仅指可供单兵携带的枪械，如手枪、冲锋枪、步枪等，随着战场环境、作战样式、战术职能、作战需求的变化以及科技的发展逐渐演变成现在的内涵。

3.1.2　轻武器的类型

按照作战用途，轻武器可分为枪械系统、榴弹武器系统及特种轻武器装备。

枪械系统是轻武器的主体，通常指手枪、冲锋枪、步枪、机枪、特种用途枪械以及枪械用弹药等。手枪主要以单手发射，有效射程在50m左右，供军官和特种兵使用；步枪主要以单兵抵肩发射，有效射程在400m左右，是步兵的基本武器；机枪是配有枪架，实施连发射击的自动枪械，有效射程大于600m；冲锋枪则兼具手枪、步枪、机枪的特点，它发射手枪弹，像机枪一样连发射击，与步枪类似的双手握持射击姿势，有效射程200m左右。特种用途枪械有弹道枪、教学用解剖枪械等。

榴弹武器系统是轻武器的重要组成部分，通常指手榴弹、枪榴弹、榴弹发射器、便携式火箭发射器、无后坐力发射器以及各种榴弹等。手榴弹是最古老的榴弹武器，其基本型号是杀伤手榴弹，另外还有反坦克、燃烧、烟幕等弹种；枪榴弹是套在枪口上用枪弹（实弹或空包弹）发射的弹药，主要有杀伤、破甲、发烟、燃烧和照明等类型；榴弹发射器有结合在步枪枪管下面的枪挂式榴弹发射器、步枪式肩射榴弹发射器（也称榴弹枪）、机枪式架射自动榴弹发射器（也称榴弹机枪）和迫击炮式抵地发射榴弹发射器（榴弹弹射器）等类型，其中自动榴弹发射器是榴弹武器的主体；便携式火箭发射器包括各类火箭筒、枪发大威力攻坚火箭弹和其他小型火箭发射装置；无后坐力发射器有后喷火药燃气式和平衡抛射式两种。

特种轻武器装备包括单兵制导武器系统、单兵使用的轻型纵火系统、轻型声光电磁系统、各种刀具、弓弩、单兵遥控攻击弹药等。单兵制导武器系统通常指单兵反坦克导弹、单兵防空导弹等。单兵使用的轻型纵火系统主要指轻型喷火器等。轻型声光电磁系统，如激光枪（包括激光手枪、激光步枪、眩目器等）、电击枪、次声枪、电磁枪、麻醉枪等。刀具、弓弩等冷兵器在部队仍然大量装备,尤其是刀具,品种很多,有多功能刺刀、伞兵刀、水下匕首等,甚至与手枪融合成为匕首枪。单兵遥控攻击弹药有遥控飞行攻击、遥控爬行攻击、布设遥控攻击等类型。

轻武器还有其他分类方法,如按毁伤目标的方式分类,有点杀伤武器、面杀伤武器;按战术使用特点分类,有自卫武器、突击武器、压制武器、反装甲武器、防空武器;按装备对象分类,有单兵武器、班组武器等。

由于枪械系统是轻武器的主体,榴弹武器系统是轻武器的重要组成部分,在本章中轻武器主要指枪械系统与榴弹武器系统。

3.1.3 轻武器的主要作用

现代战争是武器装备体系与体系之间的对抗,而轻武器是体系中不可缺少的一部分,如果说以隐身飞机、巡航导弹为代表的远程精确打击武器是高技术战争体系对抗中的第一层次,以主战坦克、自行火炮为代表的地面重型武器是第二层次,那么轻武器则是体系对抗中的第三层次。这三个层次分别发挥着不同的作用,既相互依赖,又相互不可替代。

轻武器作为高技术战争武器装备体系中的重要组成部分,具有机动性强、反应迅速、适应性强、便于保障等特点,这是其他武器无法替代的,它不仅是步兵突击火力系统的最后一个层次,也是三军侦察、指挥与控制系统、支援系统和保障系统的主要自卫手段,是警察、民兵和边防部队的主要装备,也是军队应急机动部队的重要装备。

轻武器主要用于在近距离(2500m 内)杀伤或压制暴露的有生目标,击毁轻型坦克及装甲目标,压制敌火力点和破坏敌军事设施,实施爆破、纵火、发烟、照明以及对付低空目标等战术任务。

轻武器具有其他武器不可替代的战术功能,在地面攻防战斗中,轻武器的主要作用是:

(1) 进攻战斗中实施近距离火力突击和支援近距离步兵突击;

(2) 防御战斗中在较远距离上狙击或压制进攻之敌,在近距离内遏制和粉碎敌步兵的冲击;

(3) 在特种环境中(丛林、山岳、城镇等)作战使用,巩固和扩大战果;

(4) 在反装甲的梯次火力配系中,步兵使用的火箭发射器、无后坐力发射器以及破甲枪榴弹和反坦克手榴弹是近距离的火力骨干;

(5) 毁伤低空飞行目标(如直升机等),杀伤降落中的伞兵;

(6) 在游击作战、警戒、巡逻和自卫时是必备的武器。

3.1.4 轻武器的特点

轻武器装备的特点:

(1) 质量、体积小,可由单兵或小组携行作战;

(2) 能单独使用,配备设备少,后勤保障简单;

(3) 使用方便,开火迅速,火力密度大;

(4) 环境适应性强,可以在恶劣的自然条件下作战,人能到的地方轻武器就能到,特别适于在近战和深入敌后的斗争中使用;

(5) 品种齐全,任务适应性强,可用于近距离杀伤和压制暴露的生动目标,击毁轻型装甲目标,以及对付低空目标;

(6) 结构简单,易于制造,便于维护保养,成本低廉,适于大量生产、大量装备,是军队中装备数量最多的武器。

3.1.5　轻武器的基本组成

轻武器主要由枪管、机匣、枪托、护木、握把、提把等部件,完成射击动作所需机构,以及专用装置和机构等组成。

完成射击动作应包含以下基本机构。

(1) 闭锁机构:发射时关闭弹膛,承受火药燃气压力并防止其后逸的机构。

(2) 退壳机构:射击后抽出膛内弹壳并将其抛出枪械之外的机构。

(3) 供弹机构:依次将枪弹送入弹膛的机构。

(4) 击发机构:打击枪弹底火使其发火的机构。

(5) 发射机构:控制击发机构以实现发射的机构。

专用装置包括膛口装置、导气装置、复进装置、缓冲装置、瞄准装置(包括有准星、带照门的表尺组成的机械瞄具以及各种类型的白光、红外、微光、热成像瞄准镜及观察仪)等。专用机构包括保险机构、加速机构、减速机构等机构。对于各种机枪和自动榴弹发射器还包括枪架(两脚架或三脚架)或枪座(如果武器配置于飞机、舰船及战车上,则枪架改称枪座)。为提高作战效能,某些轻武器还配有简易火控系统(包括激光测距机、弹道计算机、摄像机、直瞄式光学装置等)。

3.2　轻武器的发展及其趋势

3.2.1　轻武器的发展简史

火器的产生源于9世纪初中国发明的火药。1259年中国制成的以黑火药发射子窠的竹管突火枪,被认为是世界上最早的身管射击火器。这种突火枪是用粗竹筒做成的,筒内装有火药,再装“子窠”(类似子弹)。用火将火药点着后,起初发出火焰,接着“子窠”就被射出去,并发出巨大的声音。在此之后,枪械的发展大致经过了以下过程:14世纪出现火门枪,15世纪出现火绳枪,16世纪出现燧发枪,19世纪初出现击发枪,19世纪中叶出现金属弹壳定装弹后装击针枪,19世纪下半叶出现自动枪械。在这长达600余年的发展过程中,枪械本身由前装到后装,由滑膛到线膛,由非自动到自动,经历了多次重大的变革。

1. 火门枪

14世纪出现的火门枪,其结构非常简单,仅由一个铸铜或熟铁制造的发射管构成。“豪华”的火门枪,也仅仅是在发射管的尾端接一被称为“舵杆”的木棍,用于射手握持、瞄准。发射管后部有一火门,以便烧着的木炭或烧红的铁棍伸进火门内点燃管内的发射药,从而实现发射。发射的弹丸主要有石头、铁球、铜弹、铅丸等。图3-1为火门

图3-1　火门枪发射示意图

枪发射示意图。

2. 火绳枪

火绳枪出现于15世纪(见图3-2)。与火门枪相比,其最显著的进步是将点燃发射药所用的火种与发射管结合为一体。最早的火绳枪是用一金属弯钩夹持一燃烧的火绳,发射时用手将金属弯钩往火门里推压,使火绳点燃发射药。后来改进的火绳枪可以通过扣压扳机,完成火绳点燃发射药的动作。显然,火绳枪克服了火门枪需要一手持枪、一手拿点火具而无法瞄准的不足,大大提高了射击的准确性。

3. 燧发枪

16世纪出现的燧发枪(见图3-3),其主要原理是利用燧石与金属撞击或摩擦产生火花,由火花引燃发射药。这与火绳枪相比又前进了一步,甩掉了上战场时要带火绳及火种这一累赘,避免了因风雨等影响点火可靠性和夜间火绳容易暴露目标等问题。燧发枪出现于1550年,一直用到1848年,大约装备了300年,它是历史上大量使用时间最长的枪支。在这期间,燧发枪的发射机构、保险机构以及单兵在战场环境中穿戴、使用和消耗的所有装备等都得到了改进,但总体上讲,19世纪中叶以前枪械的发展主要集中在提高点火方法的方便性和可靠性方面。

图3-2　火绳枪

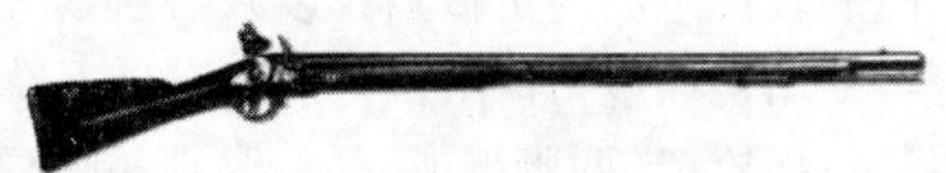

图3-3　燧发枪

4. 击发枪

1805年,苏格兰人亚历山大·约翰·福塞斯发明了击发点火技术,并将其应用到枪上,使点火可靠性大大提高。1812年,福塞斯与蒸汽机的发明人詹姆斯·瓦特合作发明了第一支击发枪。其原理是将雷汞装在底火盘里,用击针撞击底火盘,使雷汞起爆,火焰经传火孔点燃发射药。1814年,英籍美国人乔舒亚·肖发明了铜火帽,使击发点火技术又向前迈进了一步。

5. 定装枪弹与近代步枪

19世纪初法国研制出了定装枪弹,弹壳以纸为材料,带有击发药的金属基底,弹壳内装好火药后,与弹头合成一体。在此之前,枪械的发展主要围绕提高点火性能而进行,击锤打击火帽的击发点火技术,使枪械的点火可靠性大大提高,点火可靠性问题基本得到解决。此后,如何提高枪械的射击速度就成了枪械发展的主要问题。定装枪弹为解决这一问题奠定了基础,其实质就是将火帽从枪上移到了弹上,通过弹壳将弹头、火药、火帽整合为一体,形成定装枪弹。定装枪弹的出现不仅大大简化了装填弹药的操作,也为后装枪的发展创造了条件。

金属弹壳定装弹出现后,美国人C.M·斯潘赛于1860年研制成功一种弹仓枪,枪托内有带弹簧的管形弹仓,可存放7发枪弹,结束了枪械只能单发装填的历史。该枪就是近代步枪的雏形。1872年德国的1871年式毛瑟步枪,是最早成功采用金属弹壳枪弹的机柄式步枪。它首次采用了凸轮式自动待击击针式击发机构。口径为11mm,枪管内刻有螺旋形膛线,发射定装枪弹。1880年毛瑟步枪进一步改进,在枪管下后方装上了可容8

发枪弹的管形弹仓，射手可接连不断地推拉机柄发射，直到弹仓射空为止。1884 年，无烟火药在法国研制成功。无烟火药能量高，残渣少，弹头的速度也得到了进一步提高。发射无烟火药枪弹的 1888 年式 7.92 mm 毛瑟步枪，才是世界上第一支真正的近代步枪。

6. 自动枪械

金属弹壳定装弹出现前，提高枪械射速最常用的方法是多管集束发射，这种多管排枪又称风琴枪。它是将多根枪管排在一起，用一根火绳横穿各管尾部，只要把绳头点燃，就能很快实现相继发射，平均射速可以达到每分钟 7 发左右。但排列管数越多，武器越重，一般都要达到几百千克。1835 年在德国研制成功的德莱塞击针枪，1840 年装备了普鲁士军队。它是由射手操作机柄，使枪机前后滑动进行装弹与退壳的机柄式后装枪，采用螺旋膛线，回转枪机，用长杆形击针刺破纸弹壳，冲击枪弹中的击发药，发射弹头。它明显提高了射速，并能以卧姿、跪姿、立姿或行进中等任何姿势重新装弹和射击。该击针枪的口径 15mm 左右，战斗射速比击发枪提高了 4～5 倍，每分钟能发射 6 发～7 发枪弹。金属弹壳定装弹出现后，提高射速的方法也发生了巨大变化，在利用火药燃气实现自动装填之前，最著名的高射速枪械还是加特林机枪。该枪成型于 1862 年，第一批正式型号的加特林机枪有 6 管（M1865）和 10 管（M1866）两种，枪管在摇架上绕一中心轴转动，完成供弹、进膛、击发和抛壳动作。弹匣垂直插于机枪上方，靠重力供弹。

19 世纪 80 年代，英籍美国人马克沁发明了世界上第一种利用火药燃气为能源、枪管短后坐原理进行自动射击的机枪，开创了自动武器的新纪元。19 世纪末，开始步枪自动装填的研究。1908 年，墨西哥军队首先装备了蒙德拉贡半自动步枪。此后，利用火药燃气能量完成自动装弹入膛甚至自动击发的自动枪械发展非常迅速，在第二次世界大战中发挥了巨大的作用。

自动枪械的诞生，使得提高枪械射速的问题基本得到解决。此后，如何构建符合国情的轻武器装备体系，成为各国轻武器装备发展的主要问题。

7. 枪械系列与枪族

第二次世界大战后，针对枪型不统一、弹种复杂所带来的作战、后勤供应和维修上的困难，各国不约而同地把武器系列化和弹药通用化作为轻武器的发展方向。以美国为首的北约各国于 1953 年正式采用美国 T65 式 7.62mm×51mm 枪弹作为该组织的步、机枪弹，即 NATO 弹，并先后研制成了采用此制式弹的武器，形成使用同一种弹药的枪械系列。苏联在武器系列化和弹药通用化方面前进的步子更快一些，他们研制了口径为 7.62mm 的 43 式枪弹，这种弹的威力和尺寸介于大威力步枪弹和手枪弹之间，更适合突击步枪使用。利用这种枪弹，他们不仅发展了 CKC 半自动步枪、AK47 自动步枪和 PПД 轻机枪，形成枪械系列，解决了班用枪械弹药通用化问题，而且于 20 世纪 50 年代末期在 AK47 自动步枪的基础上，采用相同的结构和原理，利用 43 式枪弹，设计出了卡拉什尼科夫班用枪族。该枪族包括 AKM 自动步枪和 PПК 轻机枪，后者比前者枪管长，并配有两脚架，用弹鼓供弹。在同一枪族内，各枪的主要活动部件可以互换使用，因此便于生产、维护和补给。

8. 小口径枪械

20 世纪 60 年代，美国率先装备小口径步枪。小口径枪弹初速高，且在命中目标后容易翻转，在有效射程内的杀伤威力不仅不会因口径减小而降低，反而有所提高。不仅如此,由于口径减小,枪弹的质量大幅度减小,士兵在相同的负重情况下可以大大增加携弹量;同时,由于口径减小,弹头质量减小,枪口冲量降低,使得后坐力减小,射击精度提高。因此,许多国家都开始研制并逐步装备小口径枪械,如美国的M16枪械系列等。1980年10月,北大西洋公约组织选定5.56mm为枪械的第二标准口径。苏联于1974年定型了口径为5.45mm的班用枪族,它包括AK74自动步枪和PΠK 74轻机枪。

9. 士兵系统

回顾轻武器的发展历史不难发现,轻武器首先是围绕提高点火可靠性来发展,然后以提高操作方便性和射击频率为发展方向。自动武器出现以后,尽管不同结构、不同自动原理的轻武器层出不穷,但作战效能的提高主要是靠对武器系统进行整合来实现的,比如,规范弹药口径,形成武器系列,弹、枪、瞄准镜整体研制,等等。冷战结束后,寻求单兵综合作战装备、提高单兵作战效能成了许多国家研究的热点,由美国最初提出"士兵综合防护计划",经过各军事强国十多年的探索,士兵系统的概念逐渐形成。

为了适应未来高技术条件下的战争,美国于20世纪80年代末提出了"士兵增强计划",北约实施了"士兵现代化计划",俄、英、法、德以及澳大利亚等国,也都拟定了各自的研究计划,旨在提高单兵信息化条件下的综合作战能力。英国的"未来步兵士兵系统"(FIST)计划、法国"装备与通信一体化步兵"(FELIN)计划、德国"未来士兵系统"(IdZ)计划、意大利"未来士兵"(SF)计划、丹麦"丹麦未来士兵"(DFS)计划、荷兰"士兵现代化计划"(SMP)、比利时"比利时士兵转型"(BEST)计划、澳大利亚"士兵战斗系统"("陆地125")计划等,都是针对各自的实际情况而开展的士兵系统研究工作。尽管最终形成的系统装备有所差别,但其核心都是以"信息"为主线对单兵使用的所有装备进行从头到脚的系统设计,一般包括武器子系统、通信子系统、防护子系统等。如德国的IdZ系统(见图3-4)由战斗装备、被装系统、伪装、弹道防护装备、核生化防护装备、携行装备组成。

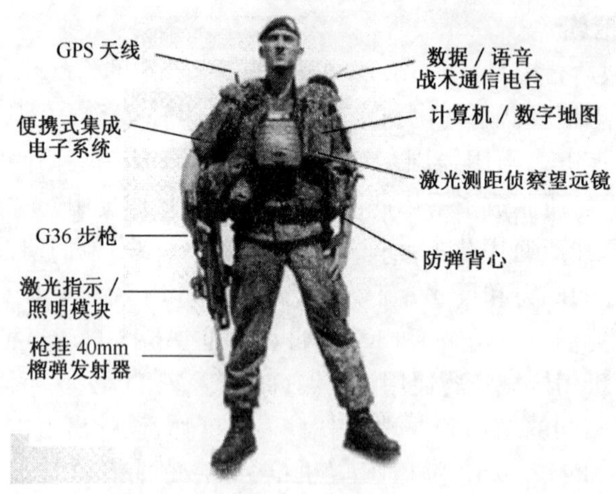

图3-4 德国"未来士兵系统"(IdZ)

综合各国士兵系统的发展状况来看,其目的均是使士兵、武器、装具间构成有机的整体,提高单兵的杀伤力和生存能力。对于提高士兵杀伤能力的武器系统,美、英、法等国最终都将采用各种高新技术、集发射动能弹和空炸榴弹为一体的、革命性的战斗武器系统,这种武器系统能为士兵提供足够的杀伤力和压制能力。士兵系统在提高杀伤能力的同时也增强了士兵的生存能力。杀伤敌人本身就是最好的保存自己的方式。此外，士兵系统中防风、防雨、保暖、透气技术和各种防弹、核生化防护、激光防护、伪装技术的应用都提高了士兵的防护能力。士兵系统给战场上的单兵提供了许多新的作战手段，但同时也增加了单兵负荷。因此，为提高士兵机动性，运用新材料、新技术减小系统质量，对士兵系统各子系统进行一体化、小型化设计等，将是关系到士兵系统前途的关键问题。

3.2.2　轻武器的发展趋势

轻武器总的发展趋势为增大威力，降低系统质量，提高命中概率，提高可靠性，改善人机工效，降低成本，实现多功能化、多平台发射，重视发展非致命弹药。

轻武器的上述发展趋势既与轻武器的自身特点有关，又与时代的发展需求以及技术的推动密切相关。

(1) 用于战争的轻武器，目的就是要对有生目标、薄壁装甲等目标进行稳、准、狠的打击，因此，提高命中概率、增大威力、提高终点效应是轻武器的发展趋势之一。

(2) 现代战争要求单兵携带更多的负荷以执行各种作战任务。各种战斗装备、通信装备、保障装备等布满单兵全身，单兵的装备越来越多，单兵的负荷越来越重，这在很大程度上制约了单兵的快速反应能力和实际作战能力的发挥。从单兵负荷分布于身体部位的情况看，枪械是由单兵手持操作的，这比身背肩扛更易疲劳，因此无论是非战斗时的携行，还是作战时的手持射击，都要求减轻轻武器系统的重量。

(3) 轻武器中手持式枪械数量最大，欲使轻武器发挥出最好的效能，人机工效非常重要。具有好的人机工效的轻武器系统，射手不易疲劳，使用舒适，具有好的持续作战能力，易于发挥出好的作战效能。

(4) 多功能化可通过一枪多能以及模块化设计等途径来实现。一枪多能可以极大限度地发挥出轻武器系统的效能，比如带有模块化白光及夜视瞄具的点面结合武器系统，既可以发射枪弹，又可发射榴弹（如杀伤弹、破甲杀伤两用弹、发烟弹、照明弹）、攻坚弹，还可发射霰弹，从而拓展了轻武器系统的作战功能，使轻武器系统：不但能对付软目标，还能够对付硬目标；不但能进行点杀伤，还能够进行面杀伤；不但能打击可视的暴露目标，还能够超视距打击隐蔽的目标；不但可白天作战，还可夜间作战。通过模块化结构的组合，比如将消声器、不同容弹量的弹匣及弹鼓、不同长度及壁厚的枪管、两脚架等作为可选模块，经有机组合得到单兵自卫武器（PDW）、短突击步枪、突击步枪、狙击步枪、班用机枪，从而也可实现轻武器的多功能化。

(5) 现代战争对火力的机动性、作战区域的大小及其可达性等都提出了更高的要求，比如应能在太空、山洞等人类不宜到达的特殊环境使用，因而除了传统的车载（如装甲车、吉普车等）、机载（直升机、战斗机等）、舰载之外，还出现了或即将出现的机器人、小型无人机、有人或无人的水下航行器、卫星等新型的轻武器发射平台。多平台的灵活使用可提供从太空至深海的立体化的火力支援。

(6) 非战争军事行动日益增多，如缉私、禁毒、反恐、平暴、维和、军援、军控、撤侨等，对轻武器提出了多品种、个性强、技术含量高等需求，其中对弹药提出了非致命的特殊要求。

3.3 轻武器技术

轻武器是一个独立完整的装备体系,是一个多学科的技术群体,涉及管式发射技术、火箭发射技术、自动武器的动态传动技术、空气弹道学、水中弹道学、外弹道控制技术、硬目标毁伤技术、软目标创伤技术、微型昼夜观瞄技术、微型射控技术及武器轻量化技术等。限于篇幅,本节仅从技术的角度简述轻武器的相关技术。

3.3.1 轻武器总体技术

轻武器总体技术是指综合运用系统工程、优化设计、计算机辅助设计(CAD)、动力学分析、价值工程等理论与方法,以拟研发的轻武器战术技术指标为依据,提出拟研发的轻武器的组成、确定设计参数、确定工作原理、确定总体布局以及制定轻武器系统总体性能检验、试验方法及规程与规范。

轻武器总体设计的主要方法:

(1) 系统工程理论与方法。系统工程用于轻武器系统设计,其基本思想是将轻武器看成系统、确定其目标和功能组成,并对其组成结构进行优化,制订计划予以实施(制造)并进行现代管理。系统工程有几个重点,一是对设计系统的分析,明确设计要求;二是通过功能分析提出多个方案;三是对方案进行优化与综合评价决策。

(2) 优化方法。武器系统的总体设计优化有两类不同性质的问题。一是根据战技指标在设计原理方案时优化;二是主要技术参数优化。优化方法有综合优化、数学优化和实验优化三种,在研制过程中,视情况选择应用。原理方案的优化一般不易运用数学方法;而主要技术参数优化,由于战技指标的多目标性,设计参数众多而且参数与目标之间难以有确定的数学模型描述,当前一般采用综合优化方法。目前轻武器系统某些重要部件或涉及总体有关的部分参数设计已在可能条件下应用了数学优化方法,如目前广泛应用的非线性有约束离散优化方法。在新型轻武器研制中,因机理不完全清楚,或设计经验不足,各参数对设计指标影响的灵敏度难以确定,只能通过用试验优化方法制造样机或模拟装置,经过多次试验、修改而确定方案;或者按试验数据构造一个函数,求该函数的极值。

(3) 动力学分析。在轻武器总体与重要构件设计中,动力学分析主要解决以下问题:已知力的作用规律和武器系统的结构求武器系统力的传递、力的分布和运动规律;已知力的作用规律和对武器运动规律有特定要求下对武器系统结构进行修改或动态设计。在建立了模型和相应的计算软件后,可对轻武器系统的运动进行仿真模拟,进而进行其他相关的分析。动力学分析已成为轻武器系统设计的重要基础,已成为轻武器总体设计中确定工作原理、物质、能量等传递路线、总体布局等工作内容不可或缺的研究手段。

(4) 计算机辅助设计(CAD)。随着计算机的日益普及以及有关软件、硬件支撑系统的不断升级与扩充,目前轻武器总体设计中广泛采用了计算机辅助设计(CAD)。当前在轻武器系统的总体方案论证和结构方案设计上,已开发研制了一大批适用的软件包,如内、外弹道设计与分析,武器发射动力学分析及仿真,武器结构动态设计,枪弹集成辅助工程设计与分析,武器重要部件的计算分析与优化设计,三维实体建模,专家系统,武器效能分析、评价等,并相继建立了配套的数据库和图形库。这不但提高了轻武器系统总体设计工作的效率与质量,也给轻武器总体设计的智能化奠定了良好的技术基础。

轻武器总体设计的主要特点如下。

(1) 轻金属与非金属材料成为重要的结构材料,构件的力学结构设计与局部强化、镶嵌技术应用广泛。这往往是出于轻武器质量指标要求及人机工效要求。

(2) 广泛应用多功能、多用途的部件设计。如我国35mm榴弹发射器闭锁部件,同时具有闭锁、抽壳、抛壳、推弹、击发、首发装填、提把等多种功能,95式自动步枪下护木兼有防烫、防护、握持、容纳附件、安装扳机等用途。这样的设计可减少轻武器零件的数目,有利于减轻轻武器的质量,提高火力机动性和发射的可靠性。

(3) 一旦方案选定并投入生产,由于产量大,社会存储量大,产品的改动应十分慎重,所以在确定总体方案时要慎之又慎。确定总体方案所用的时间在总设计周期中所占比重很大。

(4) 由于士兵会采用多种姿势握持、瞄准、携行、支承射击后坐力、分解结合以及维护保养,人机界面多,应特别重视人机工程设计。

3.3.2　轻武器射速控制技术

轻武器射速是指其每分钟内平均发射的弹数,也可称之为射击频率(射频)。射速有理论射速和战斗射速。理论射速是指根据一个射击循环时间计算出的射速。战斗射速是指以其典型的操作程序及射击方式在每分钟内能够发射的平均弹数,又称实际射速。实际射击中,由于供弹具重新装填弹药、更换供弹具、瞄准以及点射中间的停顿都需要时间,因此战斗射速远低于理论射速。可通过提高理论射速、增加供弹具容弹量、缩短更换供弹具时间、提高对目标的搜索、瞄准与跟踪的速度、缩短射击故障排除时间等措施提高战斗射速。

控制射速的目的:

(1) 提高射速有利于打击空中快速飞行目标。对付空中快速飞行目标时,要求的射速要比对付地面轻装甲目标的射速高得多。航空机枪和高射机枪由于对付快速飞行的飞机,需要较高的理论射速,如转管机枪的理论射速高达每分钟4000发~6000发。

(2) 高射速又会造成以下不利影响:弹药消耗过快;构件撞击加剧,身管振动加大,影响构件寿命以及射击精度;枪管温升加快,膛线磨损加速,影响枪管寿命。对付有生目标为主的单兵枪械(如冲锋枪、自动步枪),为提高命中概率,减少弹药消耗,射速一般在每分钟500发~1000发。

因此,轻武器的射速不能笼统地讲越高越好或越低越好,它主要取决于轻武器的战术技术要求,应根据相应的战术技术要求、对付的目标特性等因素,对其射速实施控制。射速过高或过低都不易达到,有时需采取特殊措施才能实现。

1. 提高轻武器理论射速的措施

理论射速的大小取决于自动机循环一次所需的时间,而这一循环时间主要与自动机的运动行程和运动速度有关。因此,提高理论射速主要从减小自动机运动行程和提高自动机原动件运动速度两方面着手。

1) 减小自动机原动件工作行程。

(1) 在保证自动机工作可靠的前提下,尽量减小自动机原动件的自由行程;

(2) 尽量减小推弹工作行程,如采用加速推弹机构,以大幅度缩短推弹工作行程;

(3) 采用横动闭锁的枪机,利用杠杆推弹入膛可使基础构件行程大为缩短,小于枪弹长度;

(4) 利用双程和多程供弹以减小自动机原动件的总行程等。

2) 提高自动机原动件的速度。

(1) 增大自动机原动件后坐运动平均速度。对于导气式自动机来说,增大原动件最大后坐速度,主要从导气装置入手,提高气室内火药燃气作用于活塞端面的压力冲量。例如,将导气孔往膛底方向后移,增大导气孔直径,增大活塞面积,减小气室与活塞间隙的漏气等。对于管退式自动机,主要采用膛口助推器、采用加速机构以及合理分配后坐体(枪管、枪机)的动量等途径。

(2) 提高自动机原动件的复进平均速度。一般自动武器自动机原动件的复进是在复进簧作用下进行的,所以复进速度比后坐速度要小得多,复进时间约为后坐时间的两倍,因此,若设法增大复进速度,将会使射速明显提高。

为提高初始复进速度,一般采用大刚度的缓冲簧或气体缓冲器将自动机原动件后坐到位的全部或大部分能量吸收,在复进时再将能量释放,增加构件的初始复进速度。对于管退式自动机,可设置复进加速器,提高构件的初始复进速度。

(3) 减小后坐过程中的能量损失。主要措施有:自动机构件间传动平稳、尽量减小构件间的撞击;减小抽壳阻力,例如采用预抽壳技术;减小摩擦阻力,尤其是要尽量减小或避免自动机零件运动过程中的楔紧作用和动力偶作用,或以滚动副代替滑动副。

2. 降低轻武器理论射速的措施

某些轻武器(如冲锋枪、自动步枪)在点射或连发射击时,由于射击的目标运动速度不高,希望适当降低理论射速,以提高命中概率,减少弹药消耗。降低理论射速的技术措施主要有三种:增加自动机原动件总行程;降低自动机原动件平均后坐速度;设计减速机构。

1) 增加自动机原动件的总行程将延长自动机后坐、复进时间,因而使理论射速降低。其缺点是增长了武器的纵向尺寸,增加了武器重量。

2) 降低自动机的平均后坐速度主要从降低自动机的最大后坐速度入手,其具体措施与前述的提高自动机原动件最大后坐速度相反,但降低自动机的最大后坐速度应保证自动机在任何射击条件下均能可靠工作。

3) 设计减速机构是降低理论射速的特殊技术措施。减速机构的结构形式主要有延期复进式和延迟击发式两种:

(1) 延期复进式减速机构。此类减速机构主要用于停射时自动机原动件停在前方的轻武器上。该机构一般都设有一减速阻铁,自动机原动件后坐到位后,复进时,先被减速阻铁扣住,使其暂时停留在后方位置,直到减速阻铁在运动中拨动减速机构中另一构件,解脱自动机原动件,使其再从速度为零开始重新复进,由此延长了原动件的复进时间,降低理论射速。

(2) 延迟击发式减速机构。此类减速机构主要用于停射时自动机原动件停在前方的轻武器上。主要有两种方式来实现延迟击发,一种是延期解脱击锤方式,当自动机原动件复进到位后,通过击发减速机构使击锤被解脱的时间延长,从而延长了击发时间,降低了理论射速;另一种是增加击锤的运动时间方式:通常采用长行程平移式击发机构,当自动机原动件后坐时,将击锤带到后方并由一击发阻铁扣住,待自动机原动件即将复进到位时,解脱击锤,击锤在簧力作用下向前复进到位击发。由于击锤的运动行程长,延迟了击发时机,使理论射速得以降低。

轻武器在降低理论射速时,切忌采用复杂结构,致使体积加大、重量增加,甚至降低了可靠性。

3. 变射速技术

为了有效对付快速飞行的空中目标,要求轻武器具有高射速,而对付地面目标时为提高射击精度、降低弹药消耗,又希望轻武器能以较低的射速进行射击。因此,一种武器若能同时具有高、低两种射速,或射速可以无级调整变化,显然是非常理想和有利的。

变射速的具体实现途径主要有以下几种。

(1) 机械式。利用机械式减速机构可使自动武器实现变射速。当需要低射速射击时,让减速机构起作用,自动机原动件后坐到位后,复进时先让其被一减速阻铁扣住,延迟一段时间再解脱,延长了复进时间,使射速降低。而当需要较高射速时,通过变换杆,使减速机构不起作用,于是射速升高。例如,美勃朗宁 A2 式轻机枪即用此方式获得两种射速,变换杆拨在“快发”位置时,射速为每分钟 600 发,而拨在“慢发”位置时(此时减速机构起作用),射速为每分钟 350 发。又如俄罗斯新一代突击步枪 AN-94“阿巴甘”,通过巧妙的机械设计,使之具有变射速能力,当其快慢机拨在“2 发点射”时,理论射速为每分钟 1800 发,拨在“连发”位置时,理论射速为每分钟 600 发。

(2) 机电结合式。利用一个由控制电路控制的电扣机,控制其扣住某一机构,使其停留一段时间再释放,然后再继续进行后面相应的动作,使射速得以降低。在具体设计上,可以使电扣机扣住供弹机构或击发机构。

(3) 机械液压式。使自动机在后坐复进过程中的某一段行程上,通过将其与另一具有较大液压阻尼力的构件相联接,减缓其运动速度,待其运动到一定位置上时再将它与阻尼构件解脱,然后复进到位,从而增大自动循环时间,实现降低射速的目的。

(4) 外能源控制变射速。外能源驱动的火炮与自动武器能够很方便地实现变射速。例如用电机驱动的转管轻武器,可通过改变外加电压的大小,改变转管轻武器的转速,实现变射速。

(5) 电子控制变射速。对于电底火枪弹,可通过设计控制电路,控制从闭锁到击发的延迟时间,实现变射速发射。此外,通过电子控制实现变射速发射的典型武器,是澳大利亚的金属风暴武器,这是一种“单管多弹头多管组合武器”,通过电子编程的方式控制相连两发弹的点火发射时机,从而可实现变射速发射,其单管发射速度可高达每分钟 45 000发。

3.3.3　轻武器发射载荷控制技术

轻武器发射时,由于高温高压火药燃气的瞬时作用,其架体及相关零部件要承受强冲击载荷。该强冲击载荷会增大武器发射时的振动和跳动,从而直接影响射击密集度。因此,必须对轻武器在发射时的作用载荷进行有效的控制。

控制轻武器发射作用载荷的技术途径主要有以下三个方面。

(1) 后坐与复进的控制。轻武器通常采用弹簧缓冲器的形式对后坐与复进运动进行控制,以有效地减小发射时作用在架体上的力。轻武器的枪身与枪架之间的缓冲器通常有四种形式,即有预压的双向缓冲器、单向缓冲器、无预压的双向缓冲器、带阻振器的双向缓冲器。

(2) 火药燃气能量的控制。轻武器在发射时产生的高温高压火药燃气是架体载荷的根源,通过膛口装置(主要是膛口制退器)对火药燃气能量进行控制和利用是减小架体承受发射作用载荷的有效技术途径。但是,膛口制退器的使用也带来了诸如膛口侧后方冲击波、侧方膛口火焰等有害效应,增大了对膛口后方人员和设备的伤害程度,增加了暴露己方阵地的概率,在使用膛口制退器时必须将有害效应限制在容许的范围内。

(3) 载荷传递的改善。在轻武器设计方面,一种改变发射载荷传递路线的例子是重机枪采用抵肩射击方式,使一部分后坐能量通过人体肩部传递到地面。这已成为改善枪架受力、减轻枪架重量的一项有效的技术途径。

3.3.4 轻武器轻量化技术

当代战争对轻武器轻量化提出了新的需求,而技术的进步也给轻武器的轻量化提供了可能性。轻武器的减重问题是一个"系统工程",涉及武器结构优化设计、系统功能集成,以及发射器、弹药、各种附加部件及它们之间的相互综合匹配等诸多因素,必须要从系统的角度去综合考量。常常需要多种手段和方式的综合运用才能最终解决问题。轻武器的轻量化可以从两个方面来考虑,即发射平台(主要包括发射器、脚架及各种附加部件)的轻量化和弹药的轻量化。

1. 发射平台的轻量化

(1) 优化发射器结构。优化发射器结构、减少零部件数量、一件多能(即功能集成)是减轻轻武器系统质量的有效手段。具体应用时可改进枪管结构(如在枪管上加工出散热凹槽、采用了轻质材料的复合结构等)、减轻枪口制退器质量(如采用钛合金等轻质材料)、改进枪机组件、采用可卸式枪托等措施,来实现轻武器系统减重。

(2) 采用高效减后坐装置来减轻武器系统的质量。凡依靠火药燃气能量的武器,都会产生或大或小的后坐力。为了保证射击精度和射手的安全,经常要靠增加发射器的质量、安装脚架等措施来减小武器后坐,这使得武器系统的质量有所增加。因此,可采用弹簧缓冲器、液压缓冲器、膛口制退器、膛内制退器、膨胀波原理、前冲击发、磁流体缓冲、浮动原理等单一或复合式减后坐装置来减小后坐力,进而减轻轻武器质量。

(3) 采用新材料。在轻武器设计和制造过程中,采用新材料和新工艺无疑是减轻质量、提高武器性能的有效途径之一。工程塑料、合金材料(包括硬铝合金、超硬铝合金及无声合金材料等)、碳纤维、玻璃纤维、纳米材料等高分子材料因具有质量轻、强度高、耐腐蚀、耐磨损等特点,都在轻武器上获得了广泛的应用。目前在枪械零件中,已经普遍以塑代木,除枪管、枪机和弹簧等主要受力件外,其余钢质零件正逐步被轻合金或工程塑料零件所代替。

工程塑料在轻武器尤其是枪械上应用最为广泛。当前世界绝大多数自动枪械上都大量使用了工程塑料来减轻系统质量。大量采用高强度工程塑料制造枪托、前护木、瞄准镜体等非受力零部件。例如,法国 FAMAS 采用了 33 个塑料件,占全枪零件数的 30%。工程塑料不仅应用在枪械上，在枪弹、手榴弹以及手榴弹引信上也得到了推广使用，减重效果很好。

新型合金材料是轻武器减重的有效途径。硬铝合金、超硬铝合金、无声合金等材料是新型合金材料的典型代表。美国 MK47“打击者”自动榴弹发射器所有非重要部件均采用轻合金或复合材料制成，大大减轻了系统质量并提高了武器的可靠性。

碳纤维、玻璃纤维等聚合物材料的出现增加了轻武器减重的手段。意大利伯莱塔 9000S 手枪的套筒座就采用了玻璃纤维增强的聚合物材料，使得武器强度加强、质量减轻。

纳米材料技术的不断进步将为轻武器减重开辟新天地。在不久的将来，纳米材料、树脂基复合材料、金属基复合材料、高强度聚乙烯纤维增强复合材料等方面的技术进步，会给轻武器的轻型化带来新的机遇。

（4）采用新工艺。工艺的不断创新和进步为轻武器减重提供了可靠保障。先进的注塑成型技术、镶嵌金属工艺、枪管精密锻造技术、表面处理技术、并行工程技术、柔性集成制造技术、精密和超精密制造技术的广泛应用，不仅有利于减轻武器质量、增强防腐性，还可降低成本、缩短轻武器研制周期，从而更加经济有效地满足各种用户复杂多变的需求。

2. 弹药的轻量化

弹药减重，在同等条件下可以使士兵携弹量更多，增加火力持续性。增加士兵携弹量的先决条件是减轻弹重，采用小口径弹药是最有效的一个措施。另外就是减轻弹壳质量或去掉弹壳，因为弹壳的质量几乎占全弹重的一半。

（1）弹药小口径化是轻武器系统减重的革命性变革。枪弹的变革，特别是弹药口径的变化是轻武器系统减重的关键举措之一，但其受制于弹药储备量、国家经济、政治、军事等宏观条件的制约，各国在采用这种手段时都非常慎重。早在 20 世纪 50 年代初期，美国经过专题研究发现：用高初速、小口径的轻弹头代替大威力的 7.62mm 弹头，可提高杀伤效果，并可提高经济性。20 世纪末，世界上装备小口径步枪的国家已经有 100 多个。与中间威力型（指口径为 6mm ~ 8mm）枪械相比，小口径枪械系统质量大大减轻，枪弹质量一般为 7.62mm 口径枪弹质量的 2/3。士兵携弹量增多，火力持续性增强。

（2）研制轻质高效的弹壳或药筒是弹药减重的方向之一。传统的金属材料弹壳（铜弹壳和钢弹壳等）已不能满足作战使用要求，铝弹壳、铝合金弹壳及塑料弹壳的研究和研制成为工程研究的课题之一。澳大利亚、英国、德国和美国均对铝弹壳（药筒）进行了研究，美国空军把铝弹壳研究作为发展轻型弹药的一个方向。除枪弹以外，在榴弹领域铝合金药筒也得到了大量应用，美国 40mm×53mmSR 榴弹适用于包括 MK19 在内的各种 40mm 自动榴弹发射器，其药筒就是由高强度铝合金制成的。还有一种动向非常值得关注：2003 年，美国纳蒂克公司研制出一种 5.56mm 聚合物弹壳枪弹。该弹不仅能使部队的基本弹药负荷减轻 20%，而且能延长枪管的使用寿命，同时还能有效地减小武器的后坐力和膛口焰，使用效果与标准弹药相同。

（3）可燃药筒、半可燃药筒以及无壳弹是轻武器弹药轻量化的有效途径。由于可燃药筒在弹药发射时燃烧，从效果上可代替部分火药。所以可燃药筒在不增加装药量的情况下提高了弹头初速，减小了药筒的体积，减轻了弹重。此外，药筒完全燃烧，省去了抽壳、抛壳动作和相应机构，简化了发射器的结构，对减轻系统质量大有好处。半可燃药筒弹药结构可减少弹壳的长度和质量,既可以保证弹药的可靠闭气,又可以避免弹药的自燃等问题,对开展弹药的轻量化研究具有重要意义。无壳弹彻底摒弃了常规的金属弹壳,它将发射药压成药柱,点火药装在发射药柱底部,弹头结合在发射药柱中。在轻量化方面,无壳弹减重的幅度是最大的,但在具体使用上存在一些难题,比如:弹的自燃、弹膛烧蚀、退出瞎火弹、生产过程的安全隐患、价格昂贵等。随着技术的进步,这些难题会得到解决,因此,无壳弹仍是枪弹轻量化的一个重要方向。

(4) 新型高能发射药为枪弹进一步轻量化创造了条件。改进发射药,减少装药量并提高燃烧效能是减轻弹重的又一条途径。在轻武器枪弹发射药发展进程上,用无烟药代替黑火药,双基药代替单基药都曾给弹药减重创造了条件。利用纳米技术可制成使火药燃烧速度更高的催化剂,将其加入发射药中可以大大提高燃烧效能。通过这种途径不但可减轻枪弹的质量,而且会大幅度提高弹头的初速。

3.3.5 轻武器试验技术

轻武器在发射过程中表现出高温、高压、高速、高冲击性和动态范围大等特点,用直观感知的方法认识其工作特性几乎是不可能的。用纯理论的方法也很难对描述其工作过程的偏微分方程组给出解析解。轻武器试验技术为人们认识轻武器的工作特性提供了一种有效的手段。

轻武器试验技术是轻武器技术与测试技术相结合的一门技术,它是在轻武器研究发展过程中逐步形成的。轻武器试验技术可为探索轻武器内在规律、诊断轻武器的工作状态、分析与评价轻武器性能、检验轻武器生产质量、丰富和发展轻武器设计理论提供依据与支撑,是轻武器科学研究和生产过程中的重要环节,是轻武器研制中进行方案论证、生产验收、设计定型、靶场鉴定、部队使用、分析研究与发展创新不可缺少的一门技术。

轻武器静态性能试验是指轻武器在静态(非射击状态)条件下,利用目力、放大镜、量规、磁力探伤等手段,对轻武器零部件形变及外观所做的检查与研究,以及对检查轻武器机构动作灵活性所做的遛弹、机械调整以及高低温静态模拟试验等。轻武器静态参数测试是指轻武器在静态(非射击状态)条件下,利用机械或电子的度量衡工具、仪器仪表,轻武器零部件及成枪的尺寸、质量、硬度,以及弹簧参数、扳机力、闭锁间隙、击针突出量等静态参数所做的测量。

轻武器动态性能试验是指轻武器在动态(包括射击状态、动态模拟状态)条件下,对轻武器所做的试用性试验,包括强化、模拟、考核等试验。如对成枪所做的机构动作灵活性可靠性试验、互换性试验、寿命试验以及特种试验(包括对瞄具所作的冲击、振动等试验;对枪架所做的拖载等试验;对特种轻武器所做的特种试验等)。

轻武器动态参数测试是指利用测试系统对轻武器在动态条件下的动态参数进行的采集与处理过程。轻武器动态参数有弹道及气动特性参数、枪身及其构件运动参数、枪械振动参数等。弹道及气动特性参数包括:最大膛压、膛压对时间变化曲线、身管温度、弹丸初速、膛口燃气流动特性、膛口噪声场、射击精度、导气装置内压力等。枪身及其运动构件运动参数包括:后坐体自由后坐速度、膛口制退器或助推器效率、火药燃气后效系数(也称火药燃气作用系数)、自动机原动件运动参数、抽壳力、枪身位移、枪身制退抗力、射速等。枪械振动参数包括:振幅、振动速度、振动加速度及试验模态等。在实际测试过程中,有时会对多个轻武器动态参数进行同步测试，通过获取的多个同步信息的耦合分析与相关分析可以更全面地了解轻武器的工作状态与性能。

轻武器射击时，火药燃气推动弹丸的运动时间一般小于3ms，弹头初速可达1000m/s，膛内火药的爆温达到3000℃，膛压200MPa～400MPa，枪管单管射速一般每分钟为500发～800发，有的达到每分钟1500发，机构运动速度变化剧烈。膛口有强的冲击波和噪声。枪械在这种高温、高压、高速状态下工作，动态参数随时间的变化率大，因此要求动态测量系统具有频带宽、频响高、分辨率高、信噪比高、灵敏度高、稳定性好等特点；所用的传感器要求具有失真小、重复性好、体积小、质量小、易标定等特点。由于轻武器构件比较小，运动极不平稳，一般要求尽可能采用非接触式测量。原则上要求标定系统尽量模拟被测参数的动态过程。

动态参数测试系统通常由传感器、信号调节放大器、信号记录采集装置和数据处理设备组成。

第4章　火炮技术

4.1　火炮及其特点

4.1.1　火炮的基本概念

根据《兵器工业科学技术辞典》的定义，火炮是利用火药燃气压力抛射弹丸，口径等于和大于20mm的身管射击武器。

火炮的作用是将弹丸准确地抛射到预定的目标上。火炮的发射能源为发射药。火炮发射原理是利用高温高压火药燃气压力加速弹丸。火炮发射技术途径是利用半封闭的身管来实现赋予弹丸初始速度和射向。火炮的作用主要是通过赋予弹丸一定的射向和初速来实现的。通俗地说，火炮只负责在身管内（炮膛）加速弹丸，弹丸出炮口就不管了。

火炮定义所赋予的是火炮的内涵。根据火炮的定义，最简单的火炮可以只包含“身管”，例如，火炮的鼻祖——中国在元朝就制成的铜铳（见图4-1）。现代火炮对火炮定义的外延进行了拓展，除包含“身管”外，还包含“炮架”等（见图4-2）。先进的火炮，不仅能走会跑，而且还能看会想，构成包括火力、火控、运行三位一体的火炮系统（见图4-3）。火炮形式在变，但百变不离其宗，火炮内涵没有变，外延在不断扩展。未来火炮不仅对火炮外延继续拓展，更重要的是拓展火炮内涵，形成新概念火炮，例如，液体发射药火炮、电磁炮、电热炮、激光炮等。

图4-1　中国元代铜铳

图4-2　法国TRF1式155mm榴弹炮

图4-3　德制“猎豹”35mm双管自行高射炮系统

4.1.2 火炮的工作原理

火炮的主要作用是赋予弹丸一定的射向和初始能量,使之准确地到达预定目标区。一般称火炮的整个工作过程为火炮的射击过程,将火炮射击过程中赋予弹丸初始能量的过程称为火炮的发射过程,将火炮射击过程中赋予弹丸初始飞行方向的过程称为火炮的瞄准过程。

瞄准是指根据指挥系统指令,赋予炮身轴线在空间一个正确位置,以保证射弹的平均弹道通过预定目标的过程。要赋予炮身轴线在空间一个正确位置,首先需要确定火炮的炮身轴线的初始指向,以及目标相对火炮的位置和距离。瞄准一般包括高低瞄准和方向瞄准。

火炮射击是用火炮将弹丸射向目标或预定位置的行动,它是射击指挥员和侦察、计算、通信、火炮各专业分队协调一致的行动。要求依据一定的射击规则以最小的损耗,取得最佳的射击效果。

地面炮兵射击可分为射击准备和射击实施两个阶段。射击准备主要包括侦察目标、校正火炮、准备弹药、组织通信、进行气象探测和决定射击诸元等。射击实施就是对目标进行效力射。在情况许可时,可先进行试射,然后进行效力射。试射的目的是排除或缩小射击诸元误差,求取有利于毁伤目标的效力射诸元。

依据射击任务的不同,地面炮兵射击分为压制射击、歼灭射击、妨害射击和破坏射击。压制射击是给对方人员和火力以部分毁伤,使其暂时失去战斗力。歼灭射击是给对方以重大毁伤,使其丧失战斗力。妨害射击是扰乱、妨碍、迟滞对方行动。破坏射击则是摧毁对方防御工事、工程设施和建筑物。此外,还可发射特种炮弹,以完成照明、纵火、布雷、施放烟幕和散发宣传品等射击任务。

地面炮兵射击,依据火炮能否通视目标,又分为直接瞄准射击和间接瞄准射击。直接瞄准射击是将火炮配置在距目标较近且能通视目标的阵地上,用火炮瞄准装置直接瞄准目标,决定射击诸元,观察炸点,指挥射击。间接瞄准射击是将火炮配置在不能通视目标的阵地上,由专设的观察所或观察员侦察目标,决定对目标的射击诸元,并传输给火炮;炮手在火炮上装定射击诸元,赋予火炮射角,向瞄准点瞄准以赋予火炮射击方向,实施射击。观察炸点、修正误差均由观察所或观察员进行。

现代高射炮兵对空中目标射击,通常先以雷达、光学仪器、光电跟踪和测距装置等搜索、发现和跟踪目标,连续测定目标坐标;通过火控系统或瞄准具求出射击诸元,并连续传送到火炮;然后,火炮按射击诸元进行发射,使弹丸直接命中目标,或在目标附近爆炸以破片毁伤目标。由于空中目标运动快速,火炮不能直接向目标当前点射击,而应向目标未来点射击。同时,由于弹丸受重力和空气阻力的影响,其弹道向下弯曲,火炮射击时身管还要抬高一个高角。目标未来点是根据目标在弹丸飞行时间内仍按当前的飞行状态作有规则运动的假定,用外推法确定的;高角是根据弹丸下降量确定的。确定提前点和高角时,必须使弹道与目标航路相交,使弹丸从起点到提前点的弹丸飞行时间与目标从现在点到提前点的目标飞行时间相等。

火炮发射一般是使火药在一端封闭的管形容器(即身管)内燃烧,生成的高温高压燃气膨胀做功,推动被抛射的物体(即弹丸)向另一端未封闭的管口(即膛口)加速运动,在膛口处获得最大的抛射速度(即初速)。

4.1.3 火炮的发射特点

火炮发射过程实质上是一个能量转化过程。火炮依赖的能源是火药,火药是一种含能的化学材料,既有燃烧剂又有助燃剂,当达到一定的温度以后就会燃烧。火药燃烧的速度除了与它的化学成分有关外,还与压力有关,压力越大燃速越快。火药燃烧后在容器内生成有一定温度和压力的火药燃气,化学能转化为热能。火药燃气在膛内膨胀,推动弹丸飞出膛口,实现了由热能向动能的转化,即将有一定质量的弹丸从静止状态加速到飞出膛口时获得一定的线速度和回转速度(滑膛炮没有或只有极低的回转速度)。

火炮发射过程是一个极其复杂的动态过程,并伴随发生许多特殊的物理化学现象。火炮发射过程中,对发射装置施加的是冲击载荷,这个载荷是火炮构件强度设计的主要依据。在冲击载荷的激励下还会引发发射装置的振动,尤其是膛口振动是影响弹射散布的重要原因之一。火炮发射过程中,身管的温升与内膛表面的烧蚀、磨损,是一系列非常复杂的物理、化学现象。当弹丸飞离膛口时,膛内高温、高压的火药燃气,在膛口外急剧膨胀,甚至产生二次燃烧或爆燃。特别是采用膛口制退器时,所产生的冲击波、膛口噪声与膛口焰,容易自我暴露而降低人和武器系统在战场上的生存能力,对阵地设施、火炮及载体上的仪器、仪表、设备和操作人员都会产生有害的作用。

火炮发射特点可以概括成:①周期性:一发一个循环,要求较好的重复性;②瞬时性:发射过程极短,具有明显的动态特征;③顺序性:每个循环的各个环节严格确定,依次进行;④环境恶劣性:高温、高压、高速、高加速、高应变率、高功率(例如一门85mm火炮的炮口功率约为326MW,相当于一个小城市发电厂的功率)。

4.1.4 火炮的地位与作用

火炮在现代战争中仍具有其不可替代的作用和地位。相对于其他武器,火炮武器具有如下几个方面特点:

(1) 火炮品种齐全,可以构成地空配套、梯次衔接、点面结合的火力网,不存在射击死角,在部署上受地形制约程度较小,不会出现火力盲区;

(2) 火炮持续作战能力强,对目标的持续作战效果好;

(3) 火炮是部队装备数量最大的基本武器,发射速度快,反应时间短,转移火力迅速,可射击不同方向,多批次、多层次的空袭目标;

(4) 火炮具有抗干扰能力强、受电磁和红外干扰及气候和环境影响较小的特点,可以在干扰环境下稳定工作;

(5) 火炮作为防御武器,具有机动性良好,进入、撤出和转移阵地快捷,火力转移灵活,生存能力较强的特点,能够伴随其他兵种作战,实施不间断的火力支援;

(6) 火炮操纵灵活简便,工作可靠性好;

(7) 火炮具有良好的经济性,无论是先期研究、工程开发、生产装备,还是后勤保障,其全寿命周期的总费用都远低于其他技术兵器。

现代火炮是战场上常规武器的火力骨干,可配置于地面、空中、水上各种运载平台上。进攻时用于摧毁敌方的防御设施、装甲车辆、空中飞行物等目标,杀伤有生力量,压制敌方的火力，实施纵深火力支援，为后续部队开辟进攻通道；防御时用于构成密集的火力网，阻拦敌方从空中、地面的进攻，对敌方的火力进行反压制；在国土防御中用于驻守重要设施、进出通道及海防大门。

任何战争，地面战场都是最主要，也是最后的战场。火炮的地位与作用是其他武器不可替代的。美国在这方面有过血的教训，曾经想用导弹替代火炮，现在不得不投入巨大资本来加强火炮研制。

火炮在战争中的地位是显而易见的。自明朝永乐年间我国创建了世界上第一支炮兵部队——神机营以来，火炮在战争的激烈对抗中发展壮大，不久就成了战场上的火力骨干，起着影响战争进程的重要作用。明朝开始将战斗中立过战功的大炮封为“大将军”。大清康熙年间，皇帝也经常赐给大炮“将军”的封号，比如威远将军炮、神威将军炮，等等；八旗军出征，要在前一天推大炮到军帐前，陈列牺牲供物献酒于炮，领军主帅还要亲自向大炮三次揖拜。战斗获胜，则为大炮披红，以鼓吹迎之。在第一次世界大战中，炮战是一种极其重要的作战方式，主要交战国投入的火炮总数达到 7 万门左右。第二次世界大战中，苏美英德四个主要交战国共生产了近 200 万门火炮。著名的柏林战役，苏军集中了各类火炮 4 万余门，充分发挥了炮火突击的威力，火炮被誉为“战争之神”。在第二次世界大战后的历次局部战争中，火炮的战果依然辉煌，例如，20 世纪 60 年代的越南战争，美军损失飞机 900 多架，其中 80% 都是被高射炮毁伤的。在未来战争空中、海上、地面共同组成的装备体制中，火炮仍然是不可替代的。战争初期的电子战，高强度的空袭和精确打击，尽管战果显著，但耗费惊人，难以持久。在战争后期的直接对抗中，强大的火炮仍具有重要意义，它不仅是战斗行动的保障，而且仍将是最终夺取战斗全胜的骨干力量。美国与荷兰共同研制了近程防空反导火炮系统，称其为“守门员”，足见其在现代战争中的地位。

4.1.5　火炮的组成及其功能

广义上说，现代火炮主要由炮身和炮架两大部分组成。

炮身主要用于完成炮弹的装填和发射，并赋予弹丸初速和方向。炮身主要由身管、炮尾、炮闩和炮口装置等组成。身管直接承受发射时的火药燃气压力，并赋予弹丸初速及飞行方向。炮尾用来容纳炮闩并与其一起闭锁炮膛、连接身管和反后坐装置。炮闩用来闭锁炮膛、击发炮弹和抽出发射后的药筒。现代火炮大都采用半自动炮闩或自动炮闩。炮口制退器用来减少炮身后坐能量。

炮架主要用于支撑炮身并赋予火炮不同使用状态。炮架赋予炮身一定射向，承受射击时的作用力并保证射击静止性和稳定性，是全炮运动时或射击时的支架。炮架主要由反后坐装置、摇架、上架、高低机、方向机、平衡机、瞄准装置、下架、大架和运动体等组成。

反后坐装置主要用以在射击时消耗和储存后坐能量，控制后坐部分的运动和作用力，保证火炮发射炮弹后的复位。通过反后坐装置可以将射击时作用于火炮上的时间短、变化极大的炮膛合力转化为作用时间较长、变化较平缓的后坐力，从而使炮架受力减小，全炮跳动减弱。反后坐装置通常包括制退机、复进机和复进节制器。制退机用来在火炮射击时产生液压阻力，消耗部分后坐能量，并控制后坐部分的运动规律。复进机用来在平时将炮身保持在待发位置，而在射击时储存部分后坐能量并使后坐部分在后坐终止时复进到原来的位置。复进节制器主要用于复进过程中产生液压阻力，消耗复进剩余能量，保证后坐部分平稳复进到位。

摇架主要用于支撑炮身,约束炮身后坐和复进时的运动方向,与上架配合赋予火炮仰角,并传递射击载荷。上架主要用于支撑火炮的起落部分(包括炮身、反后坐装置和摇架),与下架配合赋予火炮方位角,并传递射击载荷。高低机用于驱动起落部分,赋予火炮仰角。方向机用于驱动回转部分,赋予火炮方位角。平衡机用于平衡起落部分的重力矩,使俯仰操作轻便、平稳。瞄准装置用于装定火炮射击数据,使炮膛轴线在发射时处于正确位置,以保证弹丸的平均弹道通过预定目标点。瞄准装置由瞄准具和瞄准镜组成。下架主要用于支撑火炮的回转部分(包括起落部分、上架、高低机、方向机、平衡机和瞄准装置等),与上架配合赋予火炮方位角,并传递射击载荷,下架通常还安装大架和行走机构。大架主要用于支撑全炮,传递射击载荷,射击时保证全炮射击静止性和稳定性,通常行军时连接牵引车。

运动体是火炮运行和承载机构的总称。牵引式高炮的运动体一般称为炮车,自行火炮的运动体一般称为底盘。牵引式地面炮的运动体由前车、后车、基座(或十字梁)、行军缓冲器、减震器、刹车装置、牵引装置等组成。为了提高机动性,现代大口径牵引火炮还设有辅助推进装置,又称自走炮。射击时运动体与大架一起支撑全炮,行军时作为炮车。火炮运动体主要保障火炮的运动便捷性、道路通过性、高速牵引性、操作轻便性、工作可靠性。

4.1.6 火炮的类型

火炮的种类如表 4-1 所列。

火炮按操作方式(自动化程度)可分为非自动炮、半自动炮和(全)自动炮。自动炮是指能自动完成重新装填和发射下一发炮弹的全部动作的火炮。若重新装填和发射下一发炮弹的全部动作中,部分动作自动完成,部分动作人工完成,则此类火炮称为半自动火炮。若全部动作都由人工完成,则此类火炮称为非自动火炮。自动炮能进行连续自动射击(连发射击,简称连发),而半自动炮和非自动炮则只能进行单发射击。

火炮按运行方式可分为固定炮、驮载炮、牵引炮、车载炮和自行炮。固定炮,一般泛指固定在地面上或安装在大型运载体上的火炮。例如,1942 年德国制造的杜拉巨型炮,口径 800mm,炮身长 32.48m,全炮质量 1 329t,弹丸质量 7.1t,它只能安置在特制的车台上,用机车牵引,在铁道上运行和发射,这一类火炮称为铁道炮,如图 4-4 所示。为了适应在山地或崎岖地形上作战,有时需要将火炮迅速分解成若干大部件,以便人扛马驮,这类火炮称为驮载炮,也称山炮、山榴炮。牵引炮,是指运动依靠机械车辆(一般是军用卡车)或骡马牵引着走的火炮。牵引炮均有运动体和牵引装置,有的还带有前车。运动体包括车轮、缓冲器和制动器等。牵引炮结构简单,造价低,易于操作和维修,可靠性好。例如,英国 BAE 系统为美国研制的 M777 超轻型 155mm 牵引榴弹炮,是世界最轻的 155mm 火炮,战斗全重 3745kg,最大射程可达 30km,可由战术直升机吊运。为了提高火炮在阵地上近距离内的运动机动性能,有些牵引炮还加设了辅助推进装置。带辅助推进装置的牵引炮也称自运炮。自运炮可以在阵地短距离运行,其远距离运动还是需要牵引车的牵引。自运炮还可以利用其动力实现操作自动化。车载炮是指,为了提高火炮在战场上的战术机动性能,将火炮结构基本不作变动或简单改动后安装在现有或稍作改动车辆上,形成牵引炮与牵引车合二为一,不需要外力牵引而能自行长距离运动的火炮。对小口径火炮可以在行进中进行射击,对大口径火炮只要支上千斤顶就可以实施射击。车载炮巧妙地结合了自行火炮“自己行动”和牵引火炮“简单实用”的优点,在大口径压制火炮战技性能和列装成本的天平上取得了良好的平衡。例如,法国“凯撒”155mm 车载炮,最大射程 42km,射速每分钟 6 发 ~8 发,战斗转换时间 1min,全炮重 18 500kg。自行炮是指,为了进一步

表 4-1　火炮的种类

<table>
<tr><td rowspan="27">火炮</td><td rowspan="3">按隶属军种分</td><td colspan="2">陆军炮</td><td rowspan="27">火炮</td><td rowspan="3">按内膛结构分</td><td colspan="3">滑膛炮</td></tr>
<tr><td colspan="2">海军炮</td><td colspan="3">线膛炮</td></tr>
<tr><td colspan="2">空军炮</td><td colspan="3">锥膛炮</td></tr>
<tr><td rowspan="3">按弹道特征分</td><td>平射炮</td><td>加农炮</td><td rowspan="2">按装填方式分</td><td colspan="3">前装炮</td></tr>
<tr><td rowspan="2">曲射炮</td><td>榴弹炮</td><td colspan="3">后装炮</td></tr>
<tr><td>迫击炮</td><td rowspan="3">按操作方式分</td><td colspan="3">非自动炮</td></tr>
<tr><td rowspan="14">按用途分</td><td rowspan="6">压制火炮</td><td>加农炮</td><td colspan="3">半自动炮</td></tr>
<tr><td>榴弹炮</td><td colspan="3">自动炮</td></tr>
<tr><td>加榴炮</td><td rowspan="2">按瞄准方式分</td><td colspan="3">直瞄火炮</td></tr>
<tr><td>迫击炮</td><td colspan="3">间瞄火炮</td></tr>
<tr><td>迫榴炮</td><td rowspan="3">按口径大小分</td><td colspan="3">小口径火炮</td></tr>
<tr><td>火箭炮</td><td colspan="3">中口径火炮</td></tr>
<tr><td rowspan="3">反坦克火炮</td><td>坦克炮</td><td colspan="3">大口径火炮</td></tr>
<tr><td>反坦克炮</td><td rowspan="6">按隶属关系分</td><td colspan="3">营炮</td></tr>
<tr><td>无后坐炮</td><td colspan="3">团炮</td></tr>
<tr><td rowspan="2">高射炮</td><td>野战高射炮</td><td colspan="3">师炮</td></tr>
<tr><td>城防高射炮</td><td colspan="3">军炮</td></tr>
<tr><td colspan="2">舰炮</td><td colspan="3">集团军炮</td></tr>
<tr><td colspan="2">航炮(航空自动炮)</td><td colspan="3">统帅预备队炮</td></tr>
<tr><td colspan="2">要塞炮(海岸炮)</td><td rowspan="7">新型火炮</td><td colspan="3">前冲炮</td></tr>
<tr><td rowspan="7">按运动形式分</td><td colspan="2">固定炮(铁道炮)</td><td colspan="3">液体发射药火炮</td></tr>
<tr><td colspan="2">驮载炮</td><td rowspan="4">电炮</td><td rowspan="2">电磁炮</td><td>导轨炮</td></tr>
<tr><td rowspan="2">牵引炮</td><td>不带辅助推进装置</td><td>线圈炮</td></tr>
<tr><td>带辅助推进装置</td><td rowspan="2">电热炮</td><td>纯电热炮</td></tr>
<tr><td colspan="2">车载炮</td><td>电热化学炮</td></tr>
<tr><td rowspan="2">自行炮</td><td>轮式</td><td colspan="3">激光炮</td></tr>
<tr><td>履带式</td><td>其他</td><td colspan="3"></td></tr>
</table>

提高火炮在战场上的战术机动性能和自身防护能力,将火炮安装在战斗车辆的底盘(轮式或履带式)上,不需要外力牵引而能自行长距离运动的火炮。自行炮把装甲防护、火力和机动性有机地统一起来,是一个独立作战系统,在战斗中对坦克和机械化步兵进行掩护和火力支援。一般的自行火炮最大时速 30km ~70km,最大行程可达到 700km,具有极好的越野能力,能协同坦克和机械化部队高速机动,可执行防空,反坦克和远、中、近程对地

面目标攻击等任务。自行式火炮按行驶方式可分为轮式和履带式两种。按装甲防护程度可分为全装甲式、半装甲式和敞开式。

火炮按炮膛结构可分为滑膛炮、线膛炮和锥膛炮。身管内膛有膛线（在身管内壁加工有螺旋形导槽）的火炮称为线膛炮；身管内膛为光滑表面而没有膛线的火炮称为滑膛炮。为了能可靠地密封火药气体，防止外泄，将身管内膛加工成直径从炮尾到炮口均匀缩小的火炮称为锥膛炮。随着弹丸向前运动，锥膛炮的膛径逐渐缩小，弹带不断受到挤压，能可靠地密封火药气体，可以大幅度提高初速，但是制造这种火炮，特别是加工带锥度的身管，具有极大的难度。

火炮按弹道特性可分为平射炮（如加农炮）、曲射炮（如榴弹炮、迫击炮等），如图4－5所示。加农炮，是指弹道平直低伸、射程远、初速大（大于700m/s）、身管长（大于40倍口径）、射角小（小于45°）的火炮，也称平射炮。加农炮属地面炮兵的主要炮种，常用于前敌部队的攻坚战中，主要用于射击远程目标、活动目标、直立目标、装甲目标等。榴弹炮，是指弹道比较弯曲、射程较远、初速较小（小于650m/s）、身管较短（20～40倍口径）、射角较大（可到75°）的中程火炮。榴弹炮属地面炮兵的主要炮种。榴弹炮口径较大，杀伤威力大，弹丸的落角很大，弹片可均匀地射向四面八方，主要用于杀伤远程隐蔽目标及面目标。榴弹炮采用变装药变弹道可在较大纵深内实施火力机动。迫击炮，是指弹道十分弯曲、射程较近、初速小（小于400m/s）、身管短（10～20倍口径）、射角较大（45°～85°）的火炮，俗称“隔山丢”。迫击炮是支援和伴随步兵作战的一种极为重要的常规兵器。迫击炮一般发射“滴形”炮弹，操作简便，变装药容易，弹道弯曲，几乎不存在射击死角，主要用于杀伤近程隐蔽目标及面目标。迫击炮的名字来源于两方面：一是它弹道弯曲可以迫近目标射击，二是炮弹从炮口装填靠自重下滑而强迫击发。榴弹炮和迫击炮弹也统称为曲射炮。一般将兼有加农炮和榴弹炮弹道特点的火炮称之为加农榴弹炮，简称加榴炮。近年研制的许多“榴弹炮”实质上是加榴炮。兼有榴弹炮和迫击炮弹道特点的火炮称之为迫击榴弹炮，简称迫榴炮。

图4－4 杜拉巨型炮

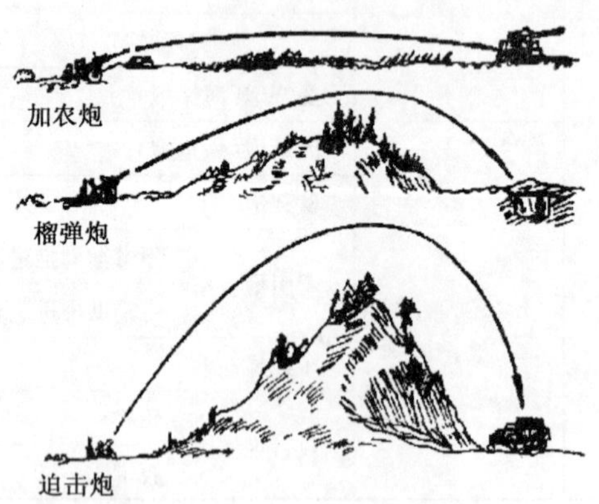

图4－5 火炮按弹道特性分类

火炮按用途可分为地面压制火炮、高射炮、反坦克火炮、要塞炮、舰炮、航炮等。压制火炮，主要是指以地面为基础，用以压制和毁伤地面目标或以火力伴随和支援步兵、装甲兵的战斗行动的火炮，通常包括中大口径加农炮、榴弹炮、加榴炮、迫击炮、迫榴炮等，有些国家还包括火箭炮。压制火炮是地面炮兵的主要武器装备，具有射程远、威力大、机动性高的特点，主要用于杀伤敌方有生力量、压制敌方火力、摧毁装甲目标、防御工事、工程设施、交通枢纽等，还可以用于发射特种用途炮弹。高射炮，是指从地面对空中目标射击的火炮，简称高炮。高射炮主要用于同中低空飞机、直升机、无人机、导弹等空中目标作战，必要时也可攻击地面有生力量、坦克等地面装甲目标或小型舰艇等水面目标。高射炮要同高速飞行的目标作战，必须机动灵活，炮架结构要能快速进行360°回转，高低射界-5°~90°，弹丸初速大，飞行速度快，弹道平直，一般是能自动射击的自动炮，射速一般为每分钟1000发~4000发，有的可高达每分钟10 000发。高射炮通常包括野战高射炮和城防高射炮。野战高射炮伴随地面部队行动。城防高射炮主要驻防重要城市和军事目标。反坦克火炮，主要是指用于攻击坦克和装甲车辆的火炮，通常包括坦克炮、反坦克炮和无后坐炮。反坦克火炮由于要与快速机动的坦克、装甲战车作战，一般具有初速大、射速高、弹道低伸、反应快等特点。坦克炮是配置于现代坦克的主要武器。反坦克炮是指专门配备反坦克弹药用于同坦克、步兵战车等装甲目标作战的火炮。无后坐炮是发射时炮身不后坐的火炮。无后坐炮在发射时利用后喷物质(一般为高速喷出的火药燃气)的动量抵消弹丸及部分火药燃气向前的动量，使炮身受力平衡，不产生后坐。无后坐炮主要用于直瞄打击装甲目标，也可以用于压制，歼击敌方有生力量。舰炮，是指以水面舰艇为载体的火炮。现代舰艇的中小口径舰炮，反应快速、发射率高，与导弹武器配合，可遂行对空防御、对水面舰艇作战、拦截掠海导弹和对岸火力支援等多种任务。舰炮武器系统已经成为舰艇末端防御的主要手段之一。舰炮一般是自动炮。舰炮的炮弹一般布置在甲板之下，通过外能源的扬弹机输送到甲板之上的舰炮中。航炮，是指安装在飞机上的口径在20mm以上的自动射击武器，也称航空机关炮。航炮主要用于攻击空中和地面目标，必要时也可攻击海上目标。航炮具有口径小、射速很高、结构紧凑、自动化程度高等特点。要塞炮主要是指配置在海岸要塞、岛屿、岸防阵地和陆地要塞上的火炮，包括要塞炮和海岸炮等，主要用于攻击海上目标和支援在濒海方向作战的己方舰船和陆军部队，保卫重要城市、交通枢纽、重大建筑、战略要地、首脑机关等。要塞炮一般具有口径大、射程远、精度高、威力大等特点。要塞炮的部署方式可以分为固定炮塔、固定阵地与移动阵地三大类。

有一类火炮在工作原理和结构上都不同于传统火炮，称为新型火炮或新概念火炮。研制中的新型火炮有前冲炮、燃烧轻气炮、液体发射药火炮、电热化学炮、电磁导轨炮、电磁线圈炮、激光炮等。

传统火炮发射时，炮身一般处于近似静止状态，在火药气体压力作用下炮身开始后坐，后坐结束后再回复到待发射状态。在炮身复进过程中击发，利用炮身复进时的前冲能量抵消部分后坐能量的火炮工作原理，称为复进击发原理，也称为软后坐。复进击发原理的应用，可以大大减小后坐力，有利于提高射速和射击稳定性，有利于减轻火炮全重。复进击发原理应用于大口径火炮时，往往在发射前，炮身处于后位，先释放炮身使其向前运动，在炮身前冲过程中达到预定的速度或行程时击发，以击发时的前冲动量抵消部分火药燃气压力产生的向后冲量，从而大大减小作用于炮架上的力，使火炮的重量和体积减小，这种火炮称为前冲炮。

燃烧轻气炮是一种利用低分子量的可燃混合气燃烧膨胀做功的方式来推进弹丸，使之获得较高速度的发射系统。燃烧轻气炮使用两种或多种反应气体，如可燃轻质气体（通常为氢气）和氧化剂气体（通常为氧气），代替普通火炮的发射药。可燃轻质气体和氧化剂气体在压力作用下按给定配比进入燃烧室而合成为混合气体。发射时，通过点火（通常是多点点火）点燃混合气体，混合气体燃烧形成高温高压轻质燃气推动弹丸在炮膛内运动。由于利用轻质燃气推动弹丸，弹底与膛底的压力降小，膛内声速大，当身管足够长时，便可以获得足够大的弹丸初速。

传统火炮用的是固体发射药。固体发射药是一种具有固定形状、燃烧速度很快、均相化学物质，而液体发射药是一种没有固定形状、燃烧速度很快的化学物质。液体发射药火炮是使用液体发射药作为发射能源的火炮。平时可以将发射药与弹丸分开保存，发射过程分别装填。液体发射药火炮有外喷式、整装式和再生式三种形式。整装式液体发射药火炮，与常规药筒定装式固体发射药火炮类似，液体发射药装填在固定容积的药筒内，经点火后整体燃烧。整装式液体发射药火炮，结构简单，装填方便，但液体发射药整体燃烧的稳定性较差，内弹道重复性不好保证。外喷式液体发射药火炮，是依靠外力在发射时适时地将液体发射药喷射到燃烧室进行燃烧。外喷式液体发射药火炮，外喷压力必须大于膛内压力。由于膛内压力须很高，所以外喷压力须很大，因此需要一个外部高压伺服机构来完成液体发射药的喷射。该外部高压伺服机构相当复杂，控制困难。再生式液体发射药火炮，在发射前，液体发射药被注入贮液室。点火具点火，点火药燃烧生成的高温高压气体进入燃烧室中，使得燃烧室内压力升高，推动再生喷射活塞并挤压贮液室中的液体发射药。由于差动活塞的压力放大作用，使得贮液室内液体压力大于燃烧室内气体压力，迫使贮液室中的液体发射药经再生喷射活塞喷孔喷入燃烧室，在燃烧室中迅速雾化，被点燃并不断燃烧，使燃烧室压力进一步上升，继续推动活塞并挤压贮液室中的液体发射药，使其不断喷入燃烧室，同时推动弹丸沿炮管高速运动，形成再生喷射循环，直到贮液室中的液体发射药喷完为止。可以通过控制液体发射药的流量，来控制内弹道循环。液体发射药与传统固体发射药相比，装填密度大，内弹道曲线平滑，初速高，从而能大幅度提高射程；而且液体发射药不需要装填和抽出药筒，使得火炮的射速也大大提高；再者，液体发射药贮存方便，存储量大，能减少火药对炮管的烧蚀、延长炮管使用寿命、减小炮塔空间；此外，生产液体发射药的成本也比较低廉。

电热炮是全部或部分地利用电能加热工质，采用放电方法产生等离子体来推进弹丸的发射装置。这种等离子体属高温等离子体，又称电弧等离子体，故此早期的电热炮称“电弧炮”。从工作方式上，电热炮可以分为两大类：用等离子体直接推进弹丸的，称为直热式电热炮或单热式电热炮；用电能产生的等离子体加热其他更多轻质工质成气体而推进弹丸的，称为间热式电热炮或复热式电热炮。从能源和工作机理方面考虑，直热式电热炮是全部利用电能来推进弹丸的，它们是一类“纯”电热炮；而绝大多数间热式电热炮，发射弹丸既使用电能又使用化学能，因此它们是一类电热“化学”炮，故也称为电热化学炮。通常所说的电热化学炮，主要是指一种使用固体推进剂或液体推进剂的电热化学炮。除由高功率脉冲电源和闭合开关组成的电源系统和等离子体产生器外，很像常规火炮，只不过它的第二级推进剂多采用低分子量的“燃料”。当闭合开关后，高功率脉冲电源把高电压加在等离子体产生器上，使之产生低原子量、高温、高压的等离子体，并以高速度注入燃烧室，在其内等离子体与推进剂及其燃气相互作用，向推进剂提供外加的能量，使推进剂气体快速膨胀做功，推动弹丸沿炮管向前运动。

电磁炮是完全依靠电磁能发射弹丸的一类新型超高速发射装置，又称作电磁发射器。它是利用运动电荷或载流导体在磁场中受到的电磁力（通常称为洛仑兹力）去加速弹丸的。根据工作原理的不同，电磁炮又分为导轨炮和线圈炮两种。导轨炮是由一对平行的导轨和夹在其间可移动的电枢（弹丸）以及开关和电源等组成。开关接通后，当一股很大的电流从一根导轨经炮弹底部的电枢流向另一根导轨时，在两根导轨之间形成强磁场，磁场与流经电枢的电流相互作用，产生强大的电磁力（洛仑兹力），推动载流电枢（弹丸）从导轨之间发射出去，理论上初速可达6000m/s～8000m/s。线圈炮主要由感应耦合的固定线圈和可动线圈以及储能器、开关等组成。许多个同口径同轴固定线圈相当于炮身，可动线圈相当于弹丸（实际上是弹丸上嵌有线圈）。当向炮管的第一个线圈输送强电流时形成磁场，弹丸上的线圈感应产生电流，固定线圈产生的磁场与可动线圈上的感应电流相互作用产生推力（洛仑兹力），推动可动弹丸线圈加速；当炮弹到达第二个线圈时，向第二个线圈供电，又推动炮弹前进，然后经第三个、第四个线圈……直至最后一个线圈，逐级把炮弹加速到很高的速度。

把光作为武器，可以追溯到古希腊。阿基米德在古希腊锡拉丘兹保卫战中，建议士兵用数百块手持的盾牌来反射太阳光点燃了入侵的罗马舰队。在我国的古代神话小说《封神演义》中也有过关于照妖镜和番天印之类的朴素光武器的描述。由于激光具有能量集中、传输速度快、作用距离远等显著特点，用激光来制作武器是很自然的事。激光武器是利用定向发射的激光束，以光速传输电磁能，直接毁伤目标或使之失效的光束武器。由于激光武器的主要部件——激光发射器一般是圆筒状，貌似传统火炮的炮身，一般人们将激光武器简称为激光炮，如图4－6所示。

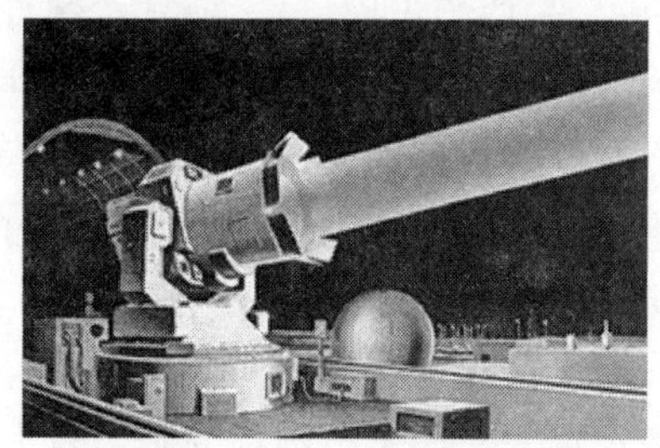

图4－6　激光炮

4.2　火炮的发展及其趋势

4.2.1　火炮的发展简史

火炮的发展是与社会进步分不开的。火炮技术的发展与战争也是密不可分的。科学技术发展带动着军事技术发展，军事技术发展带动着火炮技术发展。而火炮技术发展又推动着军事技术发展，军事技术发展推动着科学技术发展。

1. 萌芽时期（12世纪初叶以前）

（1）砲（“礮”音pào）。我国是火炮的发源地。中国象棋就有颗棋子称为“砲”，其威力巨大，但是在吃子时“砲”与被吃子之间需隔一个棋子（该子称为“砲架”）。其实，汉语的“砲”便是古汉语动词“抛”的名词形式。起初“砲”就是用来指抛石机。公元前5世纪，中国就发明了抛石机。抛石机有一皮窝用以包放石头，利用杠杆原理将石头抛射出去。它使人体得到了延伸，可以打击人体够及不到的目标，改变了之前面对面地“肉搏”战斗方式。抛石机的基本形式是固定式，后来又出现了装有木轮的运动式。1273年，自动抛石机开始在战斗中使用,由于是机械抛射,抛射力的突发性和方向性一致,因此抛射距离远且不受体力限制,发射节奏快,节省人员,威力大,是兵器发展史上的一次革命。

(2) 炮。公元7世纪,唐代炼丹家发明了黑火药,并用于武器。抛石机除了抛射石块外,还抛射带有燃爆性质的火器,如震天雷、霹雳炮等,使武器由冷兵器逐渐转变为热兵器。热兵器的出现,不仅提高了兵器的威力,更重要的是使作战模式由“点打击”变为“面打击”。抛射的石块以可爆炸的抛射物代替后,“炮”取代了“砲”,即用“炮”来指抛石机投射出的爆裂物。

2. 火炮的诞生(12世纪初叶至19世纪中叶)

(1) 火筒。1132年,陈规镇守德安城时发明了“火筒”。“火筒”用粗毛竹筒制成,内装火药,临阵点燃,喷火烧敌。这种竹制抛射火器具备了火药、身管、弹丸三个基本要素,可以认为它就是火炮的雏型。这种身管射击火器的出现,对近代火炮的产生具有重要意义。

(2) 火铳。由于“火筒”用毛竹制成,承载内压有限,不仅威力受到限制,而且经常带来不安全。我国古代金属冶炼铸造技术成就辉煌,催生了火炮。随着金属冶炼技术发展,逐步用铜、铁等金属制作管形火器,故使用“火铳”之名。

(3) 火炮。明代火铳逐渐演变出两种形式,一种为需架在架子上使用的大型管型射击火器,称为火炮,另一种是在铳身后可装入木柄以手持的小口径的管型火器称为手铳。内蒙古蒙元文化博物馆收藏的一件“元大德二年”(1298年)铜火铳为迄今所发现的最早有明确纪年的铜火铳,也是迄今所知世界上最早的“火炮”。大型金属管型抛射火器(火炮)的出现,标志着火炮技术实现了第一次质的飞跃。火炮的射程更远,威力更大,使用更安全。这一时期,火炮已广泛用于战场。

火药和火器传到西方以后,欧洲在14世纪上半叶,研制出了一种发射石弹的短粗身管火炮——臼炮。臼炮的威力较大,射程较远,杀伤面积也较大,因此曾被装备到舰船上使用。15世纪,伽利略等科学家得出弹丸飞行的轨迹是抛物线形这一正确结论,弹道学开始得到应用,为炮兵学的理论研究奠定了基础。16世纪以前,火炮基本上是不能移动的,火炮的任务几乎都是摧毁工事堡垒或从预定阵地上向进攻之敌射击。16世纪中叶,欧洲出现了口径较小的青铜长管炮和熟铁锻成的长管炮,代替了以前的臼炮。这种炮使用的是从炮口装填的球形实心弹和爆炸弹。还采用了前车,便于快速行动和通过起伏地。阿道弗斯使火炮进入了新的领域,他采用可移动的轻型炮来支援部队。他根据三种不同任务的要求编制火炮部队:攻城火炮、阵地防御火炮和野战炮。16世纪末,出现了将子弹或金属碎片装在铁筒内制成的霰弹,用于杀伤人马。1600年前后,一些国家开始用药包式发射药,提高了发射速度和射击精度。17世纪,伽利略的弹道抛物线理论和牛顿对空气阻力的研究,推动了火炮的发展。瑞典国王古斯塔夫二世在位期间(1611—1632年),采取减轻火炮重量和使火炮标准化的办法,提高了火炮的机动性。1697年,欧洲用装满火药的管子代替点火孔内的散装火药,简化了瞄准和装填过程。17世纪末,火炮已发展为弹道低伸平直的加农炮和弹道弯曲的榴弹炮两大主类。17世纪以后,古代火炮逐渐向近现代火炮演变。18世纪中叶,普鲁士国王弗里德里希二世和法国炮兵总监J. B. V·格里博沃尔曾致力于提高火炮的机动性和推动火炮的标准化。英法等国经多次试验,统一了火炮口径,使火炮各部分的金属重量比例更为恰当。还出现了用来测定炮弹初速的弹道摆。19 世纪初,英国采用了榴霰弹,并用空炸引信保证榴霰弹适时爆炸,提高了火炮威力。

但是,直到 19 世纪中叶,典型的火炮仍为炮口装填、光滑炮膛并缺乏阻止火炮射击时向后滑退的有效的机械装置,只能发射球形弹,射速小,射程近。因为只靠炮管赋予炮弹飞行的方向,所以,早期这种滑膛炮的射击精度不高。那时,大炮一般是滑膛前装炮,发射实心球弹,部分火炮发射球形爆炸弹、霰弹和榴霰弹。最初的线膛炮是直膛线的,主要目的是为了前装弹丸方便。这种火炮发射速度慢,射击精度低,射程近。为了增大火炮射程,19 纪初欧洲各国进行了线膛炮的试验。1845 年,意大利陆军少校 G·卡瓦利发明了世界上第一门后装线膛炮,炮管内有两条螺旋膛线,使发射后的弹丸旋转,飞行稳定,提高了射击精度,增大了火炮射程。卡瓦利为该炮设计了新型的炮尾、炮闩,实现了炮弹的后膛装填,发射速度明显提高。卡瓦利还一改过去的球形弹丸形状,发明了与后装式线膛炮相匹配的具有圆柱形弹体、船尾形弹尾、锥形弹头的炮弹,这也是世界上最早的与现代炮弹外形相似的卵形炮弹。卡瓦利的一系列发明和设计在火炮发展史上具有极其重要的意义,是古代火炮向现代火炮迈进的关键一步。尤其是线膛炮的采用是火炮结构上的一次重大变革,直到现在,线膛炮身还被广泛而有效地使用。滑膛炮身则为迫击炮等继续使用。

3. 现代火炮(19 世纪末叶以后)

(1) 现代火炮。自我国的火药和火器沿着丝绸之路西传之后,在战争频繁和手工业发达的欧洲得到迅速发展。科学技术的进步创造了空前的生产力,同时也推动火炮在结构上发生了深刻的变革。

19 世纪末以前,炮身通过耳轴直接与炮架相连接,这种火炮的炮架称为刚性炮架。在火炮发射过程中,火药燃气压力向前加速弹丸的同时,其还要向后作用于火炮。刚性炮架,发射时作用在膛底的合力直接通过炮架传到地面,火炮发射时受力大,火炮笨重,机动性差,发射时破坏瞄准,发射速度慢,威力提高受到限制。随着火炮威力不断增大,自身重量随着剧增,发射时全炮的跳动和后移猛烈,严重影响操作使用。

1872 年以后陆续出现将炮身与炮架弹性连接的火炮,这种炮架称为弹性炮架,炮身可以运动起来而得到缓冲,发射时作用在膛底的合力通过弹性炮架的缓冲再传到地面,可大大缓冲发射时的后坐力,使火炮射击后不致移位,再也不需要靠人力拉拽使火炮复位了,使发射速度和精度得到提高,并使火炮的重量得以减轻。炮身与炮架之间的弹性连接装置称为反后坐装置。火炮弹性炮架的出现,标志着火炮技术实现了一次质的飞跃,确立了现代火炮的基本构架。1894 年法国从德国人豪森内手中购买了长后坐原理专利,由戴维尔将军、德波尔上校和里马伊奥上尉组成的法国火炮研制小组在 1897 年发明了第一门具有现代反后坐装置的 75mm 野战炮,该炮采用了具有液压气动式制退复进装置的弹性炮架,还配有瞄准装置,车轮上装有防滑动的刹车装置,已初步具备了现代火炮的基本结构。弹性炮架的采用,缓和了增大火炮威力与提高机动性的矛盾,火炮结构趋于完善,后为各国所仿效,陆续出现几种带有弹簧和液压缓冲装置的弹性炮架,这缓和了增大火炮威力与提高机动性的矛盾,并使火炮的基本结构趋于完善。

19 世纪末期,缠丝炮身、筒紧炮身、强度较高的炮钢和无烟火药的使用,提高了火炮性能。猛炸药和复合引信的采用,增大弹丸重量,提高了榴弹的破片杀伤力。20 世纪初,火炮还广泛采用了周视瞄准镜、测角器和引信装定机。第一次世界大战期间，为了对隐蔽目标和机枪阵地射击，迫击炮和小口径平射炮广泛使用；为了对付空中目标，高射炮广泛使用；飞机上也开始装设航空炮；随着坦克的使用，出现了坦克炮；机械牵引火炮和自行火炮的出现，对提高炮兵的机动性有重要的影响，同时骡马拖拽火炮仍被大量使用；当时交战国除大量使用中小口径火炮外，还重视大口径远射程火炮的发展，各国还采用过在铁道上运动和发射的铁道炮。

20 世纪 30 年代，火炮性能进一步改善。通过改进弹药、增大射角、加长身管等途径增大了火炮的射程。轻榴弹炮射程增大到 12km 左右，重榴弹炮增大到 15km 左右，150mm 加农炮增大到 20km ~ 25km。炮闩和装填机构的性能改善，提高了发射速度。采用开架式大架，普遍实行机械牵引，减轻火炮重量，提高了火炮的机动性。由于火炮威力增大，采用自紧炮身和活动身管炮身，有效解决了炮身强度不够和寿命短的问题。高射炮提高了初速和射高，改善了时间引信，反坦克炮的口径和直射距离不断增大。第二次世界大战中，由于飞机提高了飞行高度，出现了大口径高射炮、近炸引信和包括炮瞄雷达在内的火控系统。由于坦克和其他装甲目标成了军队的主要威胁，出现了无后坐炮和威力更大的反坦克炮。

（2）火炮系统。跨入 20 世纪，科学研究步入组织化发展的道路，科学家集中起来对武器进行广泛研究，成果累累，推动火炮技术快速前进。第一次世界大战中，战场上出现了坦克、军用飞机和军舰，为火炮在这些战斗平台上的应用提供了条件。第二次世界大战及以后的局部战争中，战斗机、导弹相继投入使用，技术兵器的种类日益增多，战场的正面和纵深显著拓展，隐蔽目标、装甲目标、运动目标等层出不穷，火炮自身的作战任务更加繁重，要求不断提高，从而促使火炮继续发展。

火炮威力的大小，性能的优劣，不仅仅取决于火炮本身，还取决于与之配套的其他装备性能。因此，必须从系统出发，综合协调所有作战组成部分。火炮武器系统就是指为保证作战效能而以火炮为中心有机组合起来的一整套技术装备的总称。火炮武器系统能在全天候条件下连续测定目标坐标，计算射击诸元，使火炮自动瞄准和射击。火炮武器系统一般包含火炮火力分系统、火控分系统与运行分系统等。火炮火力分系统（有时简称火炮系统）是指完成发射并取得最终战斗效果的技术装备的总和，主要包括火炮本体（发射装置，简称火炮）和弹药等。火控分系统主要包括目标探测子系统、目标跟踪子系统、射击控制与指挥子系统、操作瞄准控制子系统等。运行分系统主要包括运动体（底盘）、发动机等，有时也将运动体的部分包括在火炮本体之内。

在作战中，火炮系统的炮瞄雷达根据目标指示雷达提供的目标信息，搜索、识别和跟踪目标，测量出目标现在坐标（目标的距离、方位角和高低角等），并将其不断地传给火控计算机。火控计算机根据目标现在坐标和有关参数决定对目标射击的提前点位置，算出射击诸元（提前方位角、射角和引信值），并将其不断地传送给火炮随动装置。随动装置根据射角和方位角诸元驱动火炮，使炮身处于发射位置，以便进行射击。

火炮系统可以是分散式的，例如，牵引高射炮系统一般由炮瞄雷达、射击指挥仪、电源机组和多门火炮构成。火炮系统也可以是三位一体式的，例如，自行火炮武器系统由装于同一车体内的炮瞄雷达、光电跟踪和测距装置火控计算机以及火炮构成。

4. **未来火炮**

随着高新技术在战场上的大量应用,战争形式在不断发生变化。战场对火炮的战术技术性能不断提出新的要求,促使火炮领域也在发生深刻的变化。火炮从初期的前装式滑膛金属身管和刚性炮架到集目标探测与跟踪、瞄准指挥与控制、火力发射等于一身的火炮系统,其实只是火炮外延的不断扩展。

随着兵器科学技术的发展以及现代科技在兵器科学中的应用,火炮技术成为多种技术的综合体,它涉及能源、机械、材料、控制、光学、电子、通信和计算机等诸多学科。

为适应未来战争需求,火炮仍将不断提高性能,一方面继续扩展火炮外延,在自动化、自行化、自主化、数字化、智能化等方向深入发展;另一方面,火炮也将不断拓展内涵,形成各种新概念火炮,例如,液体发射药火炮、电磁炮、电热炮、激光炮等。新概念、新能源、新原理、新结构、新材料、新技术的应用将促使火炮技术不断发展,出现更多的新型火炮。

4.2.2　火炮的发展趋势

1. **未来战争对火炮的要求**

火炮的发展必须满足未来战争的需求,未来高新技术战争对火炮的要求主要包括如下几个方面:

(1) 不断提高火炮的体系对抗能力。无间隙、有梯次、能协调、适应动态发展、经济性好。

(2) 不断提高火炮的纵深打击能力。超远程,精确打击,杀伤威力大。

(3) 不断提高火炮的综合作战能力。机动作战能力、协同作战能力和自主作战能力强;战场指挥畅通,反应快速,自主作战。

(4) 不断提高火炮的战场生存能力。反探测与反干扰;隐身;具有进行电子战能力;对制导弹药的防护与对抗能力;三防(核、生、化)能力;对空自卫能力;快速反应与机动能力等。

2. **火炮发展趋势**

为适应未来战场环境和作战需求,火炮作为炮兵的主要武器装备,其发展将主要是提高防空反导能力、提高对装甲目标与中远程地面目标的精确打击能力和快速反应与快速机动能力。火炮的主要发展趋势包括如下几个方面。

(1) 提高火炮总体综合性能。自动、自主、抗干扰、远程精确打击等。

(2) 提高初速,增大射程,提高远程打击能力。发展新概念火炮、发展新弹药等。

(3) 提高射速,增强火力,提高突袭能力。弹药自动装填、模块装药、多管联装等。

(4) 提高射击精度、毁伤效果、精确打击能力。火控系统、制导技术等。

(5) 提高快速反应能力。人工智能、自动化、自主化。

(6) 提高机动性,增强防护,提高生存能力。轻量化、隐身、防护、自行化等。

(7) 新概念、新原理、新材料、新工艺等。

4.3　火炮技术

火炮的发展与战争密不可分;火炮的发展应适应未来战争的需要。高新技术战争需求火炮:远、准、狠、轻、快。火炮技术发展主要围绕着这几个方面进行:火炮系统总体技术、提高初速与射程技术、提高射速技术、轻量化和新结构技术、信息化和控制技术、新概念、新原理研究等。

4.3.1 火炮系统总体技术

火炮武器系统是以火炮为中心的,因此,火炮系统总体技术不仅涉及火炮本身的相关问题,还涉及火炮武器系统的相关问题。火炮系统总体技术是运用系统工程方法论和计算机辅助技术等实现火炮系统整体性能、效能和效益优化的技术。广义上可以认为,火炮系统总体技术是用系统的观点、优化的方法,综合相关学科的成果,进行所研发的火炮武器系统的总体性能相关的综合技术,其中包括立项论证、战技要求论证、总体方案论证、功能分解、技术设计、生产、试验、管理等。狭义上可以认为,火炮系统总体技术是用系统的观点、优化的方法,综合相关学科的成果,进行所研发的火炮系统的本质方面的设计技术,其中包括系统组成方案、总体布置、结构模式、系统分析、人机工程、可靠性、安全性、检测、通用化、标准化、系列化等涉及火炮系统总体性能方面的设计。

总体技术是火炮武器的顶层技术,是火炮行业在装备研制中的主要薄弱环节之一。火炮武器系统总体技术的主要研究内容包括:

(1) 火炮武器系统概念研究;

(2) 系统总体综合与优化技术研究;

(3) 火炮系统综合电子技术;

(4) 火炮系统模拟仿真技术;

(5) 火炮武器系统先期技术演示验证技术;

(6) 系统性能综合评价技术;

(7) 系统总体测试技术;

(8) 火炮总体设计准则与规范。

4.3.2 提高初速技术

提高初速是火炮技术永恒的主题。对压制火炮,提高初速可以增加射程、增强火力灵活性。对高射炮,提高初速可以增加有效射程(高)、缩短弹丸飞行时间、提高命中概率。对反坦克炮,提高初速可以增加直射距离、提高穿透深度、提高穿甲威力。

提高初速的主要技术途径有:减小弹丸质量;增大炮膛面积;增长身管;增大装药量;减小弹后压力梯度;提高膛压曲线充满度;新发射原理等。

提高膛压曲线充满度,通过控制火药的燃烧规律来实现。火药的燃烧规律取决于火药线燃速(火药特性)和燃烧表面积。对给定火药,主要依赖装药设计,控制非常有限。而液体的流动性提供了可能性,研究液体发射药火炮是一种不错的选择。

燃烧轻气炮,采用液态或近液态氢气和氧气作为发射药;燃烧后轻质气体推动弹丸发射,提高了初速极限。美国 100 倍口径 45mm 燃烧轻气炮 1.1kg 弹丸的炮口初速为 1700m/s。美国 54 倍口径 155mm 燃烧轻气炮预测射程达 222km 。

电能易于控制,利用电能来发射炮弹,形成电炮,它是使用电能代替或者辅助化学推进剂发射弹丸的发射装置,是火炮内涵的拓展。其中,电热化学炮既与传统火炮有较好的继承性,又具有大幅度提高初速的潜力,是最有希望武器化的电炮。

4.3.3　提高射程技术

未来战争是脱离接触式战争,因此"长一寸"就"狠一分"。

提高射程的技术途径有发射药、内外弹道、火炮等方面,主要包括:通过提高初速来提高射程;从减小弹丸阻力角度,通过提高外弹道性能来提高射程;从增强弹丸飞行动力方面,通过火箭增程、滑翔增程等措施来提高射程。

远与准往往矛盾,因此,在提高射程的同时应注意提高射击精度,力求远与准协调发展。

目前,国外正在研制超远程火炮系统。超远程火炮系统是指以中大口径常规火炮发射增程制导弹药,并采用各种增程手段,使射程达到100km以上的火炮系统。例如,美海军MK45Mod4式127mm超远程火炮系统的射程达到116.5km。

超远程火炮系统的主要技术有:

(1)提高炮口动能所必需的火炮结构改进,如发射质量增加和装药量增加所带来的药室增大和身管长增长等;

(2)提高射击精度所必需的火炮发射原理和结构改进,如弹丸上增加了大量电子设备,使弹丸的过载能力下降,要求火炮发射尽可能降低膛压等。

4.3.4　提高射速技术

现代战争对火炮速射性提出了更高要求。

高射速是相对的,提高射速是火炮技术发展的永恒主题。一般高射速,特指自动武器具有很好高理论射速。

对小口径自动炮,低射速是指射速低于每分钟1000发,中射速是指射速为每分钟1000发~4000发,高射速是指射速为每分钟4000发~6000发,超高射速指射速大于每分钟6000发。

影响射速的主要因素有:需求(目标关系)、技术(自动机工作原理、口径、自动机工作协调性、自动机主要机构构成、弹药等)、条件(操作及使用)。

制约射速提高的主要因素:技术难度(技术实现的可能性)、射击密集度(射速与精度的平衡)、后坐力(威力与机动性的平衡)、寿命(射速与可靠性的平衡)。

提高射速的主要技术途径:

(1) 提高理论射速。提高构件运动速度(减轻构件质量、减小运动行程、增加作用力、提高初始速度等)、并联自动动作(采用新原理,如转膛、转管等,采用新结构)、减少自动动作(采用新原理,如开膛原理、可燃药筒发射、金属风暴等)等。

(2) 提高实际射速。提高人员素质、多自动机联装、提高火炮的反应能力、提高火炮的操作能力等。

目标越来越小,火炮命中概率就越来越低,加上目标飞行速度越来越快,每次攻击的机会越来越小。为了抓住这样的机会,就只有在最短的时间内发射尽可能多的炮弹,形成有效弹幕,以提高毁伤概率,这就要求火炮具有非常高的射速。超高射速火炮,一般指理论射速超过每分钟6000发的小口径自动炮。

为使武器达到更高的射速,许多国家都在积极探索全新概念的小口径火炮武器,试图以新的发射机理突破传统火炮的射速极限,夺取近程反导作战的绝对优势。目前研制的超高射速火炮主要有:

(1) 万发炮。从自动原理上看,实行超高速,转管原理是可行的技术途径。对外能源转管炮,只要外能源足够大,转速足够大,理论上就可以实现超高射速。然而,由于超高速转管炮的转动速度非常大,与之匹配的供弹系统运动速度也非常大,超高速运动的机械系统往往故障频频,使得供弹系统难以及时供弹。万发炮采用双供弹系统方式,11 根至 13 根身管内外双层布置,可以达到射速每分钟近万发。

(2)并行发射。俄罗斯将两座 AK630 并联装,在一套火控系统作用下工作,形成射速超过每分钟 10 000 发的万发炮。利用多管并联,采用整体式炮尾和炮闩,并共用一套自动供输弹系统,形成批次发射,构成并行发射万发炮,并且可控发射速度。

(3) 串行发射。对于身管武器而言,单管发射速度至今未能突破每分钟 2000 发。为使武器达到更高的射频,就必须着重研究新的装弹、装药、点火方式, 探索新的弹药发射原理。串行发射就是将一定数量的弹丸装在身管中,弹丸与弹丸之间用发射药隔开,弹丸在前,发射药在后,依次在身管中串联排列。发射时,通过电子控制的电子脉冲点火头,可靠地点燃最前面一发弹的发射药,发射弹丸。前一发弹启动一定时间后,后一发弹的发射药再被点燃,依此过程,每发弹按顺序从身管中发射出去。

(4) 串并行发射。20 世纪 90 年代中期,澳大利亚人提出了“金属风暴”超射速小口径火炮概念。

金属风暴武器发射系统(简称金属风暴),无传统的机械操作部件,主要由装有弹药的身管、电子脉冲点火器、电子控制处理器等组成。一定数量的弹丸和发射药串联排列装在身管中;身管中对应每节发射药都设置有电子脉冲点火节点,电子控制处理器用来控制各个身管的发射顺序及每节发射药的点火间隔。发射时,通过电子控制处理器控制点火节点,可靠地点燃最前面一发弹的发射药,发射弹丸。前一发弹丸离开身管后,后一发弹的发射药即可点火。每发弹丸按照顺序从身管中发射出去,形成串行发射。将多根身管并联在一起,由电脑控制各个身管以及各发弹丸的发射时机,形成密集“弹雨”。金属风暴的单管射速高达每分钟 4. 5 万发,36 管样炮的理论射速达到了每分钟 162 万发。金属风暴将武器发射技术从 19 世纪机械式发展到 21 世纪的电子式。

4. 3. 5 轻量化和新结构技术

“消灭敌人,保存自己”是永恒不变的作战原则。火炮的威力与机动性是一对相互制约的矛盾。解决威力与机动性之间的矛盾是其永恒的主题。火炮轻量化技术就是在满足一定的威力需求下,解决使用方对火炮的重量和体积的要求,并能取得良好的射击效果。

火炮轻量化,提高行走能力、对各种运输方式的适配能力,能提高快速反应及时打击敌人的能力;火炮轻量化,迅速转移、迅速脱离战斗,能提高迅速脱离战斗和战场生存能力。

火炮轻量化主要技术途径有以下几种。

(1) 创新的结构设计。多功能零部件、紧凑合理的结构布局、符合力学原理的构形等。

(2) 反后坐技术。弹性炮架、炮口制退器、无后坐原理、膨胀波原理、复进击发原理、最佳后坐力控制技术等。

(3) 材料技术。高强度合金钢、轻质合金、非金属、复合材料、功能材料、纳米技术材料等。

超轻型火炮系统是指适应机载、机吊的中大口径常规火炮系统,尤其指适应直升机吊运的中大口径常规牵引火炮系统。例如,UFH 超轻型榴弹炮是世界最轻的 M777 式 155mm 火炮,其战斗全重 3745kg,最大射程 30km。

4.3.6 信息化和控制技术

以信息技术为核心的高技术迅速发展,引发出一场世界新军事革命。信息技术成为这场新军事变革的基础和核心。世界新军事变革的核心是信息化,信息化的主体是武器装备的信息化。数字化是将连续变化的输入信息转化为一串适应计算机处理的分离信息单元。数字化是信息社会的技术基础。数字化战场是指以信息技术为基础,以信息环境为依托,用数字化设备将指挥、控制、通信、计算机、情报、电子对抗等网络系统联为一体,能实现各类信息资源的共享、作战信息实时交换,以支持指挥员、战斗员和保障人员信息活动的整个作战多维信息空间。数字化部队,即以数字化技术、电子信息装备和作战指挥系统以及智能化武器装备为基础,具有通信、定位、情报获取和处理、数据存储与管理、战场态势评估、作战评估与优化、指挥控制、图形分析等能力,实现指挥控制、情报侦察、预警探测、通信和电子对抗一体化,适应未来信息作战要求的新一代作战部队。数字化装备,是指具有数字化功能的设备或载有数字化设备的武器平台。数字化设备具有体积小、重量轻、处理速度快、兼容性强、易于维护、智能化等特点。

数字化火炮是利用数字化技术武装的火炮。数字化火炮包括数字化火炮系统武器平台和数字化监控的火炮两方面。

数字化火炮系统武器平台,是指用以计算机为核心的数字化技术装备与指挥人员相结合,能对火炮武器系统实施指挥与控制的“人—机”系统,尤其指装备了 C^4I (指挥、控制、通信、计算机与情报)系统的火炮武器系统。采用数字化电子体系结构,整合火炮武器系统的监视、诊断/预测和指挥控制等子系统,共享战场数据。通过数字化定位和导航系统,提高战场环境感知能力。通过数字化目标探测、跟踪、识别系统,提高目标发现和目标截获能力。通过数字化信息传送、接收、存储、处理系统,提高战场态势处置能力。通过数字化信息显示系统,提高武器操控能力。通过数字化状态自动诊断,提高武器使用和维持能力。信息化作战能力包括指挥控制能力、信息攻防能力、精确打击能力、快速机动能力、战场生存能力、综合保障能力等,这些都是通过先进的信息技术把各个作战要素有机整合起来的。作为火炮本身的信息化和数字化,对武器系统的信息化作战能力有较大影响。实现机械化武器平台与信息技术的融合,充分发挥信息化对机械化的带动和提升作用,通过信息化技术向机械化武器平台的嵌入与渗透,使信息能量与物质能量交汇,使机械化功能与信息化功能融合,进而向以信息化为主导的方向转化。

数字化监控火炮,是指火炮本身的信息化和数字化。利用数字化技术,提高火炮武器系统作战能力。数字化监控火炮主要包括以下几个方面。

（1）火炮故障数字化诊断、控制：包括射前诊断、过程控制、射后预防维修等。

（2）火炮状态数字化监视、诊断、控制：包括性能实时测量、分析、控制等。

（3）火炮性能数字化改进提升：包括功能部件改造、控制等。

例如，日本正在研制的先进轻量榴弹炮，将微处理器用于火炮，采用了电子控制驻退装置，如果该炮能够定型服役，将是火炮发展史上的一次飞跃。

4.3.7 新概念、新原理火炮技术

常规火炮发射过程中自身的固有局限性：高膛压、极限初速、威力与机动性之间存在尖锐的矛盾、固体发射药的易毁性和易损性等。要进一步提高火炮系统的性能，摆脱常规火炮发展所面临的困境，就必须变革常规火炮的发展思维和模式，主动拓宽火炮内涵，积极发展新概念火炮。

新概念火炮，是指运用新原理、新能源、新结构、新材料、新工艺、新设计而推出的、有别于传统火炮系统概念并可大幅度提高作战效能的新式火炮。各种新概念火炮的形成和推出都是创新的结果，可以是突破传统火炮系统概念的创新，也可以是在现有制式火炮基础上利用现代高新技术与总体优化技术进行改造而使火炮性能大幅度提高所取得的创新和突破。

新概念火炮的研究，一部分仍处于概念研究阶段，一部分已经进入技术研究阶段。新概念火炮主要有：高初速火炮（如轻气炮、随行装药火炮、液体发射药火炮、电炮等）、超高射速火炮（如万发炮、金属风暴、并行发射火炮等）、超远程火炮、超轻型火炮、数字化火炮、其他火炮（如激光炮、粒子束火炮等）。

第5章　火箭与导弹发射技术

5.1　火箭与导弹发射及其特点

5.1.1　火箭与导弹发射的基本概念

火箭是指依靠自身向后喷射火药燃气产生的反作用力推动前进而飞向目标的一种兵器。火箭发射装置是指将火箭发射出去的设备。

“火箭”一词最早见于《三国志·魏明帝纪》之注引《魏略》。魏明帝太和二年(228年),诸葛亮出兵攻打陈仓(今陕西宝鸡市东),魏守将郝昭“以火箭射其云梯,梯燃,梯上人皆烧死”。但那时的所谓“火箭”,只是在箭杆靠近箭头处绑缚浸满油脂的麻布等易燃物,点燃后用弓弩发射出去,用以纵火。火药发明后,上述易燃物由燃烧性能更好的火药所取代,出现了火药箭。这种“火箭”曾在军队中长期使用。靠火药燃气反作用力飞行的火箭问世后,仍沿用这一名称,但其含义已根本不同。北宋后期,民间流行的能高飞的“流星”(或称“起火”)就已利用了火药燃气的反作用力。

为火箭提供发射环境的装置称为火箭发射装置。早期用于发射各类“火箭”的发射装置非常简陋,初期只是一种“叉形”架,后来出现竹筒导向器。明赵士桢进一步发明了“火箭溜”,形状类似短枪,火箭在其滑槽上滑行发射,能更好地控制方向。多发齐射火箭则是通过火箭桶(筒、柜)实现的,上下二层格板给单支火箭定位、定向,通过手控调节火箭筒方向。戚继光率军作战时,曾将这样的“火箭柜”固定在车上,提高了机动能力,并用火箭车布成车阵,颇似现代火箭炮的发射方式。发射装置和发射方式的改善,使火箭的射向、射程和火力范围得到较好的控制,从而提高了作战威力。

现代火箭炮可追溯到第二次世界大战时期。1941年苏联在对德国的作战中首次成建制地使用了当时最为先进的火箭炮——Бм13,又称为“喀秋莎”。其凶猛的火力对德国军队造成了身体和心理的巨大打击。随着火箭炮在这次战役中一战成名,迅速引发了世界各国对火箭炮研制的投入。至今,装备各国部队的火箭炮型号已不下几十种。

对于无控火箭弹(传统意义上的火箭),其飞行弹道为自然空气弹道,其射程主要由火箭弹的被动段初速和射角确定。众所周知,真空中理想弹道为以左右对称的标准抛物线形,最大射程射角为45°;受空气阻力的影响,火箭弹在真实环境中飞行时其弹道不再左右对称,最大射程射角也提高至48°~55°。而对于具有控制(简易控制)能力的火箭弹和导弹而言,由于其自身的空气舵(或者燃气舵、调姿发动机等)提供的侧向力在飞行过程可改变飞行轨迹,通常采用发射角度接近90°的发射方式。

发射方式是指由火箭导弹的发射基点、发射动力、发射姿态和发射装置所综合组成的发射方案,是发射时火箭导弹所处的状态和采用的技术手段的统称。它是由火箭导弹的类型和战术技术要求所决定的。不同的发射方式各有优点又各有不足。

按发射位置,发射方式可分为地面发射、地下发射、水面发射、水下发射和空中发射。地面发射分为固定发射和机动发射。地面固定发射,是利用固定在地面上的发射系统实施发射。早期的中、远程地地导弹和地空导弹多采用这种发射方式。地面机动发射,是利用车载或便携式发射装置,实施行进间或快速定点发射,通常有越野机动发射和公路机动发射等方式。其中越野机动发射灵活性好,便于转移。现在战术导弹和火箭弹大多采用地面机动发射。地下发射,通常是指地下井发射,是利用地下井贮存并实施发射导弹。远程、洲际地地弹道导弹主要采用这种发射方式。水面发射,是利用各种舰(船)载发射系统实施发射。采用这种发射方式的有舰载火箭弹、舰地导弹、舰舰导弹、舰空导弹等。水下发射,是利用潜艇发射系统在水下实施发射。这种发射方式隐蔽、机动,活动海域广阔,具有较高的生存能力,潜地导弹一般采用这种发射方式。空中发射,是利用各种机载发射系统在空中实施发射。这种发射方式活动空域广阔,机动性好,生存能力和攻击能力强,广泛应用于机载火箭弹、空地导弹、空空导弹、空舰导弹和空潜导弹等。

按起飞姿态,可分为水平发射、倾斜发射和垂直发射。水平发射,是指火箭导弹呈水平状态的发射。空中发射、地面反坦克火箭导弹、水面利用鱼雷管发射的火箭导弹等,一般采用这种发射方式。倾斜发射,是指火箭导弹处于倾斜状态下的发射。陆军使用的火箭炮基本上采用倾斜发射方式,地空导弹、舰空导弹、反潜导弹和巡航导弹等,一般采用这种发射方式。垂直发射,是指火箭导弹呈垂直状态的发射。地地和潜地弹道导弹,某些地空导弹、舰空导弹和巡航导弹等,采用这种发射方式。

按发射时所用的动力,可分为自力发射和外力发射。自力发射,是指火箭导弹在发射装置上利用自身的发动机直接点火的发射,又称为热发射。在地下井内采用这种发射方式,需排除导弹发射时所产生的大量高温燃气流的影响,因此,导弹发射井需设排焰系统或增大井径。外力发射,是指靠外部动力,使火箭导弹弹出飞离发射装置,到达一定距离时,发动机点火而实施的发射,又称为冷发射或称弹射,用于潜射导弹的水下发射、陆基弹道导弹的井内发射和机动发射。这种发射方式可使导弹在发动机点火前获得一定的初速,无高温燃气流的影响,导弹装在发射筒内能改善贮存条件,但发射装置比较复杂。

本书主要以火箭炮为主介绍地面机动发射装置。

5.1.2 火箭与导弹发射装置及其主要作用

火箭、导弹发射装置是指用来发射火箭弹、导弹的硬件系统与软件系统。典型火箭、导弹发射系统的构成如图 5-1 所示。

1. 硬件系统

火箭导弹发射硬件系统主要包括:

(1) 承载与固定火箭弹机构:包括定向器(含定向管、导向滑轨)、闭锁挡弹等机构;

(2) 瞄准驱动机构:包括高低机、方向机,能量源(电机、液压马达)等(传动)机构;

(3) 发火机构:包括检测火箭弹状态、提供点火能量、分配点火顺序等功能部件;

(4) 位姿调整机构:包括车体的调平、行军固定器、底架固定器等机构。

2. 软件系统

火箭导弹发射软件系统主要包括:

(1) 调炮与火力控制:包括射角、方位角的调整及其精度保障,射击诸元的计算,发射方式的选择等。

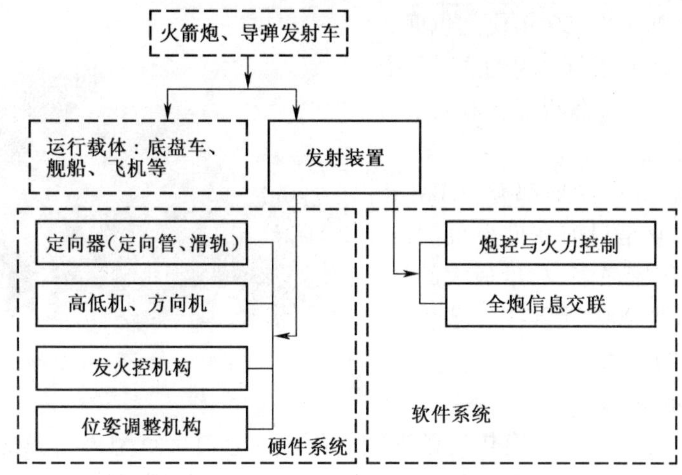

图5－1　发射装置组成

(2) 全炮信息交联：基于总线或者网络的全炮信息收集、传递、分配以及与上级指挥系统的信息沟通等。

发射装置作为火箭武器系统的一个重要组成部分，其主要作用为：

(1) 在运输和行军过程中，承载和保护火箭弹；

(2) 在瞄准过程中，快速、精确定位火箭弹的射击方向；

(3) 在发射过程中，可靠点火火箭弹以及提供火箭弹一定的初速和尽可能小的扰动，保证射击密集度。

5.1.3　火箭与导弹发射装置简介

在众多火箭发射装置种类中，根据不同的需要，发展了不同类型的结构形式。例如，以定向器种类区分有：滑轨式、笼式、筒式、贮运发箱式等。

1. 筒式定向器

筒式定向器一般由无缝钢管制成或用钢板卷压焊接而成，也可采用整体旋压和冷压、冷拔等方式生成毛坯，然后精加工而成。由于它有闭合的圆柱面，故导流性能好，燃气射流引起的振动较小，且弹体在定向器内运动是平滑的，冲击程度小，因而有利于密集度的提高。其次，它可保证火箭弹不受外界物体的损害。此外，它的制造工艺性较好，检查、涂油均较方便。但是，口径较大的筒式定向器单位长度的质量较大，且它难以用来发射不可折叠的超弹径的尾翼弹。因此，筒式定向器用来发射口径较小的涡轮弹，也可用来发射同口径尾翼弹或折叠尾翼弹。反坦克火箭筒通常用筒式定向器，因为它有封闭燃气射流、保护射手的优点。为了快速火力覆盖敌集群目标，火箭发射定向器常采用发射管束式联装，即管束式发射装置。所谓管束式发射装置也就是用前后护板和紧定束带将数十根发射管固定成一个统一的发射管束。

БМ－21多管火箭炮是典型筒式发射装置，如图5－2所示。БМ－21多管火箭炮是苏联研制的，又称“冰雹”火箭炮，口径为122mm，40根管式定向器，分4层排列，每层10管。在定向管的内壁有螺旋导槽，发射时赋予火箭弹低速转动，以克服推力偏心所造成的偏差。

БМ－21在20世纪60年代问世时，其射程、精度等许多指标均居于世界领先地位，经过几十年来不断演变和发展，仍有许多独到之处。

所有的122mm火箭炮都源自БМ－21多管火箭炮，它是目前在世界范围内研制国家、装备国家最多、数量最大的一种多管火箭炮，到2004年年末，已装备超过67个国家的军队。

图5－2 БМ－21式“冰雹”火箭炮

2. 滑轨式定向器

滑轨式定向器一般用普遍热轧型钢加工而成。它对于重型火箭弹能实现由上方装弹，但如从后方装弹，不如笼式和筒式定向器方便。它的横断面较小，燃气射流作用力也小，但由于滑轨仅从一个方向反射燃气射流，因而发射装置的振动仍然不小，这将影响射击密集度。滑轨式定向器一般用来发射各种口径的尾翼弹，但最适宜于发射尾翼较大的尾翼弹。

БМ－13“喀秋莎”火箭炮是最为出名的火箭炮之一，是滑轨式发射装置的代表，如图5－3所示。该火箭炮在第二次世界大战后期的苏联卫国战争中具有突出的表现，是第一种成建制投入使用的火箭炮武器系统。

БМ－13火箭炮采用滑轨作为定向器，火箭弹的发射是依据一段滑轨进行的。滑轨的长度即为产生火箭弹有效初速的长度。

火箭弹依靠定向钮与滑轨间的配合保证运动方向。定向钮既是导向钮又是吊钩，上下两排供16枚火箭弹可依次连续发射、也可按照需要逐一发射。

通过装填不同性质的火箭弹，该炮可完成爆破杀伤、布雷、开辟通道等多种任务。

3. 笼式定向器

笼式定向器，也称框架式定向器，一般用导杆和套箍焊接加工而成，如图5－4所示。由于它没有闭合圆柱面，发射装置受燃气射流冲击引起的振动较大，火箭弹与导杆的撞击也较大，故不利于密集度的提高。为了提高密集度，可将笼式定向器四周用薄钢板封闭起来，以减小发射装置受燃气射流冲击所引起的振动。此外，笼式定向器焊缝分布复杂，焊接工作量大，生产率低；并且它自身结构刚度较差，机械加工不易达到较高精度。但它与筒式定向器比较，便于发射尾翼弹，且单位长度质量小，因此通常用来发射中口径(200mm～

图5－3 苏联БМ－13“喀秋莎”火箭炮

图5－4 笼式定向器

400mm)的涡轮弹和尾翼弹。

4. 贮运发箱式定向器

管束式发射装置发射完毕后,必须由炮手向每一根定向管重新装弹,这对炮手们来说是一个非常沉重的负担,不但耗费战士体力也容易贻误战机。箱式定向器设计,把一门火箭炮的所有定向器集成在焊接结构的框架式箱体内。发射完毕后,这种箱体只要用专门配属的弹药运输车上安装的起吊机整体吊装更换即可,摇架上的箱式定向器固定座设有快速解脱与快速定位/精确固定的装置,这样不仅免去了人工再装填的繁重体力劳动,而且还能大大加快再装填速度,迅速进行第二次齐射,并且能够根据不同的作战任务,组成不同的弹药模块。贮运发箱式定向器的定向管一般采用了复合材料,其刚度和强度完全可以与金属定向器管媲美,使整个定向器组质量减轻许多,并能够满足一次性使用、“打完即扔”的成本要求。在工厂生产时就预先将整个火箭弹容纳于定向器中,前后利用定向破碎的塑料端盖进行密封。这样一来,每一根定向器既用于发射,又可作为包装和运输的贮存器。这种发射—贮存器能够防潮湿、防盐雾、防霉变,在出厂后库存很长一段时间内都不必做任何维护,减少了日常勤务工作。在储藏期间、运输途中、战场吊装过程中,都无需进行任何调整,大大简化了阵地发射准备过程,其带来的优越性不言而喻。

M270火箭炮是世界上第一种采用贮运发箱技术的火箭炮。20世纪70年代后期,由美国牵头,英、法、德、意多国参与研制的压制武器,1983年开始装备部队,同时也装备北约各国。现已有近20个国家的部队装备有这种火箭炮,它已成为北约部队列装的标准炮兵武器装备。

M270火箭炮如图5-5所示,发射装置可装入2个贮运发射箱,或同时装入1个火箭贮运发射箱和一枚陆军战术导弹的发射箱。贮运发射箱内固定6根管式定向器,容纳6枚火箭弹。贮运发射箱用于贮存、运输和发射火箭弹,贮存期长达10年。当火箭弹或战术导弹发射完毕后,火箭炮利用自带的起重设备将空发射箱吊到地面,再把带弹的贮运发射箱吊入发射装置内。

图5-5 美国M270式227mm多管火箭炮

M270多管火箭炮系统最大的特点是采用自主式炮兵发射系统,自动化程度高,可独立作战。其配装的先进火控系统可使整个发射系统的装填、测地、定位、瞄准和射击等项操作全部实现自动化,大大提高了火箭武器系统的自主作战能力,并使其成为美军炮兵武器中第一种具有“打了就跑”作战能力的武器系统。MLRS多管火箭炮通过弹载惯性导航系统中的GPS修正值和弹载气象传感器的数据修改,将风力修正量列入射击诸元的考虑范围,使其具有很高的射击精度。

M270火箭炮的另一重大发展就是在原有基础上改造成了HIMARS高机动性火箭炮。美国陆军于1993年提出研制高机动性火箭炮系统需求,其基本要求是尽可能减轻重量,提高机动性能,能用C—130运输机进行远距离运送,以满足轻型快速部署部队的需要。高机动性火箭炮的主要特点是将M270火箭炮的2个发射箱改为1个发射箱,既可以是装有6枚火箭弹的发射箱,也可以是装载1枚陆军战术导弹的发射箱。HIMARS高机动性火箭炮系统于2003年研制成功,2005年开始装备美国陆军,如图5-6所示。

图5-6 美国HIMARS高机动性火箭炮

5.2 火箭与导弹发射装置的发展

5.2.1 火箭与导弹发射装置的发展简史

1000多年前火药的发明使热兵器逐渐成为战争的主宰和武器发展的热点;两次世界大战成就了火炮这一战争之神;20世纪40年代诞生的以“喀秋莎”为代表的火箭炮,则赋予了传统“火炮”概念以新的内涵。火箭炮的典型战例是20世纪40年代的反法西斯战争、50年代的朝鲜战争和70年代的中国对越边镜线战,其迅猛、密集的火力在摧毁有生力量的同时,也在精神上极大地震撼和威慑了对方,因而成为赢得胜利的一种利器。

苏联为现代火箭炮的诞生和发展进行了开创性的工作,世界上第一门火箭炮(“喀秋莎”)和目前性能最优良的火箭炮分别出自苏联和俄罗斯。近10年来火箭武器发展极其迅猛,世界各国都在研发种类繁多的火箭炮,其使用范围覆盖陆、海、空和二炮;口径从40mm到约600mm;射程也由原来的几千米延伸至几百千米;作战功能由单纯杀伤演化为以杀伤为主,兼具攻坚、防空、反坦克和反轻型装甲等目标,同时还诞生了大量用于非作战目的多功能火箭武器系统。

我国火箭炮经历了从引进、仿制到自主研发近60年的发展历程,代表性的产品有:国产63式107mm火箭炮和130mm火箭炮;从俄罗斯引进又经自主创新改制的各型122mm火箭炮;PHL 03远程火箭跑;“卫士”系列火箭炮。各个时期的先进武器装备不仅满足了我军自需,还出口到世界各国。107mm火箭炮截至目前仍被世界各国视为经典,赋予火箭炮中的“AK47”美称。

几百年前,用于控制火箭飞行方向的是一段开口的竹筒,这即是火箭发射装置的雏形。现代火箭炮的发射装置始于滑轨式,用于发射低速旋转尾翼式火箭弹;为提高发射精度,缩短再装填时间,又发明了筒式定向器和贮运发箱式定向器。高低方位调整在经历了手动、电驱动、电控和随动的发展阶段后,其自动化程度和控制精度大幅提高。运行体从牵引式、轮式到履带式,经历了轻型、中型到重型的发展过程,使武器系统的适应性不断提升。正是武器系统的集成化、信息化和智能化程度的不断提高及其综合性能的逐步改善,引起火箭武器系统的“体积”越来越庞大,结构越来越复杂,因而其设计难度也越来越大。

5.2.2　火箭与导弹发射装置的发展趋势

为了满足现代战争的需要,结合现有火箭武器的特点,未来火箭导弹发射装置的发展将极大程度地围绕通用发射平台展开,与其相关的技术将得到广泛而深入的研究。

(1) 通用发射平台技术。如大质量、大惯量变化对平台的影响;平台适应不对称发射环境的能力,如单边装载弹药发射、行军带来的结构刚强度问题。

(2) 贮运发箱技术。使用通用发射平台发射各种类型的火箭弹,必须结合贮运发箱技术。不同弹径、不同长度的火箭弹和导弹借助贮运发箱而拥有了统一的“接口”,根据不同作战目的装配不同的贮运发箱,实现不同弹药的发射。

(3) 高机动性发射平台技术。未来战争要求武器装备具有更高的机动性,包括了战术机动、战役机动。其中的战役机动要求武器装备必须具备空投空降的能力。受限于运载飞机承载能力,要求武器装备必须具有较轻的全重质量。

(4) 信息交联技术。将武器发射平台与指控系统应用数据链系统进行有机的连接,把分布在作战区域的指控系统与武器发射平台联系在一起,实现战术信息快速交换和态势信息共享,使得指战员能够实时掌握战场态势,缩短决策时间,提高指挥速度和协同能力,实施对敌方快速、精确、连续的打击。

(5) 故障在线检测技术。应用自动化技术和信息技术进行现场故障状态分析,并发出故障类型信号,使维护人员快速反应并排除故障。

5.3　火箭与导弹发射技术

火箭导弹发射具有其特殊性,如初速较低、弹长较长、质量较大。因此,对于无控火箭弹而言,发射时发射装置对火箭弹的起始扰动等成为火箭弹散布的主要原因。为了设计性能优良的火箭发射装置,从总体上讲,以下内容具有十分重要的意义。

5.3.1　发射系统总体设计技术

自行/牵引式火箭炮主要由俯仰体、回转体、运行体和全炮电器与控制系统组成:

(1) 定向器/定向器集束与托架共同组成俯仰体,通过耳轴与回转盘连接,绕耳轴转动实现高低射角调整;

(2) 俯仰体与回转盘共同组成回转体,绕回转轴(长立轴/短立轴)转动实现射向的调整;

(3) 运行体承载并可靠地固定回转体,保证行军和战斗时武器系统的性能;

(4) 全炮电器系统主要由点火电路、检测电路、安保系统、防护系统(如电磁干扰等)、电传动与随动控制系统,以及定位定向、车体姿态测量和火力控制系统等组成,这些电器电路是火箭炮可靠、安全和高性能运行的保障。

火箭武器的显著特点之一就是可借助多个定向器在短时间内发射足量的战斗部质量,以形成比其他武器更强大的威力,可见,定向器的多少是反映武器系统威力的重要指标;同时,定向器又是承受发射时燃气射流强大冲击力的主要结构件,所以,定向器的数量、集束形式以及在发射系统中的布局位置等将对武器系统的总体性能起到至关重要作用。

1. 定向器的数量

定向器的数量决定了装弹量的多少,继而决定终点的毁伤程度。因此,在进行总体布局设计时,首先应该知道使用多少定向器为宜。定向器的数量可通过如下两种方法确定。

(1) 根据战术技术指标,通过对终点毁伤效果的计算和分析确定定向器数量。无论对于何种武器系统,评价其性能的重要指标都是终点的毁伤效能,而终点的毁伤效能又受制于射击密集度、战斗部威力、弹药量和引信效能等诸多因素。随着科技的不断发展和理论计算与试验手段的日臻完善,在进行弹药现代设计时,已能充分地利用这些手段对指定目标的毁伤效能进行计算,初步满足工程应用的需要。实践表明,不包括非发射因素影响的弹药终点毁伤计算已经可以比较精确地给出达到毁伤效果所需的弹药量,由此,结合密集度指标就可以分配一次连齐射或营齐射的火箭弹数量,进而确定定向器的数量。

这种方法的优点是可以通过定量化分析来确定定向器的数量,但是该方法的使用前提是设计者需掌握弹药专业的相关知识。应该承认,在目前武器系统研发已广泛采用多学科配套的形势下,这种方法的思想比较符合高技术条件下武器系统的研制规律。

(2) 依据运行体的承载能力和运动性能确定定向器数量。当运行体载重量一定时,应设计尽可能多的定向器数量,一次装填尽可能多的火箭弹。但是装弹量的多少要根据车体承载发射系统后剩余的载重量来决定,而发射系统的质量在设计未完成时是未知的。由此看来,这种情况下由发射系统质量直接推算定向器的数量是行不通的,此时可以根据概略计算方法来确定定向器的数量。

2. 定向器的集束形式

在定向器数量确定后,为了保证各定向器的轴线一致,并增强其整体刚性,通常采用隔板或框架将多管定向器"加固"成定向器集束。采用这种集束形式后,定向器的每个模块可拆卸开来,方便运输,即使是在路况复杂的山区甚至山间小道上,也可以通过人员肩背和牲畜背驮等方式实现运输,因而采用这种集束形式的火箭炮特别适用于地形复杂的作战环境。H211 即是该类武器的典型代表(见图 5-7),它的 12 根定向器管按照 2—2—2—2—4 被分成 5 组、2 种模块,中间模块为 4 管,其余为 2 管。

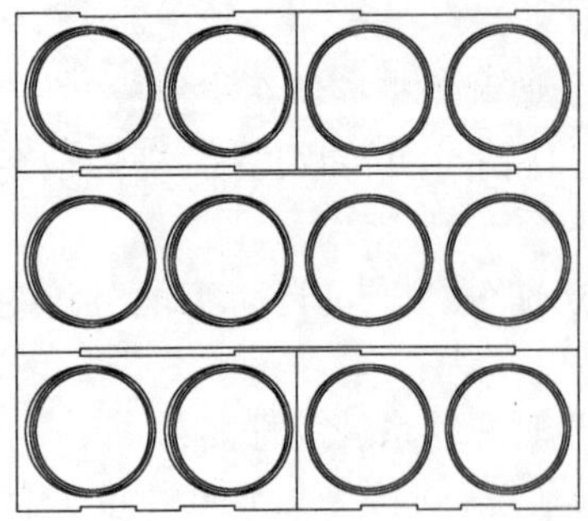
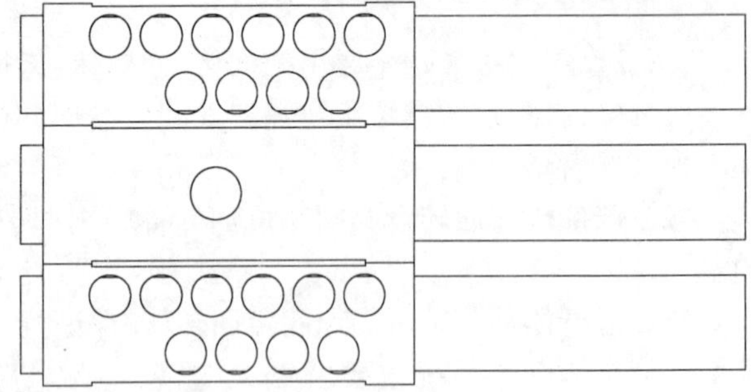

图 5-7 H211 定向器集束形式

H221 和 PHL03 的定向器采用的是比较通用的夹板集束形式(见图 5-8)。这种形式的集束可以最大程度地减小武器系统的结构外形尺寸,提高空间利用率。在这类定向器集束系统中,通常有一个托架与定向器集束紧密精确地配合,共同组成俯仰体。

除了以上两种常见的定向器集束形式外,近年来另一种发展较快的定向器集束形式是贮运发箱式。贮运发箱式集束形式将定向器和火箭弹(含引信)集于一体,贮运发箱既是包装箱,也是发射箱,因而极大地缩短了弹药的再装填时间,并可实现共架发射(即一个发射架可用于发射不同口径的火箭弹甚至导弹)。在贮运发箱式集束形式中,各定向器轴线的空间相互位置关系由箱体的加工和装配精度来保证;而轴线与托架之间的关系则靠精确定位装置保证,这种精确定位装置具有快速紧定和释放功能,可满足快速装填的需要。M270 火箭武器系统采用的就是贮运发箱式集束形式(见图5-9)。

图5-8　“夹板式”定向器集束方式

图5-9　M270 火箭武器系统

3. 耳轴与俯仰体结构和定向器布局

定向器在系统中的布局方式决定俯仰体结构形式。无论采用何种布局形式,所有定向器都必须保证射线一致。受耳轴位置和射界等因素限制,定向器的系统布局并不拘于一种形式,设计过程中应在充分论证和协调的基础上,合理地规划定向器的布局。

常见的定向器布局形式有如下4种:①整体顶置式布局:定向器集束在托架之上,整个定向器集束处于发射装置的顶层(见图5-10);②龙门式布局(见图5-11);③“U”字形布局(见图5-12);④侧挂式布局(见图5-13)。

图5-10　整体顶置式布局

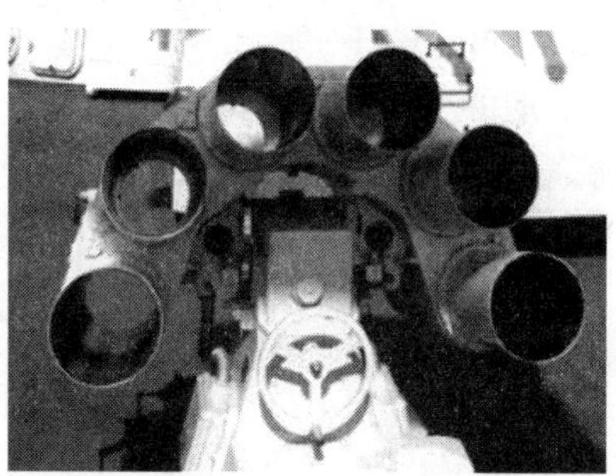
图5-11　龙门式布局

图5-12　“U”字形布局

图5-13　侧挂式布局

5.3.2 倾斜发射与垂直发射技术

通常情况下,倾斜发射技术发射的火箭弹是无控火箭弹,火箭弹遵照自然弹道飞行,当需要改变射击方位的时候,必须借助于发射系统的回转机实现方位角的调整。

垂直发射技术发射的主要是导弹,由于导弹具备自主控制弹道的能力,当导弹飞离发射装置后,依靠推力矢量技术(如空气舵、燃气舵、矢量喷管、侧喷发动机等机构)迫使导弹改变飞行轨迹。垂直发射不需要调整方位角即可实现对360°周向位置目标的打击。

倾斜发射时,燃气射流沿发射筒或者发射轨道向斜后方喷射,燃气射流基本上不会影响到火箭弹的飞行。垂直发射时,导弹可以在发射管内点火发动机,也可以借助于弹射系统首先将导弹弹射出筒,在一定的高度点火发动机。前者必须考虑燃气射流的导流问题。导流问题的解决可以借助于同心筒形式,内筒起导弹定向滑动作用,内外筒之间的空隙用于排泄燃气流。

5.3.3 通用发射平台与贮运发箱技术

虽然火箭炮发射的火箭弹口径不同、功效不同,但是其主要的动作和功能是相同的,就是赋予火箭弹/导弹一定的射向和射角。随着军队对于战役、战术机动性要求的不断提高,各种武器装备纷纷移植到各种各样的运行底盘上,造成部队的车辆数量和种类急剧膨胀,给部队的日常维护带来严重困难。为了更好地发挥武器装备的能力,人们越快来越多地提出建设通用发射平台以应对这种变革。

顾名思义,通用发射平台是指可以在一个平台上发射不同口径、不同种类的弹药,实现不同的作战目的。在这方面,美国的 M270 火箭炮是最先实现这一要求的,如图 5-14 所示。

图 5-14 火箭弹与战术导弹混装

火箭炮的突出特点是多管,现代野战火箭炮的管数基本都在 10 管以上,例如,300mm 为 12 管、122mm 为 40 管、M270 为 12 管等。如何将这么多的发射管整合在一起是火箭炮的一项关键技术。

目前定向的技术形式有两种:集束式和箱式。其间的主要区别在于:集束式需要逐个装填火箭弹,可以借助于人工或者机械;箱式则是在火箭弹厂就已经预先装填好的,再装填时借助于机械一次吊装安放即可。

贮运发箱技术的最早应用者是美国人,他们在 M270 火箭炮上成功地将 6 枚 227mm 火箭弹和 1 枚陆军战术导弹分别整合在具有相同外形和连接接口的发射箱中,每次使用的时候根据战斗/战术目的选择装填不同的弹种,极大程度地实现了多种战术任务的协同处理。

贮运发箱技术的优点是:

(1) 可实现通用平台的共架发射;

（2）缩短再装填时间，提升快速打击能力；

（3）有利于火箭弹/导弹的长期贮存。

5.3.4　燃气射流冲击效应实验与仿真

火箭弹的推进方式不同于火炮和枪，它的发动机点火后燃气射流不断地向后排泄，一直持续到发动机工作完毕。因此，燃气射流对于火箭武器而言具有一定的特殊性。

1. 燃气射流与发射系统

对于野战火箭炮而言，为了达到一定的射程，发动机的主动段相对较长，在火箭弹出炮口后一定时间内发动机仍处于工作状态。这样，在火箭弹出炮口近距离内，强烈的燃气射流冲击效应作用在发射系统上，会对发射系统造成力和热冲击破坏。力冲击可对发射系统的振动造成影响，除去燃气流冲击力外，发射过程还有其他因素可造成发射系统的振动，但是冲击力影响的量级更大，危害更大。

通常，在喷管出口截面，燃气流的压力 p_e 为 1 ~ 3 个大气压，温度 T_e 为 1800K ~ 2300K。燃气本身压力高于环境压力的状态，使得燃气的压力在流出喷管出口截面后有进一步降低趋向环境压力的能力。依据超声速燃气射流的性质，沿轴线方向，压力逐渐降低、速度进一步增度、温度降低。

2. 火箭运动时燃气流的作用

定向器作为承载火箭弹的工具，同时还具有赋予和保持火箭弹既定射击方向以及燃气导流的功用。对于管式定向器，由于其内壁光滑，导流的效果在所有定向器形式中是最好的，目前广泛使用的野战和单兵火箭武器，大多采用管式定向器。

燃气流对发射装置产生作用力主要体现在面冲击和黏性上。对于面冲击，火箭弹喷管后方一定范围内，燃气射流的压力分布比较复杂，超压值较大，单位面积上产生的力较大。因此，一般要求发射装置设计时要考虑迎气面的流线形设计，即要求良好的燃气流导流效果。单兵使用的武器系统，要求发动机的工作过程在火箭弹运行在发射管期间完成，这样燃气射流不会作用在射手身上，如各种手持式火箭筒。

由于火箭弹出定向器后发动机工作已经停止，燃气射流对定向器管口截面的正面冲击不存在，也即燃气射流的面冲击不存在。但是由于燃气的黏性作用，在定向器的壁面上仍然存在一定的黏性摩擦力。

3. 燃气射流对发射装置的冲击

动力冲击：也即作用力的冲击，是造成发射装置破坏的主要因素，也是发射装置设计时需要知道的参数之一。热冲击：燃气射流作用于发射装置上的时间非常短，所造成的系统结构表面的温度升高有限，所造成的热冲击主要体现在高温环境下的冲刷和烧蚀。

4. 燃气射流冲击与发射起始扰动

火箭武器系统在发射时受到的作用力主要有：火箭弹对于定向器的作用载荷、闭锁机构解脱时的瞬态力、带有螺旋导槽定向器的导转侧压力、本身管发射时燃气流的黏性摩擦力、燃气流的正面冲击力等。这些力综合成发射系统振动的激励源，通常情况下燃气射流的冲击力占据重要地位。有效地降低燃气射流冲击力，是克服或降低发射起始扰动的主要解决途径。

为了设计性能稳定的发射系统,对于燃气射流的性质必须清楚明了。这方面可借助于实验和数值仿真的方法得以解决。实验测量主要是借助于各种传感元件,如测压传感器、测温传感器等,直接测量获取燃气流场的压强和温度及其分布;数值仿真则是借助于数值分析方法对各种各样的流动进行数值计算,可以揭示实验测量无法取得的特殊点的流动状况,可以和实验测量互补。

图 5 - 15 为某燃气射流压强测量系统。图 5 - 16 ~ 图 5 - 18 为燃气射流数值分析各种结果。

图 5 - 15 燃气射流场压强测量实验系统

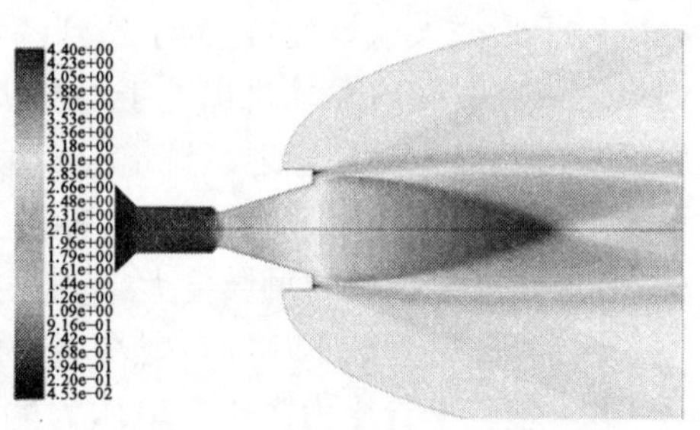

图 5 - 16 固体火箭发动机自由射流流场

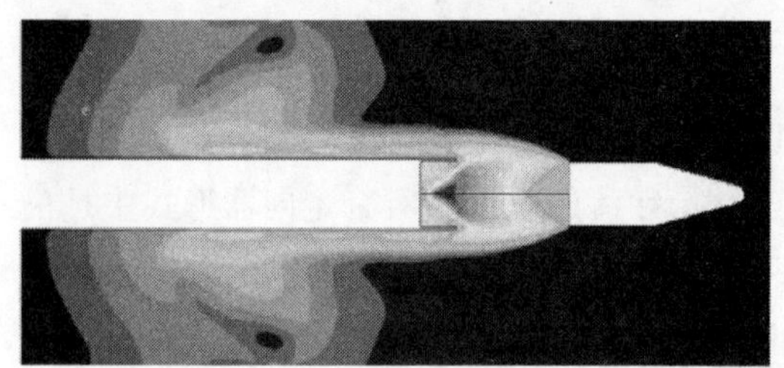

图 5 - 17 发射过程管口流场

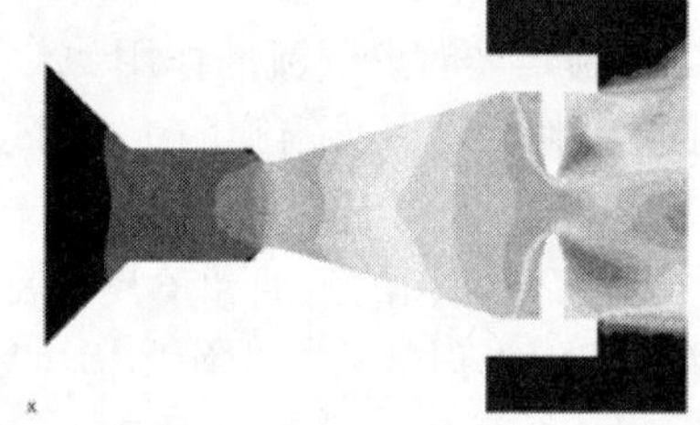

图 5 - 18 燃气舵推力矢量中的绕流流场

5.3.5 行军、发射过程的动力学仿真

动力学问题围绕着所有机械系统。火箭炮中突出的动力学过程主要是:行军过程、调炮启动过程、闭锁机构的解脱过程、发射时燃气射流冲击过程和连续射击时发射装置振动过程。

目前的动力学问题都可以借助于成熟软件进行求解,只是不同的软件适合于求解不同的问题。例如,长时程仿真问题可以借助于 Adams、Algor;瞬态问题可利用 Abaqus、Ls - Dyna 等。

动力学仿真研究已经开展了近 20 年,研究方法和手段趋于成熟,只是要求分析人员在处理边界条件、载荷施加等环节精益求精,在正确设置这些参数的情况下,计算所得结果可满足工程设计的需要。

图 5 - 19 为研究火箭弹撞击前密封盖开启过程的仿真计算。由图可见,密封盖上层螺栓先断,下层螺栓后断,密封盖按要求向下跌落。

图 5 - 20 为研究某发射装置受燃气射流冲击作用时的刚强度仿真计算。由图可见,计算可以得到发射装置各构件的应力和变形情况。因此,数值仿真结果可以辅助研究人员进行结构优化等工作。

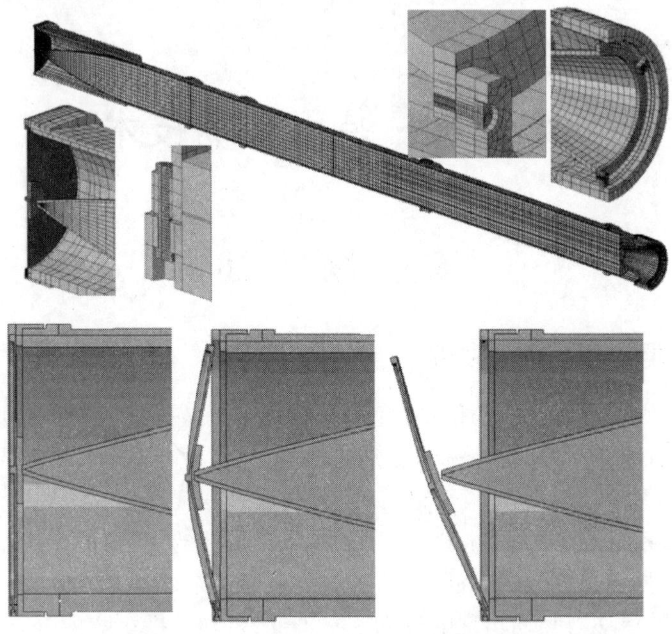

图 5－19　密封盖开启过程的数值分析

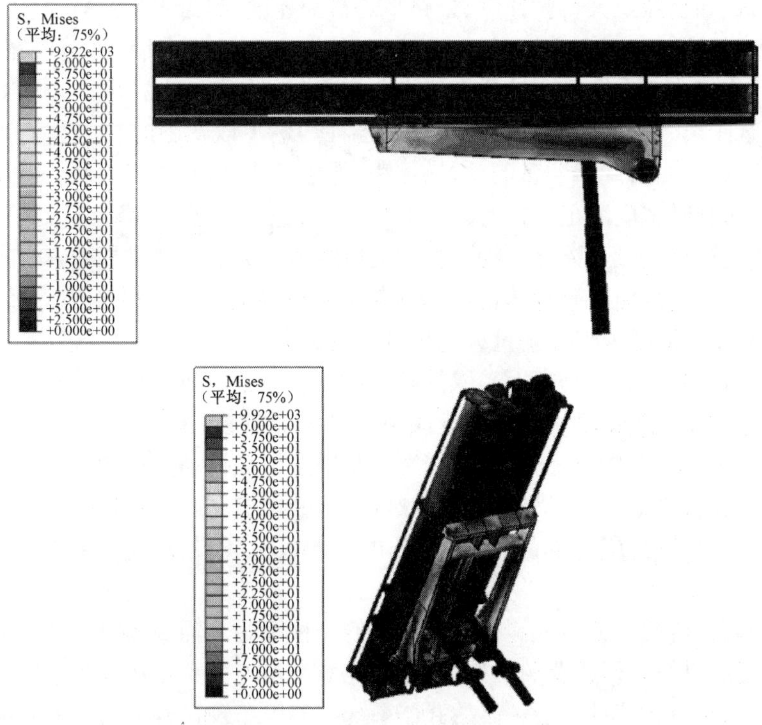

图 5－20　发射装置受燃气射流冲击时的数值分析

第 6 章　装甲车辆技术

6.1　概　　述

6.1.1　装甲车辆的基本概念

战争根本法则是：消灭敌人，保护自己。如何"消灭敌人，保护自己"呢？在冷兵器时代，主要靠矛尖盾硬，打不赢就跑；这就需要金戈铁马。现代战争中，主要体现在火力、机动、防护等方面。

火力指武器系统形成的杀伤、摧毁、压制和阻拦目标的能力，即指武器弹药的杀伤力、破坏力。枪、炮、弹药是火力的象征。

机动，本意是指动力驱动实现的运动。军事上，机动是指军队为争取主动或为形成较敌有利的态势，有组织地移动兵力和火力的行动。机动性是指具有的机动能力。武器装备的机动性分为运行机动能力和火力机动能力两个方面。运行机动能力，通俗地说就是快速运动，进入阵地和转换阵地的能力，包括行走能力和运输适配能力。行走能力，主要指武器装备的战役和战术机动能力，用在不同路面上能够达到的行驶速度、距离、越障能力等来描述，例如公路最大行驶速度、公路平均行驶速度、越野平均行驶速度、水上最大行驶速度、最大行驶距离、最大爬坡度、最大侧倾行驶坡度、过垂直墙高、越壕宽等。这对各军、兵种联合作战非常重要。运输适配能力，主要指武器装备的战略机动能力，当部队进行大范围或远距离、特殊的紧急调动，需要用各种运输手段实施时，如火车、飞机、船只的载运，直升机的吊运，对武器装备的重量、体积、外形尺寸、质心位置、固定或结合的接口都有明确要求，研制时都应满足。武器装备的适应性，包括空运、空降、空吊适应性，铁路运输、公路运输适应性，船运、涉渡、浮渡、潜渡适应性等。火力的机动能力，是指在同一个阵地或射击位置上，迅速而准确地捕捉目标和跟踪目标并转移火力的能力，系统的射界、瞄准操作速度和多发同时弹着是衡量火力机动性的标志。

防护，是为免受或减轻伤害而采取的防备和保护措施。防护分主动防护和被动防护。主动防护就是采取施放烟幕、诱骗、干扰或强行拦截等措施，来免受被瞄准或被击中。被动防护就是采取一定保护措施，来减轻伤害。装甲防护是被动防护的主要形式。装甲，是指用于抵消或减轻攻击，保护目标避免和减轻伤害的保护壳。装甲防护，一般是指利用装甲抵抗破片、子弹、导弹或炮弹的袭击，保护内部的人员和设备，避免和减轻敌人火力的伤害。

装甲车辆，是指装有武器和拥有防护装甲的一种军用车辆，是坦克、步兵战车、装甲输送车等各种带装甲的自行武器的统称，是用于地面突击与反突击作战的集强大火力、快速机动力、综合防护力和信息力于一体的武器系统。装甲车辆在科学技术的推动下，在实战的考验中不断发展，形成了包括坦克、步兵战车、装甲输送车等在内装的甲车辆战斗系列，成为现代陆军的主要突击装备。

6.1.2 装甲车辆的组成

装甲车辆是集火力、机动、防护和信息于一体的武器系统。装甲车辆主要由武器系统、推进系统、防护系统和通信系统等组成。

1. 武器系统

装甲车辆的武器包括武器和火力控制系统等。

武器包括火炮、机枪、高射机枪、导弹以及为乘员配备的自卫武器等。为保证坦克具有强大的火力，坦克上大都装备一门大口径加农炮。现代坦克炮口径已达120mm以上，同时配备几十发不同类型炮弹。现代坦克上装备有一挺与火炮并列的并列机枪，配备有几千发机枪子弹。为对付敌机的攻击，坦克上还装备一挺高射机枪和几百发子弹。对于其他装甲车辆，根据其不同的作战任务和火力要求，配备相应武器。例如，步兵战车，通常配备一门小口径机关炮和一挺并列机枪，有的还配备有反坦克导弹。装甲输送车多不装备火炮，只装备一挺机枪。为了必要时坦克装甲车辆乘员下车作战，坦克内还配备有冲锋枪、手枪、手榴弹等。

第二次世界大战中，坦克的火力控制系统仅配备有光学瞄准镜。现代坦克装备有测距仪、火炮双向稳定器、弹道计算机和多种传感器，能将环境温度、炮膛磨损、炮耳轴倾斜角度、横向风力等影响火炮射击精度的数据输入弹道计算机，计算机可迅速精确地计算出火炮射击诸元，并可自动装定瞄准镜标尺，减少瞄准目标时间，提高瞄准精度，使坦克具有行进间瞄准、射击的能力。为了进一步提高坦克火力机动性，坦克车长能超越一炮手直接操纵火炮和炮塔进行瞄准和射击。控制火炮瞄准和射击，通常采用电气或液压火力控制装置，此外还有手动机械控制装置。火炮的高低俯仰角用高低机来控制，水平方向角度的改变是通过炮塔方向机回转整个炮塔来实现的。目前先进火控系统，都采用双向稳定，以保证火炮不受车体震动和转向的影响，提高行进中打击目标的精度。

为保证安全，使乘员能观察外界情况，配备有乘员潜望镜；为了适应夜间作战需要，还装备有夜视仪、夜瞄镜等。

2. 推进系统

装甲车辆推进系统包括：动力装置、传动及其操纵装置、行动装置和水陆两用车辆的水上推进装置。

动力装置主要用来给装甲车辆运动提供动力。此外，动力装置还要为发电机、冷却风扇、液压油泵、空气压缩机等提供能源。动力装置由发动机和保障其工作的冷却、加温、润滑、空气供给和排气、燃料供给、启动等系统组成。现代装甲车辆大多采用柴油机作为动力，也有的用燃气轮机作动力。有的还装有辅助动力装置，主要用以启动主发动机、发电、充电、取暖或作其他辅助动力源。

装甲车辆的传动装置有机械传动、液力机械传动、液压传动等类型。按转向性能分有单流传动、双流传动和双流无级转向等类型。中国和俄罗斯的装甲车辆多采用机械传动系统，由传动箱、主离合器、变速箱、转向机构、侧减速器等组成，采用机械式操纵装置。西方国家的装甲车辆传动系统多装有带闭锁离合器的液力变矩器、具有自动变速的行星变速机构和液压无级转向的双流传动，使履带车辆的转向性能大为改善。

装甲车辆行动装置有履带式和轮式两类。以车轮行驶的称为轮式装甲车辆,以履带行驶的称为履带式装甲车辆。目前在装甲车辆中,轮式约占 3/4,履带式约占 1/4。履带式装甲车单位压力小,承载能力大,可进行零半径转向,转向灵活,突出的优点是越野性能好;但其转向时阻力大,对路面破坏也大,推进效率低、噪声大、寿命短,成本及使用维修费用高。履带式装甲车辆适于在各种复杂的环境和条件下使用。轮式装甲车行驶阻力与转向阻力小,转向对路面破坏小,公路行驶速度快,油耗低,噪声小,寿命长,制造成本低,使用经济,维修简便,乘坐舒适,能实现小车扛大炮,突出的优点是公路机动性好;但其单位压力大,承载能力小,转向半径大,越野通行能力和承载能力均不如履带式装甲车辆。轮式装甲车适于适于在公路网发达的地区高速长途机动。目前,主战坦克、步兵战车等主要为履带式,但是轮式装甲车辆也日益受到各国的重视,地位不断提高。这两类装甲车辆处于共同发展时期。在履带式装甲车辆上已采用履带挂胶、动静液传动、液气悬挂等技术提高性能。轮式装甲车辆上采用调压防弹轮胎,驱动方式从 6×6 增至 8×8 甚至 10×10。

行动装置由推进装置和悬挂装置组成。履带推进装置由履带、主动轮、负重轮、托带轮、诱导轮和履带调整器组成。履带由履带板和履带销连接而成,履带板有金属履带板和橡胶金属履带板两种;主动轮带动履带作卷绕运动;负重轮用来支承车辆并在两条履带上滚动;托带轮用来支托起履带的上半部;诱导轮用来诱导履带卷绕方向;履带调整器用来调整履带松紧程度。车轮由轮胎、轮毂、轮辐和轮辋组成。轮胎按胎体结构可分为实心轮胎、海绵轮胎和充气轮胎。实心轮胎结构简单,但缓冲性能差,现已很少采用。海绵轮胎的优点是缓冲性能较实心轮胎有较大的提高,当被弹片和子弹等击中后不会很快丧失作用;其缺点是质量大(和充气轮胎比较),行军时由于内摩擦生热大,可能将海绵融化。充气轮胎弹性好,故缓冲性能优于前两种轮胎,散热性能好、质量小为其主要优点,其缺点是轮胎被弹片等击中后不能继续使用。目前已有一种在轮胎内加有支撑物的充气轮胎(内支撑轮胎)。另外,充气轮胎弹性大,有可能影响射击精度。悬挂装置包括弹簧、减振器、限制器、平衡肘等。现代装甲车辆大多采用扭杆弹簧或油气弹簧独立悬挂;限制器用来限制负重轮向上行程以限制弹簧的最大变形量;减振器用来衰减车体的振动,以保证坦克行驶的平稳性。

3. 防护系统

装甲车辆的防护系统由装甲防护、伪装与隐身、三防、综合防御和二次效应防护构成。

装甲防护是由坚强装甲的车体和炮塔来保证的。车体由前部装甲、侧部装甲、后部装甲、顶部装甲和底部装甲组成。根据各部被炮弹命中的概率不同,一般做成不同厚度和倾斜度的装甲。炮塔内有坦克的主要武器,通过炮塔座圈可使炮塔内武器具有环形的方向射界。

现代装甲车辆一般都涂有吸收红外、激光、雷达波的伪装涂层,配备有能防核武器、防化学毒剂、防细菌生物武器的三防装置,为综合防御配有红外干扰装置和烟幕释放装置等。装甲车辆还配备有灭火、抑爆装置。自动或半自动灭火设备可以及时扑灭车内的火灾;抑爆装置用来防止车内弹药和燃油箱爆炸。

4. 通信系统

装甲车辆传统的通信系统包括车内和车际两部分。乘员之间用车内通话器互相联络,为了乘员与外部通信联系,车内装备 1 ~ 2 部无线电台。随着电子技术的发展,现代高技术条件下的战场将是信息化战场,要求装甲车辆具有指挥、控制、通信、侦察的能力。在西方出现了车辆综合电子系统,这种系统以多路传输数据总线为核心,将车内原有通信设备、电气设备和新增的指挥、控制、计算机、情报监视、侦察等设备综合成一个系统,实现车内、车际信息共享和以单车为基础的指挥自动化,进而构成装甲车辆电子信息系统。

5. 电气系统

装甲车辆的电气系统包括电源装置、用电设备、辅助器件、检测仪表和全车电路。为了向用电设备提供电源,装甲车辆上装有大容量的蓄电池组和由发动机驱动的发电机。用电设备有发动机的启动电动机、电台与车内通话器、火控系统、三防设备、车内外照明、信号灯等。在电源和用电设备之间通过开关、继电器、熔断器、导线等连成复杂的电路系统。装甲车辆电气系统的特点是低压(电源电压多为24V)、直流、负极搭铁单线制、并联负载、两个电源。

6. 其他特种设备和装置

装甲车辆除上述各系统和设备外,为保障在野战条件下完成遂行特殊任务,还装备各种专用制式辅助设备和装置。例如,潜渡装置、浮渡设备、扫雷装置、架桥车装备的桥体及架桥与收桥设备;抢救牵引车装备的起吊装置及铰盘等。

装甲车辆上除了上述装备之外,还应在车内外装备随车工具、备品、附件等。

6.1.3　装甲车辆的特点

装甲车辆是集火力、防护与机动性于一体的武器系统。火力、机动力和防护力是现代装甲车辆战斗力的三大要素。

作为战场主要进行近距离战斗的坦克,其主要任务是对付敌方坦克,因此其火力无疑是装甲车辆中很强的。自行火炮更是以火力强著称。其他装甲车辆主要是对付有生力量或自卫,其火力相对较弱。坦克炮的命中精度和导弹相差不大,且穿甲、破甲和碎甲威力大大优于导弹,所以各国主战坦克仍以火炮为主要攻击武器。

作为战场主要进行近距离战斗的坦克,其直接面对的是敌方坦克,因此其防护能力无疑是装甲车辆中最强的,其他装甲车辆主要是对付有生力量或自卫,其防护能力相对较弱。坦克的防护系统,在车体和炮塔前部多采用复合装甲,车体两侧挂装屏蔽装甲,有的坦克在钢装甲表面挂装了反应装甲,有效地提高了抗弹能力,特别是防破甲弹穿透能力。坦克正面通常可防御垂直穿甲能力为500mm～600mm的反坦克弹丸攻击。

极强的机动能力是装甲车辆的主要特点。其动力多采用涡轮增压、中冷、多种燃料发动机,有的采用了电子控制技术。发动机功率多为883kW～1103kW。传动装置多采用电液操纵、静液转向的双功率流动液行星式,将动液变矩器、行星变速箱、静液或动静液转向机构、减速制动器等部件综合成一体。其行动装置多采用带液压减振器的扭杆式悬挂装置,有的采用液气式或液气—扭杆混合式悬挂装置。最大速度55km/h～72km/h,越野速度30km/h～55km/h,最大行程300km～650km。通行能力:最大爬坡度约30°,越壕宽2.7m～3.15m,过垂直墙高0.9m～1.2m,涉水深1m～1.4m,多数装有导航装置等。

6.1.4　装甲车辆的地位与作用

装甲车辆是20世纪战争发展与科学技术进步的产物。坦克依靠强大的火力、高度的越野机动性和坚强的装甲防护力，一经出现就将人类带入了机械化战争的新时代。

第二次世界大战时期，坦克战成为夺取战役、战斗胜利的重要形式，装甲车辆的大量使用，对战争的进程和结局产生了重大影响，在此期间，坦克被称为“陆战之王”。第二次世界大战期间，交战双方生产了 30 余万辆坦克和自行火炮。

第二次世界大战后，根据战争的经验，各军事大国相继开始研制和加速生产新型主战坦克。为了解决战斗中的步、坦密切协同问题，在装甲输送车基础上发展出了便于乘车作战的步兵战车。随着核威胁不断增长，特别是战术核武器装备部队以后，在坦克装甲车辆的作用更加受到青睐。核效应试验表明，坦克装甲车辆最适于在核条件下作战。此间，军事大国纷纷加快了陆军机械化、装甲化的进程。在步兵建制中编入了各类坦克装甲车辆，使徒步步兵变成了以步兵战车、装甲输送车和坦克等装甲装备为主要作战武器的机械化（摩托化）步兵，陆军在现代战争中的地位和作用得到进一步提高。尽管反坦克武器有了改进，威力提高了，但坦克装甲车辆仍然是陆军主要的机动作战工具，是现代战争中完成重要任务的有效兵器，仍然是地面部队中出类拔萃的武器系统。反坦克导弹改装到了坦克装甲车辆上，使坦克装甲车辆车族增加了新成员。

目前，世界正处在一个新的历史时期，一场新的军事技术革命已经到来，高技术，特别是信息技术在军事领域广泛应用，在坦克装甲车辆火力、机动、防护性能不断提高的同时，其发展正呈现出如下特点：信息作为一种重要的杀伤力因素和效能倍增器，将提高传统的坦克装甲车辆的作战效能。信息系统嵌入坦克装甲车辆后，可使未来的坦克装甲车辆具有一定的智能，从而使装甲机械化部队的侦察、指挥控制、通信联络、火力打击、战场机动、部队防护和战场管理等领域的信息处理网络化、自动化和实时化，大大增强部队的作战能力。近年来，一些国家开始首先选择坦克装甲车辆进行数字化改造，继而全面推行陆军部队的数字化建设。陆军将在机械化、装甲化的基础上，实现机械化、装甲化和信息化的重大改变。信息化所赋予装甲机械化部队的实时信息共享，将大大提高装甲兵部队指挥官的快速决策和综合使用部队的能力，未来的坦克装甲车辆，将采用新的技术途径全面提高火力、机动性、防护力和指挥控制能力，以信息化坦克装甲车辆的崭新面貌，驰骋于未来的陆战场。

6.2 装甲车辆的类型

俄罗斯和东欧国家的装甲车辆，分为战斗车辆和辅助车辆两大类。战斗车辆包括装甲坦克战斗车辆、炮兵战斗车辆、防空战斗车辆和导弹部队战斗车辆等。辅助车辆有工程保障车辆、技术保障车辆、炮兵战斗保障车辆、防化车辆和后勤保障车辆等。

北约军队将装甲车辆分为以下 5 类。

（1）主战装甲战斗车辆。指直接参加第一线战斗的车辆，如主战坦克、步兵战车、装甲人员输送车、坦克歼击车、空降战车等。

（2）装甲战斗支援车辆。一种装备火炮或导弹的薄装甲车辆，是以间瞄射击为主的野战炮兵及高射炮兵的主要装备。

（3）特殊用途装甲车辆。根据不同用途，装载各种特殊设备的轻型装甲车辆，如装甲指挥车、装甲通信车、装甲救护车、装甲救援车等。

(4) 装甲兵器运输车。用以运载迫击炮、火箭、导弹等的履带式或轮式装甲车辆。

(5) 两栖装甲车辆。装备在海军陆战队中,是一种具有海上和陆上两用性能的装甲车辆。

我国坦克装甲车辆的种类见表6-1。

表6-1　我国坦克装甲车辆的分类

<table>
<tr><td rowspan="20">坦克装甲车辆</td><td rowspan="9">装甲战斗车辆</td><td rowspan="3">地面突击车辆</td><td>坦克</td></tr>
<tr><td>步兵战车</td></tr>
<tr><td>装甲运输车</td></tr>
<tr><td rowspan="2">地面支援车辆</td><td>自行火炮</td></tr>
<tr><td>导弹发射车</td></tr>
<tr><td rowspan="4">电子信息车辆</td><td>装甲侦察车</td></tr>
<tr><td>装甲指挥车</td></tr>
<tr><td>装甲通信车</td></tr>
<tr><td>装甲电子干扰车</td></tr>
<tr><td rowspan="11">装甲保障车辆</td><td rowspan="4">工程保障车辆</td><td>装甲架桥车</td></tr>
<tr><td>装甲工程作业车</td></tr>
<tr><td>装甲扫雷车</td></tr>
<tr><td>装甲布雷车</td></tr>
<tr><td rowspan="2">技术保障车辆</td><td>装甲抢修车</td></tr>
<tr><td>装甲保养车</td></tr>
<tr><td rowspan="3">后勤保障车辆</td><td>装甲救护车</td></tr>
<tr><td>装甲供弹车</td></tr>
<tr><td>装甲补给车</td></tr>
</table>

坦克装甲车辆按用途分为装甲战斗车辆和装甲保障车辆两大类。装甲战斗车辆装有武器系统,直接用于战斗。装甲保障车辆装有专用设备和装置,用来保障装甲机械化部队执行任务或完成其他作战保障任务。

装甲战斗车辆分为地面突击车辆、火力支援车辆和电子信息车辆三小类。地面突击车辆在进攻和防御战斗中担负一线突击和反突击任务,是装甲机械化部队战斗行动的主要攻防武器,包括坦克、步兵战车和装甲输送车等。火力支援车辆以车载火力系统支援、掩护地面突击车辆的作战行动,共同完成战役、战斗任务,是装甲机械化部队战斗行动的火力战武器,包括各类自行压制武器、自行反坦克武器和自行防空武器,如自行火炮、导弹发射车等。电子信息车辆在装甲机械化部队体系中,以电子信息技术为主,对部队和武器系统实施指挥与控制,包括侦察、指挥、通信、电子对抗和情报处理等装甲车辆。

装甲保障车辆装分为工程保障车辆、技术保障车辆和后勤保障车辆三小类。工程保障车辆执行克服沟渠障碍、运动保障、阵地作业和扫雷及布雷等工程保障任务,包括架桥、布雷、扫雷、工程作业等装甲车辆。技术保障车辆在野战条件下执行抢救、修理、技术救援等保障任务,包括抢救、抢修、保养等装甲车辆。后勤保障车辆执行野战救护和输送等任务,包括救护、供弹、补给等装甲车辆。

6.2.1 坦克

坦克一词是英文“tank”的音译,原意是贮存液体或气体的容器。在首次参战前,为了保密,英国将这种新式武器说成是为前线送水的水箱,这个名称一直沿用至今。

坦克是搭载大口径火炮以直射为主的全装甲有炮塔履带式战斗车辆。它具有强大直射火力、高度越野机动性和坚固防护力,是地面作战的主要突击兵器和装甲兵的基本装备,主要用于与敌方坦克和其他装甲车辆作战,也可以压制、消灭反坦克武器,摧毁野战工事,歼灭敌方有生力量。在地面兵器中,没有哪一种兵器将矛和盾两方面像坦克这样结合得如此完美。可以说,是坦克推动了陆战史上一场重大革命。第二次世界大战中,坦克八面威风,称雄战场,获得了“陆战雄狮”、“陆战之王”等诸多美称。

20 世纪 60 年代以前,坦克多按战斗全重和火炮口径分为轻、中、重型。通常轻型坦克重 10t ~ 20t,火炮口径不超过 85mm,主要用于侦察、警戒,也可用于特定条件下作战。中型坦克重 20t ~ 40t,火炮口径最大为 105mm,用于执行装甲兵的主要作战任务。重型坦克重 40t ~ 60t,火炮口径最大为 120mm,主要用于支援中型坦克战斗。英国曾一度将坦克分为步兵坦克和巡洋坦克。坦克的“陆地巡洋舰”这个雅号也是这么来的。步兵坦克装甲较厚,机动性能较差,用于伴随步兵作战。巡洋坦克装甲较薄,机动性能较强,用于机动作战。

20 世纪 60 年代以后,由于第二次世界大战时期的坦克逐步退役,新建坦克的现代化程度大大提高,多数国家将坦克按用途分为主战坦克和特种坦克。习惯上把在战场上执行主要作战任务的坦克统称为主战坦克(取代了传统的中型和重型坦克);将装有特殊设备、担负专门任务的坦克,如侦察坦克、空降坦克、水陆坦克、喷火坦克等,统称为特种坦克,这些多数是轻型坦克(但大部分国家,将支援作战用的轻型坦克,仍保留轻型坦克的称呼)。

根据生产年代和技术水平,坦克也被分为三代。从出现坦克到第二次世界大战中期,主流的坦克类型被称为第一代坦克,相当于机动的火炮,以短停射击为手段,近距离内也可不停车开火,采用均质装甲,半圆形炮塔;第二次世界大战中期到 20 世纪 60 年代的主流坦克,被称为第二代坦克,其火炮双向稳定,可以在沿直线匀速行驶时射击动静目标,不再需要短停,采用均质装甲,外形得到较大改善;20 世纪 60 年代以后研制的坦克被称为第三代坦克,采用三向稳定或全向稳定,火炮射击摆脱了车体必须沿直线匀速行驶的限制,消除来自车体变速和转向的干扰,目标一旦被确定,其他一切交给火控计算机,实现运动中射击运动目标,采用复合装甲,优化外形结构。目前现在世界上先进的主战坦克,主要是 20 世纪 80 年代以后研制的,这些坦克的战斗全重一般为 40t ~ 60t,越野速度 35km/h ~ 55km/h,最大速度 72km/h,载有 2 ~ 4 名乘员。坦克的主要武器是一门 105mm ~ 125mm 口径火炮,有效直射距离一般在 1800m ~ 2000m,射速每分钟 6 ~ 9 发。通常采用复合装甲或贫铀装甲,部分还可以披挂外挂式反应装甲,并多数装备了导航系统、敌我识别系统、夜战系统,以及三防系统(防核/防化学/防生物)。

火力、机动力和防护力是现代坦克战斗力的三大要素。火力的强弱主要取决于坦克的观瞄系统、火炮威力和弹药的威力。现代坦克一般采用先进的计算机、红外、微光、夜视、热成像等设备对目标进行观察、瞄准和射击。坦克炮可以发射穿甲、破甲、碎甲和榴弹等多种类型的炮弹,还可发射炮射导弹。不同类型的穿甲弹对目标的破坏程度有所不同,一般在2000m距离上能够穿透400mm厚的装甲,在1000m距离上可穿透660mm厚的装甲,破甲厚度可达700mm。除具有较大的破坏威力外,坦克炮的命中精度也很高,2000m原地对固定目标射击可达80%,1500m行进间对活动目标射击能达到60%以上。如果再配合使用激光半主动制导炮弹,命中精度还会大大提高。不难看出,坦克炮的命中精度和导弹相差不大,且穿甲、破甲和碎甲威力大大优于导弹,所以各国主战坦克仍以火炮为主要攻击武器。

坦克由武器系统、推进系统、防护系统、通信设备、电气设备及其他特种设备和装置组成。

6.2.2 装甲输送车

装甲输送车是设有乘载室的一种轻型装甲车辆。装甲输送车主要用以在战场上运送步兵和输送物资器材,是名副其实的现代战场运输之星。在保障要求日益高技术化的战场上,无论是纵横驰骋的坦克兵,还是战争之神炮兵,抑或是沙场老兵步兵,都离不开装甲输送车的保障。没有装甲输送车源源不断的前运后送,任何现代战争都将困难重重,难以为继。

装甲输送车具有高度机动性、一定防护力和火力,必要时,可用于战斗,并且造价较低,变型性能较好。在机械化步兵(摩托化步兵)部队中,装备到步兵班。装甲输送车上通常没有供乘车步兵使用的射击孔,到达战场后步兵需下车徒步战斗,这就使步兵在某些战场条件下难以协同坦克前进、攻击,并容易受到敌方火力杀伤。而且装甲输送车通常只装有机枪,不具备反装甲能力,另外它的装甲较薄,仅能防枪弹。装甲输送车造价较低,变型性能较好,但火力较弱,防护力较差,多数车乘载室的布置不便于步兵乘车战斗。

装甲输送车有履带式和轮式两种,大多数为水陆两用,由装甲车体、武器、通信设备、观察瞄准装置和推进系统等组成。动力装置位于车的前部。车后部为乘载室,其两侧和后部均有射击孔。

多数装甲输送车的战斗全重6t~16t,车长4.5m~7.5m,车宽2.2m~3m,车高1.9m~2.5m,乘员2~3人,载员8~13人,最大爬坡度25°~35°,最大侧倾行驶坡度15°~30°。履带式装甲输送车陆上最大速度55km/h~70km/h,最大行程300km~500km。轮式装甲输送车陆上最大速度可达100km/h,最大行程可达1000km。履带式和四轴驱动轮式装甲输送车越壕宽约2m,过垂直墙高0.5m~1m。多数装甲输送车可水上行驶,用履带或轮胎划水,最大时速5km左右;装有螺旋桨或喷水式推进装置的,最大时速可达10km。

6.2.3 步兵战车

步兵战车是供步兵机动作战用的装甲战斗车辆。它是由装甲输送车发展而来的。为使步兵能乘车协同坦克作战,增强对敌方装甲目标和反装甲武器的作战能力,提高作战部队进攻速度,自20世纪50年代起,一些国家开始研制步兵战车。

步兵战车真正实现了步兵乘车作战,具有一定的反装甲目标能力,其装甲通常可防小口径炮弹和炮弹碎片。步兵战车主要用于协同坦克作战,也可独立执行战斗任务。步兵战车里的步兵既可乘车战斗,也可以下车战斗,非常灵活。步兵下车战斗时,留在车上的乘员可以利用车上的武器来支援作战。步兵战车的任务是快速机动步兵分队,消灭敌方轻型装甲车辆、步兵反坦克火力点、有生力量和低空飞行目标。在机械化步兵(摩托化步兵)部队中,装备到步兵班。现装备多数步兵战车的战斗全重为12t~28t,乘员2~3人,载员6~9人。车载武器通常有一门20mm~40mm高平两用机关炮、1~2挺机枪和一具反坦克导弹发射器等。其火力通常能毁伤轻型装甲目标、火力点、有生力量和低空目标,装有反坦克导弹的步兵战车,还具有与敌坦克作战的能力。车载机关炮可发射穿甲弹、脱壳穿甲弹、穿甲燃烧弹和杀伤爆破弹等,射速每分钟550~1000发,最大射程2000m~4000m。反坦克导弹射程为3000m~4000m,破甲厚度400mm~800mm。

步兵战车按结构分,有履带式和轮式两种,除底盘不同外,总体布置和其他结构基本相同。履带式步兵战车越野性能好,生存能力较强,是现装备的主要车型。轮式步兵战车造价低,耗油少,使用维修简便,公路行驶速度高,有的国家已少量装备部队。步兵战车由推进系统、武器系统、防护系统、通信设备和电气设备等组成。步兵战车的机动性能高于或相当于协同作战的坦克。一般能水陆两用,有的因战斗全重较大,不能自浮,须借助于浮渡围帐或浮囊才能浮渡。履带式步兵战车,陆上最大速度每小时65km~75km,水上最大速度每小时6km~10km,陆上最大行程可达600km,最大爬坡度约32°,越壕宽1.5m~2.5m,过垂直墙高0.6m~1m。

步兵战车属轻型装甲车辆,装甲较薄,最大装甲厚度为14mm~30mm,通常由高强度合金钢或轻金属合金材料制成。有的采用间隔装甲或“乔巴姆”式复合装甲。车体和炮塔的正面可抵御20mm穿甲弹,侧面可抵御普通枪弹及炮弹破片。为增强防护能力,有的还装有反应装甲。车上通常装有抛射式烟幕装置和三防装置,有的还采用热烟幕装置。车体表面涂有伪装涂料。有的车内还装有灭火装置、取暖和通风排烟设备。

6.3 装甲车辆的发展及其趋势

6.3.1 装甲车辆的发展简史

现代装甲车辆的诞生是近代战争的要求和科学技术发展的结果。装甲车辆作为战争机器的钢牙铁齿,经历了历次战争的烽火磨砺,至今仍然是各国陆军的主力作战兵器,主宰着地面战场。装甲车辆促进了现代战争由徒步步兵向工业时代摩托化、机械化作战的演变过程,并在人类社会进入信息时代之际为今后陆军主战装备的跨世纪发展提供了重要武器平台。

1. 萌芽

车子的发明,是人类文明史上的重大事件。它使人类第一次克服了距离上的障碍和运力上的极限。乘车战斗的历史,可以追溯到中国古代战车。中国早在夏代就有了从狩猎用的田车演变而来的马拉战车。战车的第一个鼎盛时期是春秋战国时期,另一个鼎盛时期是明朝。明朝为了对付来去迅猛的北方游牧民族的骑兵,以及适应大量使用火器的需要,研制出各种战车。企图用战车这一“有足之城”抵御北方的入侵,最重要是发挥火器的效用,如图6-1所示。

1800年,英国人将机枪装到三轮车上,并加上防弹板,制成的“机动火力车”,成为装甲车诞生的前奏。内燃机、充气轮胎、弹簧悬架等技术发明,成为汽车出现的技术基础。汽车,是人类现代文明史中最重要的发明之一,使现代社会进入了“汽车时代”,极大地改变了现代人的生活方式,也使战争进入了机械化战争的新时代。汽车为机枪和火炮提供了武器平台,将武器和装甲装到机动车上,便制成了最初的装甲车。1899年,英国人西姆斯将“马克沁”机枪装到四轮机动车上,并加上防盾,制成了最初的机动火力车。

2. 艰难诞生

1902年,在伦敦的水晶宫,西姆斯展出了经过改进的更加结实的车辆——具有船形装甲壳体的“战斗机动车”,成为世界上装甲车的先驱。1903年,奥地利人研制成功的“戴姆勒”装甲车,全重约3t,有半球形机枪塔,可以360°旋转,装一挺机枪,动力装置为戴姆勒4缸水冷汽油机,最大功率22.37kW(30hp),装甲板的厚度为3mm,机枪塔部分为4mm。最大速度达到40km/h。20世纪初期如雨后春笋般出现的装甲车,已经具有火力、机动、防护这三大性能,成为装甲车辆出现的先驱。

1914年第一次世界大战爆发,为支援空军在法国的作战行动,英国组建了世界上的第一个装甲车师。当时,各国利用普通卡车底盘改装的轮式装甲车,主要用于执行侦察和袭击作战任务。第一次世界大战期间,出现了纵深梯次配置的坚固阵地,机枪与铁丝网障碍物和堑壕等防御工事相结合,使防御阵地变得异常坚固,交战双方为突破由堑壕、铁丝网、机枪火力点组成的防御阵地,打破阵地战的僵局,迫切需要研制一种火力、机动、防护三者有机结合的新式武器。英国人E. D·斯文顿发现民用拖拉机的履带推进系统表现出很强的越野特性,建议在拖拉机上装上火炮或机枪。1915年2月,英国政府采纳了E. D·斯文顿的建议,利用汽车、拖拉机、枪炮制造和冶金技术,于1915年9月制成样车进行了首次试验获得成功,样车被称为“小游民”,装甲厚度为6mm,配有一挺7.7mm“马克西姆”机枪和几挺7.7mm“刘易斯”机枪。1916年生产了“马克”Ⅰ型坦克,其外廓呈菱形,刚性悬挂,车体两侧履带架上有突出的炮座,两条履带从顶上绕过车体,车后伸出一对转向轮,如图6-2所示。1916年9月15日凌晨,“马克”Ⅰ型坦克,因历史上首次有坦克参战(索姆河战役)而被载入史册。“马克”Ⅰ型坦克,靠履带行走,能驰骋疆场、越障跨壕、不怕枪弹、无所阻挡,很快就突破了德军防线,从此开辟了陆军机械化的新时代。坦克的出现,改变了战争原有的样式。曾经的骑兵、步兵被披着坚硬铠甲的铁甲怪兽所取代。人数上的优势在呼啸的坦克群面前瞬间消逝。第一次世界大战时期,坦克的使命主要是克服堑壕铁丝网障碍物,引导步兵冲击,消灭敌人的步兵,摧毁机枪掩体和土木质发射点,而不是与敌人的坦克相对抗。因此坦克配备的主要武器是机枪和短炮管榴弹炮。随着坦克的诞生,火力、防护性和越野性都比较弱的轮式装甲车失去了在战场上为步兵提供火力支援的地位,于是它转向其他用途发展,如装甲输送车、装甲指挥车、装甲侦察车等。

3. 称雄战场

第一次世界大战后,百废待兴,各国都忙于修复战争的创伤,振兴经济,再加上受世界性经济大萧条的影响,武器装备的研制进度明显放慢。然而,军方有识之士却认为,坦克,作为一战中新出现的武器装备,显示出极大的发展潜力。这期间,是坦克发展史上的轻型坦克时代。到第二次世界大战爆发前,世界上的坦克已有约2万辆。其中苏联成为第一坦克大国,拥有坦克15 000余辆,德国跃居第二坦克大国,拥有坦克3500辆,原来的老牌坦克王国英国和法国发展坦克的势头已经减弱，分别拥有坦克1150辆和2200辆。此时的美国陆军由于保守势力占了上风，没有认识到坦克的强大突击作用，因而没有对其加以重视，只有470辆轻型坦克。

图6-1 “有足之城”

图6-2 “马克”I型坦克

第二次世界大战爆发前，始终对称霸欧洲野心勃勃的德国加紧生产坦克和装甲车，进行战争准备，频频研制出新车型。第二次世界大战促进了装甲车辆技术的迅速发展，装甲车辆的性能得到全面提高，结构形式趋于成熟。并逐步摆脱了坦克从属于步兵和骑兵的观念，开始重视综合性能的提高，使其成为地面作战的主要突击兵器，形成坦克对坦克的“肉搏战”。由于坦克在第二次世界大战中成为地面作战部队的主要突击力量，其巨大的威力无人可敌，因而登上了“陆战之王”的宝座。同时，也造就了如德国的古德里安、隆美尔，美国的巴顿，苏联的朱可夫，法国的勒克莱尔等一批以运用装甲兵著称的名将。闪电战是坦克战最辉煌的表现。

4. 威风不减

第二次世界大战后，装甲输送车得到迅猛发展，许多国家把装备装甲输送车的数量看作是衡量陆军机械化、装甲化的标志之一。

第二次世界大战结束后，在欧洲国家中，德国、英国和法国陆军一直非常重视轮式装甲车的发展。改变了两次世界大战期间利用卡车简单改造装甲车的做法，而是通过精心的设计，制造出一系列全新的车型。20世纪60年代以后，在发展主战坦克的同时，一些国家从现代条件下协同作战，尤其是从核条件下加强步兵与坦克的协同作战出发，研制了步兵战车。将坦克和步兵战车混合编组后，坦克的高速冲击和纵深追击可以得到步兵的协同和支援。20世纪60年代以来，以美苏为首的两大军事集团，为在战争中取得主动权，都在积极发展新式武器装备。在世界各国陆军由摩托化向装甲机械化发展的历程中，坦克也随着时代的变迁和军队现代化建设的需要，经历了不断改进和更新换代的演变过程。陆战之王坦克的发展也出现了一次飞跃，以主战坦克为标志的现代坦克出现在世人面前。主战坦克集中型坦克和重型坦克的任务于一身，在火力和装甲防护方面达到或超过了重型坦克，并具有中型坦克机动性好的特点，从而成为各国陆军机械化部队的基本装备和地面作战的主要突击力量，也是一种重要的常规威慑力量。

现代坦克，以广泛采用计算机电子技术、光电技术和新材料技术为显著特征，火力控制、通信和装甲防护性能较之早期的坦克都取得了飞跃式的进步。新技术的广泛应用使它们更加如虎添翼，对传统的作战样式产生了巨大的影响。在海湾战争和21世纪初的伊拉克战争中,美军的M1A1、M1A2和英军的“挑战者”主战坦克凭借技术优势和空中支持,纵横战场,攻城拔寨,对战争的最后结局发挥了决定性的作用。

坦克仍然是未来地面作战的重要突击兵器,许多国家正依据各自的作战思想,积极地利用现代科学技术的最新成就,发展21世纪初使用的新型主战坦克。坦克的总体结构可能有突破性的变化,出现如外置火炮式、无人炮塔式等布置形式。其火炮口径有进一步增大趋势,火控系统将更加先进、完善;动力传动装置的功率密度将进一步提高;各种主动与被动防护技术、光电对抗技术以及战场信息自动管理技术,将逐步在坦克上推广应用。各国在研制中,十分重视减轻坦克重量,减小形体尺寸,控制费用增长。可以预料,新型主战坦克的摧毁力、生存力和适应性将有较大幅度的提高。这也是坦克未来的发展方向。

坦克装甲车辆家族还有不断增长的趋势。现代战争已演变为不同技术装备之间的对抗,世界上一些国家针对现代作战特点,又研制出一些新型的坦克装甲车辆,突出各种车辆特点或功能。

6.3.2　装甲车辆的发展趋势

1. 采用基型底盘的装甲车族

为了进一步提高陆军机械化部队装甲车辆标准化的程度,各国都利用装甲车的基型底盘,以车族形式发展新型装甲车。新型装甲车族具有多种用途、结构简单、生产容易等特点,从而大大缩短了研制周期,降低了生产使用成本。例如德国研制了“美洲狮”ACV车族,有变型车20多种,可以完成除主战坦克之外的全部装甲车所担负的任务,如输送、指挥、侦察、监视、反坦克、防空、火力支援、布雷、抢修和救护等作战任务。

2. 火力进一步增强

主要是车载火炮口径增大,身管加长,采用自动装填提高射速,新概念火炮,新概念弹药。坦克炮的口径从120mm增大到125mm,甚至可能增大到140mm。步兵战车火炮口径从20世纪80年代的25mm增大到90年代的50mm。提高初速,配备新弹种,以提高穿甲能力。例如,美国步兵战车第四阶段发展计划提出,未来火炮口径有可能为45mm。

3. 机动性进一步提高

主要是研制开发高功率密度发动机,研究新型总体结构,广泛采用减重技术,广泛研制和生产轮式装甲车辆。轮式和履带式装甲人员输送车各有优缺点,前者的优点是成本低,后者的优点是越野性能好,所以两者同时发展,轮式装甲车辆发展更加迅速。目前,世界上能研制、生产轮式装甲车辆的国家超过25个,至于使用、装备的国家至少在80个以上。着重发展战斗全重14t~16t,驱动方式(6×6)的装甲车辆;车体外形、车内布置、主要部件适应越野行驶;多数采用大型单胎,轮胎既能防弹又能调节气压。采用玻璃纤维、芳纶纤维和碳纤维的增强塑料等新型的非金属复合材料主要用于制造零部件,减轻车重。

4. 提高生存能力

主要是提高装甲防护能力,采用主动防护技术和隐身技术等。坦克普遍采用复合装甲,以提高抗弹性能。采用集体“三防”与个人“三防”设备,自动报警和灭火装置,增设饮水桶、口粮带、救生背心等生活保障装备,车内总体布置便于乘员、载员48小时作能力的设计技术,无人驾驶车辆和军用机器人技术等。

5. 提高信息化作战能力

主要是广泛采用目标自动探测、识别、跟踪技术,光电对抗技术,车辆定位与导航技术,自动诊断技术和战场信息自动管理技术等。为了缩短反应时间和提高射击精度,车载主要武器有可能配备简易火控系统。例如,瑞典 CV90 装甲车族的步兵战车均配备火控计算机、激光测距仪和热成像仪。

6.4 装甲车辆技术

6.4.1 总体技术

1. 火力、机动、防护三大性能的提高和综合平衡

随着科学技术的不断发展和作战使用要求的提高,装甲车辆的性能也在日新月异地改进着。但是,坦克火力、机动性和防护能力三大性能之间,三大性能与战斗全重、寿命周期、费用之间都是存在互相矛盾的。例如,为了提高武器系统的威力,要求坦克上安装口径更大的火炮,更完善、更复杂的火控系统,更多的弹药,这就要求增大战斗室容积,由此会使坦克战斗全重和外形尺寸加大,机动性和防护能力必然会下降。提高防护性则要求外形尺寸,特别是高度尺寸更小,装甲厚度增大。提高坦克机动性要求安装功率更大的发动机,动力和传动部分的空间便需要加大。因此,装甲车辆总体技就是保证实现战术技术性能,解决三大性能的综合平衡。装甲车辆的发展表明,火力、机动、防护三大性能的提高和综合平衡,始终贯穿着装甲车辆总体技术研究和发展的全过程,是装甲车辆研制中首要的研究内容。科学技术的不断进步发展,为装甲车辆三大性能的不断提高和综合平衡开辟着新的前景。

2. 新技术成果在装甲车辆上的应用

装甲车辆是多种技术专业的综合产品。相关专业最先进最尖端的新技术都应用到装甲车辆上,而装甲车辆技术性能提高的需求,反过来又大大促进了相关新技术的研制和发展。现代装甲车辆已装备了以弹道计算机为核心的完善的火控系统。激光技术、电子技术的应用,夜视、夜瞄技术的应用,使坦克具备了进行昼间和夜间作战的能力。采用高强度火炮身管、高能炸药和发射药,以及高密度材料制成弹芯的超速脱壳穿甲弹、空心装药破甲弹、预制破片榴弹等新技术成果,使火炮威力大大提高。自动装弹技术的应用,既减少了一名车内乘员,又提高了火炮发射速度。超高增压柴油机、燃气轮机、静液无级转向双流传动装置、高强度扭杆弹簧、油气弹簧等推进系统新技术的应用,使坦克机动性能得到很大提高。装甲材料和轧制工艺的改进,特别是复合装甲的应用,主动反应装甲的发明,大大提高了装甲车辆的防护能力。三防设备的应用和隐身技术的发展,形成了一整套的防护系统,大大提高了作战人员在战场上的生存能力。当今世界已进入信息时代,未来战争也可以说是信息战。随着数字化部队的出现,电子信息系统等新技术将广泛应用在装甲车辆上。

3. 新概念装甲车辆研究

随着装甲车辆性能的不断改进,作战使命对装甲车辆作用要求的发展和改变,往往要求装甲车辆的研制能突破传统模式，设计出具有创新概念的装甲车辆。由于战争的需要，出现了许多种特种用途的装甲车辆，这也是装甲车辆设计上的一种新概念。今后，新概念的装甲车辆仍然是重要的研究课题。

4. 装甲车辆技术理论研究

装甲车辆理论研究是性能提高和技术发展的基础，包括总体技术、防护理论、行驶理论、使用技术、可靠性、维修性理论等。总体技术研究如何实现战术技术指标和三大性能的综合平衡。根据防护性能要求对装甲防护能力进行理论计算，同时针对敌方装甲进行火力威力计算。这些计算包括穿甲计算和破甲计算等。经过靶场试验不断研究改进，完善理论计算方法。装甲车辆行驶理论是一套较完整、系统的理论，它包括：履带车辆直线行驶理论，转向理论，行驶平稳性、通过性理论，水陆坦克水上性能理论，轮式装甲车辆行驶理论等。

6.4.2　提高火力技术

1. 车载武器技术

车载武器系统趋向大威力、高效能化，主要有以下几种趋势。①现代坦克的火炮口径一般采用120mm～125mm滑膛炮，呈现出了增大火炮口径的趋势。②发射初速进一步提高。可通过长身管化；增大火炮药室容积，增加发射药量，改善装药结构；采用研究高新发射技术，开发液体发射药火炮、电磁炮和电热炮等。③通过创新的结构设计，提高命中概率和打击效果。如进一步完善和提高变射速自动机结构技术，可以确保首发命中又不过分消耗弹药；采用单炮多发同时弹着发射技术，以获得更大的“爆发射速”，从而更大地提高火炮与自动武器的火力突然性；采用全自动火控系统进一步提高武器首发命中率和反应速度。④提高武器系统的性能，使其具有快速自动的目标搜索与跟踪、准确的目标识别功能的自动化火控系统。自动化火控系统通过安装在主战坦克上的多探测器可实现对坦克目标的自动搜索，发现目标后可自动跟踪、识别和瞄准，并迅速准确地打击目标。

2. 弹药技术

对目标毁伤效果直接取决于弹药作用方式、使用效能与威力等特性。因此，弹药技术的发展是常规武器系统发展的关键，完善和发展弹药技术是提高现有武器系统效能行之有效、经济节约的途径。弹药技术进一步向远射程、高精度、大威力、灵巧化和智能化发展。合金弹芯钢穿甲弹、尾翼稳定脱壳穿甲弹和空心装药弹等常规弹药广泛使用。弹药的增程技术有了很大发展。由于许多新原理、新技术用于远程弹药的研制，使其性能有了大幅度的提高。现代远程榴弹采用的增程技术有减小空气阻力技术、增速技术、提高断面密度(存速能力)技术、滑翔技术以及复合增程技术等。在弹药中采用弹道修正技术是现代战争中提高弹药命中精度的重要措施，通过对基准弹道与飞行中的弹丸实际弹道进行比较后，给出修正量修正实际弹道，达到提高弹丸命中精度。弹道修正弹是一种低成本弹药，因为它没有导弹那么复杂，既不需要在弹体内装有导引头、基准陀螺，也不要求装有自动驾驶仪，只需在弹上装有简单的修正指令接收装置和相应的执行机构。它从遥控指令修正弹体开始，正向着自指挥、自定位功能弹药方向发展。采用制导型或智能型炮弹以及弹炮结合提高远程精确打击能力，末制导炮弹、炮射导弹、末敏弹等智能弹药逐步成为装甲车辆用弹的主力军。不仅硬杀伤弹药发展迅速，软杀伤弹药也已经成为弹药家族的新贵。

3. 火控技术

采用全自动火控系统进一步提高武器首发命中率和反应速度。火控是装甲车辆的一个子系统。地面作战车辆的最终目标是完成对敌的火力打击，要完成有效的火力打击，对现代装甲车辆火系统的基本要求有以下几个方面。昼夜间探测和识别目标能力；快速捕获和指示目标能力；运动中打击目标能力。为此，现代车载火控技术研究主要如下几个方面。①提高火控的总体性能和综合作战能力，包括导弹火炮一体化，防空反导能力，远距离高精度射击能力等；②提高火控系统的综合化、模块化、标准化，火控系统是装甲车内最复杂的电子系统，由于对其功能要求的不断增加、性能要求的进一步提高，使火控系统日趋复杂化，为了在功能扩展、性能提高的同时，也提高系统的可用性，在系统设计过程中应走综合化、模块化、标准化的道路；③目标运动特性和目标的搜索、捕获技术研究，为了提高武器系统的性能，具有快速自动的目标搜索与跟踪、准确的目标识别功能的自动化火控系统是未来主战坦克火控系统的发展方向，这种自动化火控系统通过安装在装甲车辆上的多探测器可实现对坦克目标的自动搜索，发现目标后可自动跟踪、识别、瞄准，并对其进行迅速准确的打击。

6.4.3 提高机动性技术

1. 发动机技术

发动机是装甲车辆的动力源，是装甲车辆最重要的部件。对于战斗车辆，发动机的重要性不仅在于提供驱动功率，决定车辆机动性，而且在于它的外形尺寸、燃油经济性以及在车辆上的安装位置与战车的生存力有着密切关系。各国军用车辆发动机的发展方针，基本上都是集中主要力量优先发展高性能战斗车辆发动机，运输车辆或特殊用途车辆的发动机通常是选用民用发动机或采用改进的民用发动机或与战斗车辆发动机同系列的低功率发动机。在当前世界装甲车辆发动机的装备和研制中，柴油机仍然处于统治地位。

装甲车辆发动机的发展方针是，改进老发动机和研制新发动机并举，而以研制新发动机为主；在机型上，发展新型发动机和柴油机并举，而以发展柴油机为主；在技术上，采用常规技术和新技术并举，而以采用新技术为主。通过基本结构、燃烧系统、冷却系统、涡轮增压、电子控制喷油、隔热等技术的应用，柴油机仍在继续发展，还具有强大的生命力；燃气轮机的发展实现了突破，已成为第四代主战坦克的候选动力。为满足装甲车辆单位功率增长的要求，各国发动机的功率和单位体积功率都大大提高。主要技术措施包括：燃烧系统改进（直接喷射式燃烧系统），冷却系统改进（采用环形散热器等），涡轮增压中冷技术（可变截面涡轮增压器、顺序增压系统、超高增压系统等），低散热技术（隔热技术，排气能量回收技术，高温摩擦磨损技术等），电子控制技术（电喷技术等）。在设计方法上，应用动力装置整体化设计技术，把发动机、传动装置、冷却系统作为整体进行设计，从而使动力装置结构紧凑、装拆方便，保证车辆整体性能。

2. 传行操技术

装甲车辆传动装置是随着车辆行驶要求的不断提高和科学技术的不断进步而发展的，其发展过程大致为：固定轴阶梯齿轮变速传动、行星齿轮变速传动、液力传动、液力机械传动、液压传动、液压机械传动和电力传动。装甲车辆传动装置的要求是:①高功率密度;②高集成度;③高可靠性;④系列化、模块化、通用化。

装甲车辆传动装置的发展已完成了从固定轴阶梯齿轮变速向行星齿轮变速的过渡,液力或液力机械综合传动已为大多数装甲车辆所采用。操纵装置逐渐由机械式、液压式发展为电液式;传动功率逐渐增大;分散的各传动部件发展为综合传动装置;传动路线从单流传动逐渐发展到双流传动;从有级变速和有级转向逐渐发展为无级变速和无级转向;传动系统的单位功率质量仍逐渐减小;传动系统的单位体积功率逐渐增大;电子控制技术和故障在线诊断技术得到广泛应用。将传递功率、变速、转向、制动和操纵5种功能集于一体的综合传动装置,提高了车辆可靠性,增大了推进系统单位体积功率,同时可以野战条件下整体吊装。

装甲车辆的越野行驶能否充分发挥动力装置和传动装置性能,与行动装置的结构,特别是悬挂性能密切相关。悬挂装置的弹性元件多为经强化工艺处理的高强度、高韧性合金钢扭杆,前后负重轮与车体之间装有液力式或机械摩擦式减振器。采用了可调节和不可调节车姿的液气式悬挂装置。这类悬挂装置比扭杆式有更大的负重轮行程和更好的非线性悬挂特性。在负重轮上跳行程的较大范围内,空气弹簧柔软,可保证坦克平稳行驶,上跳行程的最后区段,弹性阻力迅速增大,能减轻地面对车体的强烈撞击。可调节式液气悬挂装置,通过油泵调节蓄压器内的油量,使车体升降、俯仰、倾斜,提高了坦克的战斗性能,但其结构复杂,成本高,维修工作量大。

3. 轻量化技术

未来快速反应、机动部署需要高机动性、高可部署性的地面作战平台和武器系统。轻型化是提高常规武器系统机动性和可部署性的重要途径。各国正通过研制和选用新型轻质材料、改进武器系统设计和系统配置,实现武器系统轻量化和高机动性的目标。英国在研制轻型榴弹炮方面已卓有成效,美国陆军装备的M777轻型榴弹炮不足4t。美国陆军积极发展的未来装甲侦察车、未来步兵战车和未来战斗系统,其主要特征之一就是机动性好。对于武器系统,轻量化技术就是在满足一定威力和取得良好射击效果的前提下,使武器的质量和体积尽可能小。轻量化技术包括以下几个方面。①创新的结构设计。机械产品设计都是始于结构、终于结构的设计。轻量化技术中一个十分重要的途径就是创新结构设计,如新颖的多功能零部件的构思,紧凑、合理的结构布局,符合力学原理的构件外形、断面、支撑部位及力的传递路径等。②减载技术。长后坐、前冲、膛口制退器仍然是火炮的主要减载措施。减载技术现在已发展到一个新阶段,需要综合应用武器系统动力学、弹道学、人机工程学,结合结构设计和配套装具设计,解决伴生的射击稳定性、可靠性和有害作用防范等问题。③轻型材料的选择与应用。材料技术是轻量化技术中一项非常重要的技术。合理选择高强度合金钢、轻合金材料、非金属材料、复合材料、功能材料和纳米技术材料是实现轻量化的有效技术途径。美国、苏联以及西方发达国家早就在炮架上采用了铝合金、钛合金,一些枪炮构件上还采用了工程塑料和复合材料。轻量化技术应关注材料科学的发展,发挥材料科学技术的推动作用,研究新型材料的应用。

6.4.4　提高防护性技术

防护技术综合化特点更加突出。装甲装备面临着从空中武器到地面武器、从近程武器到远程武器、从非制导武器到精确制导武器、从硬杀伤武器到软杀伤武器以及从常规武器到核武器等全方位、立体的威胁,这些威胁的存在使装甲装备的综合防护概念应运而生。目前对综合防护系统的设想很多,一般来说,综合防护系统包括主、被动装甲防护和声、光、电高技术防护措施以及高级的隐身技术。防护技术以及三防系统、自动灭火抑爆系统、抛射式烟幕、热烟幕以及迷彩涂料等的应用,提高了装甲车辆的生存能力。

1. 装甲防护

装甲防护是装甲车辆在战场上获得生存力的主要手段之一,是装甲车辆在现代及未来战场上生存的基础。装甲防护能力,取决于装甲的材料性能、厚度、结构、形状极其倾斜角度。其基本作用是降低被各种反装甲武器击毁的概率,减小命中弹丸的杀伤破坏作用,保护车内部成员、弹药、武器和各种机件设备免遭破坏。在现代战争条件下,由于高新技术的发展,反装甲武器及其他形式的攻击趋于高效和复杂化,无论从种类、射距和空间范围都对装甲车辆形成了全方位、立体的攻击,只有对现代反坦克武器具有足够的防护,装甲车辆在现代战场上才有生命力,从而使得装甲防护在现代武器系统中的作用显得愈加重要。装甲经历了均质装甲、间隔装甲、屏蔽装甲、复合装甲、爆炸反应装甲、贫铀装甲、模块装甲以及用各种被动附加装甲和辅助设施加强主体装甲的发展历程。

2. 主动防护

装甲车辆主动防护系统是指通过探测装置获得来袭弹药的运动特征,然后通过计算机控制对抗装置使来袭弹药无法直接命中被防护目标的一组或一套装置,主要由探测装置、计算机处理/控制器和对抗装置三部分组成。探测装置用来获取威胁的特征信息;计算机处理/控制器对探测装置获取的威胁特征信息进行分析,产生控制信号;对抗装置用于解除威胁。主动防护系统分为干扰型、拦截型和综合型三种。干扰型主动防护系统采用光学传感器探测威胁方位,通过烟雾或激光等光学手段干扰来袭弹药,达到自卫目的。拦截型主动防护系统一般使用雷达获取来袭弹药的运动特征,然后发射弹药进行拦截,使其侵彻能力丧失或显著下降。综合型主动防护系统一般采用雷达和光学传感器进行复合探测,当威胁来临时,车载计算机根据威胁的类型,控制对抗装置对其进行干扰或拦截,或同时采取这两种措施进行复合防护。显然,综合型主动防护系统具有干扰型和拦截型两种防护系统的优点,避免了单独使用一种防护系统的局限性,防护效能最好。

3. 隐身技术

隐身技术作为提高武器系统生存能力和突防能力的有效手段,已经成为集陆、海、空、天、电磁六维于一体的立体化现代战争中最重要、最有效的战术技术手段,并受到世界各国的高度重视。隐身技术(又称为目标特征信号控制技术)是通过控制武器系统的信号特征,使其难以被发现、识别和跟踪打击的技术。它是针对探测技术而言的,主要包括雷达隐身、红外隐身、声隐身以及视频隐身等。

随着隐身技术研究的不断深化和现代战争对武器提出的全天候作战要求,以往不是很重要的视频隐身(用肉眼/光学仪器不能看到)也已提到日程上来,并日益得到重视。美国等发达国家极为重视视频隐身技术的研究,目前正在大力开展特殊照明系统、适宜的涂色、奇异的蒙皮、电致变色材料和烟幕伪装等视频隐身技术的研究工作。

6.4.5 综合电子技术

发展装甲车辆综合电子系统，既是未来高技术战争的要求，又是技术发展的必然趋势，也是装甲车辆实现跨越性发展的主要标志。

1. 通信指挥与战场信息管理

未来战争最明显的特征是高技术、信息化。装甲车辆作为地面战场 C^4IRS 网络系统中的一个重要节点。在局部战斗中，机械化部队从师团指挥机关到每一辆单车，每时每刻都需要处理来自车内车外的大量的实战信息，并进行对内对外交换，信息成为决定战争胜负至关重要的因素。因此，为了适应未来战争的需求，新一代装甲车辆必须具有优良的战场实时信息处理和交换能力，这就要求采用具有战场实时信息管理功能的综合电子系统。通信指挥要求能提供语音、电报、传真、数据以及图像等综合业务数字通信；采用包括猝发通信和跳频通信在内的通信新技术；提高功率，缩小体积，实现保密、安全、抗干扰和远距离的通信。战场信息管理，就是通过良好的 C^4IRS 接口，对各种有关实战信息进行综合处理，帮助指挥员（车长）进行决策、指挥和控制。战场信息管理是提高装甲车辆指挥控制性能最重要的途径，在整个战斗中都将发挥重要作用。

2. 火力（综合防御）系统的指挥控制

对火炮及炮射导弹的指挥控制，一方面要依靠原有的火控系统，另一方面通过战场信息管理提供的有关信息（如敌方态势、目标分配排序、作战命令等），使火控系统的性能得到延伸和发展。同时大大增加战场透明度，使车长能够更全面了解战场态势和战斗情况，及时做出正确的决策。对于不同的目标采用不同的攻击手段和方法，包括火炮/导弹直接攻击，实施光电对抗、超近反导或施放烟幕等。

3. 导航/定位系统

在未来局部战争中，装甲机械化部队可能要以较小的分队（甚至单车）独立去执行难度较大的战斗任务，其活动范围可达几百千米。因此，乘员和上级指挥机关都需要及时了解车辆所在的位置，到达目的地的最佳路线，以便更好地协调行动，统一指挥，快速有效地调动部队（火力）。导航/定位系统可以大大提高抵达预定地点和位置的精度，缩短到达指定地区的时间（距离），降低耗油量，有效地避开核、生、化沾染地区，提高战场生存力。

4. 后勤保障

未来的战场消耗急剧增加，装甲车辆的后勤保障和可靠性显得十分重要。综合电子系统包括了弹药/油料储备显示，故障诊断测试等功能。同时，可将这些情况通知有关的弹药/油料仓库、车辆修理部门，使他们事先作好准备，以便及时补充弹药/油料，快速修复损坏车辆，尽快投入战斗。系统随时检测各个电子系统和主要部件的功能以及故障情况，并将检测和诊断的结果及时显示给乘员，从而采取相应的对策和措施，保证战斗任务的胜利完成。而且还可将这些信息发送给后勤维修部门，令其预先做好准备工作，加快野战维修速度，提高装备的战时可用性。

5. 乘员综合显示器

配置乘员综合控制显示装置是装甲车辆综合电子系统的一大特色。车长综合控制显示装置最为重要，它与数据总线和通信设备接口，使车长具有各种战术信息和后勤信息的处理、编制、控制和传输能力。显示的信息包括:来自车内的有关信息如目标信息、导航/定位信息、弹药/油料信息,工况监测/故障诊断信息等;车际间的有关信息如战斗计划、作战命令、敌/我态势、战场地形和目标排序等。在车长战术显示屏的数字地图上,显示来自导航/定位系统的车辆方位和行驶路线信息,并将这些信息显示给驾驶员,为其导航;能接收来自上级指挥机关和友邻车辆的作战命令、敌方态势以及我方情况等信息,大大增加了战场的透明度,提高了快速准确的决策能力;同时,车长也可以及时向上级指挥机关报告本车的方位、后勤状态,进行火力呼叫和请求指示等。炮长综合显示器,主要显示目标捕捉信息、火控故障和威胁排序信息等。驾驶员综合显示器,主要给驾驶员提供导航/定位信息;监视从动力传动电控装置传送过来的工况状态;也可以完成驾驶员仪表板和报警信号的功能。

6. 电源管理、控制和分配

随着装甲车辆技术的发展及自动化程度的提高,车内的电子设备将越来越多,需要用电的设备和装置将迅速增加,用电的数量和品种将增加,质量将提高。综合电子系统具有电源的管理、控制和分配功能,它能按照用电设备的实际需要,及时准确地提供高质量的电力。而且当出现故障或在战斗中受损时,可自动进行线路布局的重新组配,保证基本用电。

第 7 章　弹药工程

7.1　弹药与毁伤

7.1.1　弹药及弹药工程

1. 弹药的定义

弹药通常是指在金属或非金属壳体内装有火药、炸药或其他装填物,能对目标起毁伤作用或完成其他作战任务(如电子对抗、信息采集、心理战、照明等)的军械物品。

弹药包括枪弹、炮弹、手榴弹、枪榴弹、火箭弹、导弹、鱼雷、水雷、地雷、爆破筒、发烟罐、炸药包、核弹药、反恐弹药以及民用弹药(如灭火弹、增雨弹)等。本节主要介绍常规弹药的结构及其工作原理。

2. 弹药的组成

从结构上讲,弹药由很多零部件组成。从功能角度讲,弹药通常由战斗部、引信、投射部、导引部、稳定部等组成。这些功能部分有的是通过很多零部件共同组成,有的是由单个部件组成,有的部件还承担多种功能,如炮弹弹丸的壳体是战斗部的主要组成部分,同时还是导引部。

1) 战斗部

战斗部是弹药毁伤目标或完成既定战斗任务的核心部分。某些弹药(如普通地雷、水雷等)仅由战斗部单独构成。战斗部通常由壳体和装填物组成。

(1) 壳体。壳体是容纳装填物并连接引信,使战斗部组成的一个整体的结构。在大多数情况下,壳体也是形成毁伤元素的基体,如杀伤类的炮弹、导弹、炸弹等。

(2) 装填物。装填物是毁伤目标的能源物质或战剂。通过对目标的高速碰撞,或装填物(剂)的自身特性与反应,产生或释放出具有机械、热、声、光、电磁、核、生物等效应的毁伤元(如实心弹丸、破片、冲击波、射流、热辐射、核辐射、电磁脉冲、高能离子束、生物及化学战剂气溶胶等),作用在目标上,使其暂时或永久地、局部或全部地丧失其正常功能。有些装填物是为了完成某项特定的任务,如宣传弹内装填的宣传品,侦察弹内装填的摄像及信息发射装置等。

2) 引信

引信是能感受环境和目标信息,从安全状态转换到待发状态,适时作用控制弹药发挥最佳作用的一种装置。

3) 投射部

投射部是弹药系统中提供投射动力的装置,使射弹具有射向预定目标的飞行速度。投射部的结构类型与武器的发射方式紧密相关。两种最典型的弹药投射部为:发射装药药筒——适用于枪、炮射击式弹药;火箭发动机——是自推式弹药中应用最广泛的投射部类型,其与射击式投射部的差别在于,发射后伴随射弹一体飞行,工作停止前持续提供飞行动力。

某些弹药,如手榴弹、普通的航空炸弹、地雷、水雷等是通过人力投掷或工具运载、埋设的,无须投射动力,故无投射部。

4) 导引部

导引部是弹药系统中导引和控制射弹正确飞行运动的部分。对于无控弹药,简称导引部;对于控制弹药,简称制导部,它可能是一完整的制导系统,也可能与弹外制导设备联合组成制导系统。

(1) 导引部。使射弹尽可能沿着事先确定好的理想弹道飞向目标,实现对射弹的正确导引。火炮弹丸的上下定心突起或定心舵形式的定心部即为其导引部;无控火箭弹的导向块或定位器为其导引部。

(2) 制导部。导弹的制导部通常由测量装置、计算装置和执行装置三个主要部分组成。根据导弹类型的不同,相应的制导方式也不同,有四种制导方式。

自主式制导——全部制导系统装在弹上,制导过程中不需要弹外设备配合,也无需来自目标的直接信息就能控制射弹飞向目标,如惯性制导。大多数地地导弹采用自主式制导。

寻的制导——由弹上的导引头感受目标的辐射能量或反射能量,自动形成制导指令,控制射弹飞向目标,如无线电寻的制导、激光寻的制导、红外寻的制导等。这种制导方式的制导精度高,但制导距离较近,适宜于攻击活动目标的地空、舰空、空空、空舰等导弹。

遥控制导——由导弹的制导站向导弹发出制导指令,由弹上执行装置操纵射弹飞向目标,如无线电指令制导、激光指令制导,适宜于攻击活动目标的地空、空空、空地和反坦克导弹等。

复合制导——在射弹飞行的初始段、中间段和末段,同时或先后采用两种以上方式进行制导,如利用 GPS 技术和惯性导航系统全程导引,加上末段寻的制导等,适于远程投放制导炸弹,布撒器等。复合制导可以增大制导距离,同时提高制导精度。

5) 稳定部

弹药在发射和飞行中,由于各种随机因素的干扰和空气阻力的不均衡作用,导致射弹飞行状态的不稳定变化,使其飞行轨迹偏离理想弹道,形成射弹散布,降低命中率。

稳定部是保持射弹在飞行中具有抗干扰特性,以稳定的飞行状态、尽可能小的攻角和正确姿态接近目标的装置。典型的稳定部结构形式如下:

急螺稳定——按陀螺稳定原理,赋予弹丸高速旋转的装置,如一般炮弹上的弹带,或某些射弹上的涡轮装置。

尾翼稳定——按箭羽稳定原理的尾翼装置,在火箭弹、导弹及航空炸弹上被广泛采用。

3. 弹药工程的定义和研究对象

弹药工程是一个涉及面极广的工程性学科。内容包括常用弹药及新型弹药的构造、作用原理、毁伤原理与效应、弹药总体设计以及引信技术、火工烟火技术、外弹道和气动力等专业技术基础知识。

弹药工程的研究对象是:各类弹药从投射至终点毁伤全过程中所发生现象的本质;各

组成部分的工作原理;结构零部件的运动规律;弹药的设计理论及方法。除此以外,从弹药工程出发,还必须研究直接涉及的相关理论与技术,如爆炸动力学、燃烧学、高速碰撞及侵彻力学、材料及结构动态响应、核物理、化学与生物学等学科中的相关应用基础理论。控制与遥感、推进及驱动、减阻、无源干扰、瞬态信息检测等相关技术,分别作为弹药设计的理论基础及弹药新产品研制的技术基础。

7.1.2　弹药的类型

弹药的种类很多,不同类型的弹药其投放方式、作用原理、组成及结构也是千差万别的,为了便于理解和学习,将弹药进行分类。弹药的分类方法也很多,下面以常用的几种方式对弹药进行分类。

1. 按用途分

根据弹药的用途可将弹药分为主用弹、特种弹和辅助用弹。

主用弹——直接杀伤敌人有生力量和摧毁非生命目标的弹药统称为主用弹。如用于杀伤敌方人员、马匹、破坏敌人的土木工事、铁丝网、障碍物、车辆、建筑物的杀爆式炮弹和炸弹;用于对付坦克装甲车辆等装甲目标的穿甲弹、成型装药破甲弹和反坦克子母弹,用于对付混凝土工事、机场跑道、地下掩体的攻坚弹药等都属于主用弹。

特种弹——为完成某些特殊战斗任务用的弹药称为特种弹。如照明弹、烟幕弹、宣传弹、电视侦察弹、信号弹、诱饵弹等都属于特种弹。特种弹与主用弹的根本区别是本身不参与对目标的毁伤。

辅助用弹——是指用于靶场试验、部队训练和进行教学目的弹药,如教练弹、训练弹等。

随着新型弹药的出现这种划分的界限也逐渐模糊。

2. 按投射运载方式分

按投射运载方式可将弹药分为:射击式、自推式、投掷式和布设式四种。

射击式弹药——从各种身管武器发射的弹药,包括枪弹、炮弹、榴弹发射器用弹药。其特点是初速大、射击精度高、经济性好,是战场上应用最广泛的弹药,适用于各军兵种。

自推式弹药——这类弹药自带推进系统,包括火箭弹、导弹、鱼雷等。由于发射时过载较小,发射装置对弹药的限制因素少,射程远且易于实现制导,具有广泛的战术及战略用途。

投掷式弹药——包括从飞机上投放的航空炸弹,人力投掷的手榴弹,利用膛口压力或子弹冲击力抛射的枪榴弹等。这类弹药靠外界提供的投掷力或赋予的速度实现飞行运动。

布设式弹药——包括地雷、水雷等,采用人工或专用工具、设备将之布投于要道、港口、海域航道等预定地区,构成雷场。

3. 按装填物类型分

按装填物类型可将弹药分为:常规弹药、化学(毒剂)弹药、生物(细菌)弹药、核弹药四种。

化学弹药——战斗部内装填化学战剂(又称毒剂),专门用于杀伤有生目标。战剂借助于爆炸、加热或其他手段,形成弥散性液滴、蒸汽或气溶胶等,黏附于地面、水中或悬浮于空气中，经人体接触染毒、致病或死亡。

生物弹药——战斗部内装填生物战剂，如致病微生物毒素或其他生物活性物质，用以杀伤人、畜，破坏农作物，并能引发疾病大规模传播。

核弹药——战斗部内装有核装料，引爆后，能自行进行原子核裂变或聚变反应，瞬时释放巨大能量，如原子弹、氢弹、中子弹等。

常规弹药——战斗部内装有非生、化、核填料的弹药总称，以火炸药、烟火剂、子弹或破片等杀伤元素、其他特种物质（如照明剂、干扰箔条、碳纤维丝等）为装填物。

生、化、核弹药由于其威力巨大，杀伤区域广阔，而且污染环境，属于“大规模杀伤破坏性弹药”，国际社会先后签订了一系列国际公约，限制这类弹药的试验、扩散和使用。本书所讲弹药都属常规弹药。

4. 按配属分

按配属于不同军兵种的主要武器装备，弹药可分为下列几类：

炮兵弹药——配备于炮兵的弹药，主要包括炮弹、地面火箭弹和导弹等。

航空弹药——配备于空军的弹药，主要包括航空炸弹、航空炮弹、航空导弹、航空火箭弹、航空鱼雷、航空水雷等。

海军弹药——配备于海军的弹药，主要包括舰、岸炮炮弹、舰射或潜射导弹、鱼雷、水雷及深水炸弹等。

轻武器弹药——配备于单兵或班组的弹药，主要包括各种枪弹、手榴弹、肩射火箭弹或导弹等。

工程战斗器材——主要包括地雷、炸药包、扫雷弹药、点火器材等。

5. 按控制程度分

根据对弹药的控制程度可将其分为无控弹药、制导弹药和阶段控制弹药。

无控弹药：整个飞行弹道上无探测、识别、控制和导引能力的弹药。普通的炮弹、火箭弹、炸弹都属于这一类。

制导弹药：在外弹道上具有探测、识别、导引跟踪并攻击目标能力的弹药，如导弹。

此外，还有一些弹药介于上述两类弹药之间，它们在外弹道某段上或目标区具有一定的控制、探测、识别、导引能力。如弹道修正弹药、传感器引爆子弹药、末制导炮弹等，是无控弹药提高精度的一个发展方向。

7.1.3 毁伤

弹药对目标的毁伤一般是通过其在弹道终点处与目标发生的碰撞、爆炸作用，利用自身的动能或爆炸能或其产生的作用元对目标进行机械的、化学的、热力效应的破坏，使之暂时或永久地局部或全部丧失其正常功能，失去作战能力。影响目标毁伤程度的主要因素是目标自身的易损性和弹药的威力——使目标失去战斗功能的能力。

1. 榴弹的作用

榴弹是一类完成杀伤、爆破、侵彻或其他作战目的应用广泛的弹药。杀伤爆破弹、杀伤弹、爆破弹统称为榴弹。榴弹对目标的毁伤是杀伤作用（利用破片的动能）、侵彻作用（利用弹丸的动能）、爆破作用（利用爆炸冲击波的能量）、燃烧作用（根据目标的易燃程度以及炸药的成分而定）等多种效应综合而致。

1）杀伤作用

杀伤作用是利用弹丸爆炸后形成的具有一定动能的破片实现的，其杀伤效果由目标处破片的动能、形状、姿态和密度来决定，而这些又与弹体的结构与材料、炸药装药类型与药量、弹丸爆炸时的姿态与存速等密切相关。

（1）静爆破片分布。由于弹丸是轴对称体，榴弹在静止爆炸后其破片在圆周上的分布基本上是均匀的，但从弹头到弹尾的破片纵向分布是不均匀的。70%～80%的破片由圆柱部贡献。在轴向上破片呈正态分布，弹丸中部破片较密，头部和尾部破片较少且以大质量破片为多，其破片的分布如图7-1所示。

（2）空爆破片分布。弹丸的落速越大，榴弹在空中爆炸后的破片就越向弹头方向倾斜飞散。弹丸的落角不同，破片在空中的分布也不同。当弹丸以垂直地面姿态爆炸时的破片分布近似为一个圆形，具有较大的杀伤面积，如图7-2(a)所示。而弹丸以倾斜地面姿态爆炸时，只有两侧的破片起杀伤作用，其杀伤区域大致是个矩形，如图7-2(b)所示。

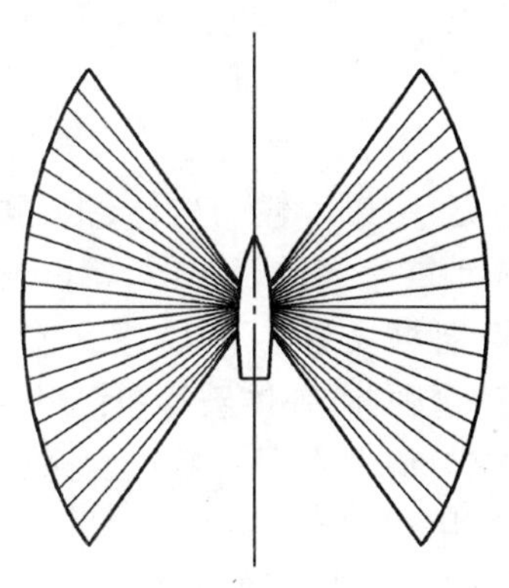

图7-1　静爆破片分布

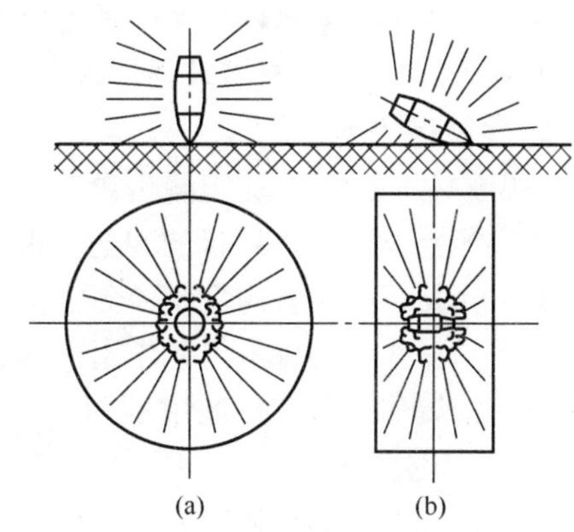

图7-2　空爆破片分布
(a)垂直爆炸；(b)倾斜爆炸。

2）侵彻作用

榴弹的侵彻作用是指弹丸对土石等各种介质的侵入过程，依靠其动能和引信装定方式来获得。榴弹破坏地面或半地下工事主要依靠爆破作用，在适当的引信装定方式下的侵彻作用可以获得最大爆破效果。尤其当攻击土木工事等目标时，其侵彻作用的意义更为重大。

3）爆破作用

榴弹的爆破作用是指弹丸利用炸药爆炸时产生的高压气体和冲击波对目标的摧毁作用。弹丸壳体内炸药引爆后，产生的高温、高压爆轰产物迅速向四周膨胀，一方面使弹丸壳体变形、破裂，形成破片，并赋予破片以一定的速度向外飞散；另一方面，高温、高压的爆轰产物作用于周围介质或目标本身，使目标遭受破坏。

对土木工事等目标攻击时，先将引信装定为“延期”，榴弹击中土木工事后并不立即爆炸，而是凭借其动能迅速侵入土石介质中。在弹丸侵彻至适当深度时爆炸，便可获得最有利的爆破和杀伤效果。炸药爆炸时形成的高温、高压气体猛烈压缩并冲击周围的土石介质，将部分土石介质和工事抛出，形成漏斗状的弹坑（称为“漏斗坑”）。

若引信装定为“瞬发”，弹丸将在地面爆炸，大部分炸药能量消耗在空中，炸出的弹坑很浅。相反,如果弹丸侵彻过深,不足以将上面的土石介质抛出地面,而造成地下坑(出现“隐坑”),也不能有效地摧毁目标。

弹丸在空气中爆炸时,爆轰产物猛烈膨胀,压缩周围的空气,产生空气冲击波。空气冲击波在传播过程中将逐渐衰减,最后变为声波。

空气冲击波的强度,通常用空气冲击波峰值超压(即空气冲击波峰值压强与大气压强之差)来表征。空气冲击波峰值超压愈大,其破坏作用也愈大。当冲击波超压在0.02MPa~0.05MPa范围内便可伤及人员,在0.05MPa~0.1MPa范围内便可致人重伤或死亡。当冲击波超压在0.02MPa~0.05MPa范围内可使各种飞机轻微损伤,在0.05MPa~0.1MPa范围内可使活塞式飞机完全破坏,可使喷气式飞机严重破坏,大于0.1MPa时可使各种飞机完全破坏。

4) 燃烧作用

榴弹的燃烧作用是指弹丸利用炸药爆炸时产生的高温爆轰产物对目标的引燃作用,其作用效果主要根据目标的易燃程度以及炸药的成分而定。在炸药中含有铝粉、镁粉或锆粉等成分时,爆炸时具有较强的纵火作用。

2. 穿甲弹的作用

穿甲弹是以弹丸的动能碰击硬或半硬目标(如坦克、装甲车辆、自行火炮、舰艇及混凝土工事等),从而毁伤目标的弹药。由于穿甲弹是靠动能来穿透目标的,所以也称动能弹。穿甲弹是目前装备的重要弹药之一,已广泛配用于各种火炮。

穿甲弹靠弹丸的碰击侵彻作用穿透装甲,并利用残余弹体、弹体破片和钢甲破片的动能或炸药的爆炸作用毁伤装甲后面的有生力量和设施。整个作用过程包含碰撞侵彻作用、杀伤作用或爆破作用,最主要的是碰撞侵彻作用(穿甲作用)。

不同弹丸对于不同强度和厚度钢甲射击时,钢甲将产生不同破坏形态,主要有以下几种基本破坏形态。

(1) 韧性穿甲。当尖头穿甲弹垂直碰击机械强度不高的韧性钢甲时出现图7-3(a)所示韧性穿甲情况。钢甲金属向表面流动,然后沿穿孔方向由前向后挤开,钢甲上形成圆形穿孔,孔径不小于弹体直径。出口有破裂的凸缘。当钢板厚度增加、强度提高,或法向角增大时,尖头穿甲弹将不能穿透钢甲,或产生跳弹。

(2) 冲塞式穿甲。钝头穿甲弹和被帽穿甲弹碰击中等厚度的均质钢甲以及渗碳钢甲时,由于力矩的方向与尖头弹不同,出现转正力矩,弹丸不易跳飞。碰击时弹丸首先将钢甲表破坏,形成弹坑,然后产生剪切,靶后出现塞块,如图7-3(b)所示,称冲塞式穿甲。

(3) 花瓣型穿甲。当锥角较小的尖头弹和卵形头部弹丸侵彻薄装甲时,弹头很快戳穿薄板,随着弹头部向前运动,靶板材料顺着弹头表面扩孔而被挤向四周,穿孔逐步扩大,同时产生径向裂纹,并逐渐向外扩展,形成靶背表面的花瓣型破口,如图7-3(c)所示。

(4) 破碎型穿甲。弹丸以高着速穿透中等硬度或高硬度钢板时,弹丸产生塑性变形和破碎,靶板产生破碎并崩落,大量碎片从靶后喷溅出来,如图7-3(d)所示。

上述是基本穿甲形态,而真实穿甲过程一般呈综合型穿甲形态。

3. 破甲弹的作用

破甲弹是利用成型装药的聚能效应来完成作战任务的弹药。这种弹药是靠炸药爆炸释放的能量挤压药型罩,形成一束高速的金属射流来击穿钢甲的。因此,它与穿甲弹不

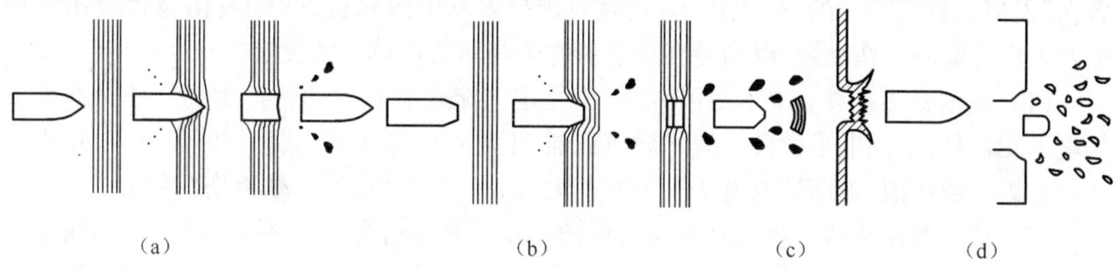

图7-3　穿甲基本破坏形态

(a)尖头弹的韧性穿甲;(b)钝头弹的冲塞式穿甲;(c)花瓣型穿甲;(d)破碎型穿甲

同,不要求弹丸必须具有很高的速度,这就为它的广泛应用创造了条件。成型装药破甲弹也称空心装药破甲弹或聚能装药破甲弹。

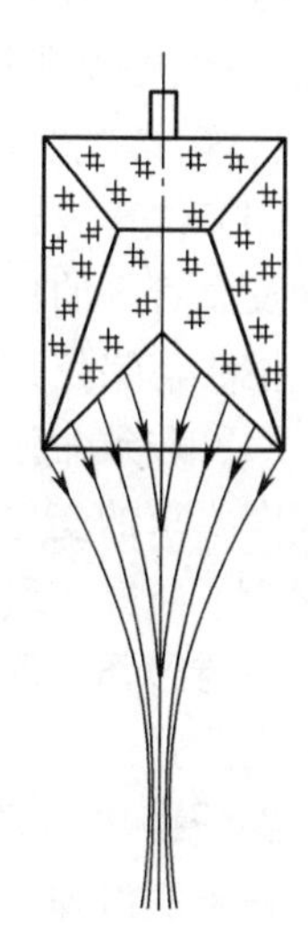

图7-4　聚能效应

高温、高压的爆轰产物近似沿装药表面法线方向飞散,不同方向飞散的爆轰产物的质量可在装药上按照爆炸后各方向稀疏波传播的交界来划分。柱状炸药向靶板方向飞散的药量(常称为有效装药量)不多,而对靶板的作用面积较大,所以能量密度小,炸坑很浅。当装药带有锥形凹槽时,爆炸后凹槽附近的爆轰产物向外飞散时将在装药轴线处汇聚,形成一股高速、高温、高密度的气流,如图7-4所示。它作用在靶板较小的区域内,形成较高的能量密度,致使炸坑较深。这种利用装药一端的空穴来提高爆炸后的局部破坏作用的效应,称聚能效应。

装药凹槽内衬金属药型罩时,装药爆炸时,汇聚的爆轰产物驱动金属药型罩,使药型罩在轴线上闭合并形成能量密度更高的金属流,使侵彻加深。如果将此装药离开靶板一定距离爆炸时,金属流在冲击靶板前将进一步拉长,靶板上形成的穿孔更深。装药从底部引爆后,爆轰波不断向前传播,爆轰的压力冲量使药型罩近似沿其法线方向依次向轴线塑性流动,其速度可达1000m/s~3000m/s,称为压垮速度。药型罩随之依次在轴线上闭合。闭合后前面一部分金属具有很高的轴向速度(高达8000m/s~10 000m/s),成细长杆状,称为金属流或射流。在其后边的另一部分金属,速度较低,一般不到1000m/s,直径较粗,称为杵体。射流直径一般只有几毫米,其温度在900℃~1000℃,但尚未达到铜的熔点(1083℃)。因此,射流并不是熔化状态的流体。锥形药型罩,由顶部到口部金属质量是逐渐增大的,而与其对应的有效药量则是由多到少。因此,药型罩在闭合过程中,其压垮速度是顶部大、口部小。形成的金属射流也是头部速度高,尾部速度低。所以,当装药距离靶板一定距离时,射流在向前运动的过程中,不断被拉长,致使侵彻深度加大。但当药型罩口部距离靶板的距离(简称炸高)过远时,射流冲击靶板前因不断拉伸,断裂成颗粒而离散,影响穿孔的深度。所以,装药有一个最佳炸高(或称有利炸高)。

4. 新型弹药

随着未来高技术战争的目的及目标的变化,武器攻击的主要目标是敌方武器装备、发射平台、指挥中心、地下工事、道路桥梁等。对目标的毁伤程度要求也在变化,如对人员从要求“致死”到“致伤”;对车辆从“毁伤”到“功能失效”等。毁伤学已从传统毁伤学的“硬毁伤”发展到新毁伤学的“软毁伤”。这就要求探索新的毁伤机理(硬毁伤与软毁伤),根据要求建立新的毁伤准则,以指导与促进新弹药与新防护技术的发展。

(1) 战术微波武器。战术微波武器(不是定向能武器),是通过产生高功率微波来毁坏电子元器件、干扰电子设备。战术微波武器,不是定向能武器,其作用距离有限,用于干扰敌方雷达或通信,破坏敌方电子设备使其失效等。微波弹属于“软杀伤”弹药。

(2) 战术激光武器。激光对人及目标的作用机理十分复杂。不同波长、不同输出方式的激光对目标的破坏效应不同。且其对动态条件与静态条件下物体的作用机理也不相同。

激光对目标的破坏可分为“硬毁伤”和“软毁伤”两类,如激光束烧穿飞机或导弹的燃料舱,使之爆炸,即是所谓“硬毁伤”;对较远目标,因能量不够,只能使人员致盲、光电设备致盲等,即“软毁伤”。

(3) 次声波毁伤机理。所谓“次声波”,就是频率低于20Hz的声波。人的内脏器官、大脑及血管等的自振频率为4Hz~18Hz。次声波作用于人体时,产生共振使器官、血管等产生扭曲与错位,造成伤害或致命。次声波弹药亦为“软杀伤”弹药,仍处于探索阶段。

(4) 非致命弹药作用与毁伤机理。随着高新技术武器弹药的不断出现以及对目标毁伤程度要求的变化,出现了各种非致命弹药。

为了研究非致命弹药及提高装备的防护能力提供理论基础,就必须研究非致命弹药的作用与毁伤机理及毁伤判据。21世纪初开展研究的有:碳纤维弹、粉末润滑弹、胶黏剂弹和失能弹。

碳纤维弹:碳纤维是电的良导体,撒布在电网上,使电网短路,破坏电力设施。

粉末润滑弹:撒在路面或者舰船上,由于摩擦系数极小而使人员车辆无法行走、使飞机无法起飞降落。

胶黏剂弹:将黏剂撒在装甲车辆、飞机的视窗上阻碍其向外观察,或被吸到车辆发动机内使之黏结。

失能弹:利用人员失能剂造成人员精神障碍、躯体功能失调等,使人员暂时丧失战斗力。

7.2 弹药及其发展

7.2.1 弹药的发展简史

弹药分为三个历史发展时期:第一个时期为19世纪上半叶以前,称为古代弹药时期;19世纪40年代至第一次世界大战结束,后装线膛武器弹药的出现,其发展进入了近代弹药时期;此后进入了现代弹药发展时期。

古代弹药包括抛射弹、火药和射击式弹药。雏形弹丸以及从抛石机、弩弓等抛射出的射弹、箭等,属于冷兵器范畴。其特点是,投射动力直接源于人力、畜力和简单机械,射弹的杀伤力小。火药的发明可追溯至晚唐元和三年前。但直至10世纪,才有其军事应用的史料记载。12世纪中国出现了利用火药燃气喷流反作用原理制成的火箭。13世纪利用火药密闭燃烧的爆发特性,制成了铁壳爆炸弹,又称“铁火炮”或“震天雷”。13世纪后,中国的火药技术及火器技术陆续西传至阿拉伯地区,并至欧洲各国。14世纪,铁炮已在欧洲各国应用。15世纪,具有科学配比的粒状黑火药已在欧洲出现,标志着弹药进入一个新的发展阶段。截至15世纪,枪炮弹药是战场上使用最为普遍的弹药。

中国至迟于公元808年发明了黑火药,10世纪将其用于军事,作为武器中的传火药、发射药及燃烧、爆炸装药,在武器发展史上起了划时代的作用。黑火药最初以药包形式置于箭头射出,或从抛石机抛出。13世纪中国创造了可发射"子窠"的竹管"突火枪",子窠是最原始的子弹。随后有了铜和铸铁的管式火器,用黑火药作为发射药。13世纪火药及火器技术经阿拉伯地区传至欧洲。13世纪后半叶欧洲应用了火药和火器。早期火器是滑膛的,发射的弹丸主要是石块、木头、箭,以后普遍采用了石质或铸铁实心球形弹,从膛口装填,依靠发射时获得的动能毁伤目标。16世纪初出现了口袋式铅丸和铁丸的群子弹,对人员、马匹的杀伤能力大大提高。16世纪中叶出现了一种爆炸弹,由内装黑火药的空心铸铁球和一个带黑火药的竹管或木管信管构成,发射时,先点燃弹上信管,再点燃膛内火药。17世纪出现了铁壳群子弹,而后又发现和制得了雷汞。

19世纪后膛与线膛武器的进展,击发火帽及击发点火方式、旋转式弹丸结构、金属壳定装式枪弹结构、雷汞雷管起爆方式、无烟火药的发明和应用、苦味酸、梯恩梯炸药的发明和应用等,是这一时期弹药最重要的发展,这些成就全面提高了武器系统的射程、射击精度、威力和发射速度,使弹药进一步完善。与此同时,随着目标的不断发展,弹药类型增多。射击武器弹药除爆炸弹、榴霰弹、燃烧弹外,还出现了对付舰艇装甲的穿甲弹。当时,在海战中已普遍使用了水雷,并于19世纪后半叶出现了鱼雷。

现代弹药包括反坦克弹药、火箭弹药、制导弹药及核弹药。

(1)反坦克弹药。第二次世界大战期间及以后,坦克大量参战,且装甲厚度与性能不断提高,坦克成为战场上弹药的首选目标。在第二次世界大战中,德军首先使用空心装药聚能破甲弹。其侵彻能力较普通穿甲弹大幅度提高,成为反坦克弹药中的主系之一。20世纪50年代出现了反坦克弹药的另一支系,即利用炸药接触爆炸而在甲板背面产生崩落效应的碎甲弹。

(2)火箭弹药。第二次世界大战中,苏联、德国、美国研制了不同类型的火箭武器,包括航空火箭弹、对空火箭弹及各种射程的地—地火箭弹如M13火箭弹等。中国从20世纪60年代以后陆续研制成功并装备了一系列不同口径及射程的无控火箭弹。

(3)制导弹药。20世纪50年代发展了第一代巡航式与弹道式战略导弹。20世纪六七十年代发展了第二代战略导弹。战术导弹包括地空导弹、反坦克导弹、航空制导炸弹和制导炮弹。从20世纪50年代至60年代后期,美国、苏联、英国、中国、法国等国先后成功进行了氢弹爆炸试验,创造了第一代核弹药。

7.2.2 弹药的发展趋势

现代战争是海、陆、空、天一体化的,以信息战和纵深精确打击为核心的高技术战争,主要特点是作战范围大,时间和空间转换快、作战样式多。为了适应现代化战争的需要,弹药正在朝着远程化、精确化、多用途、小型化和微型化、高效能等方向快速地发展。

1. 远程化

高新技术条件下的局部战争,要求弹药在更远的距离上歼灭敌人,因此增大弹药的射程成为各国弹药发展的首要目标。为了实现这一目标，发展了各种各样的技术，如底部排气、火箭增程、滑翔增程以及复合增程技术，采用增大炮管长度，采用高能发射装药并增大发射药量等。例如，比利时的NR265式155mm远程全膛底排弹，射程达40km，比普通榴弹增程120%；美国为海军研制的一种EX-171式127mm火箭增程弹，其最大射程可达116.7km，此外，还在不断地研制新型发射技术以增加弹丸的射程，如电热化学炮、电磁炮等。

美国研制的2.75kg重的电热炮弹，在60mm口径电热化学炮上发射，可达到每分钟200发，速度达3000m/s，其弹丸可击穿任何轻、重型装甲目标。同时，正在研制的155mm电热炮及炮弹，也将陆续装备。预计未来，在射程方面，坦克炮将从3km～4km增至近10km；野战火炮从30km以下增至50km以上甚至达到100km以上；火箭炮系统的射程也增至150km以上甚至300km。

2. 精确化

在纵深、立体化、数字化的现代战争中，精确打击可起到无法估量的作用，能够以极少的伤亡代价换取决定性的胜利。所以未来弹药向精确化方向发展是一个必然趋势。国外发展的提高弹药命中目标精度的技术主要有简易控制技术、末端敏感技术、弹道修正以及GPS/INS制导的航向修正技术、炮弹的末制导技术等。例如，美国的“铜斑蛇Ⅱ型”制导炮弹采用红外/毫米波制导，还具有“打了就不用管”的性能，用一发炮弹即可摧毁一辆坦克，同过去需用大量常规炮弹才能击毁一辆坦克相比，其精度与效能分别提高了十几倍、上百倍。德、法、荷联合研制的GAM155mm制导炮弹采用毫米波雷达寻的搜索目标，一旦在2000m×1000m的范围内找到目标，其空心装药战斗部即可准确地对装甲目标进行攻击。

3. 高效能

一方面为了适应现代战争的需要，弹药的发展不断追求远射程高精度，而弹药的射程、精度和威力三大技术指标往往是相互制约相互矛盾的，射程和精度的提高，在一定程度上必然影响威力；同时弹药又在向小型化方向发展。另一方面，战场目标的防护能力也在不断地提高与增强。为了有效地打击和毁伤目标，必须大幅度地提高弹药的毁伤效能，研究新型高效毁伤技术。

提高弹药效能的途径有以下几种。

(1) 开发新结构战斗部技术。如多级的战斗部串联技术，新型的装药技术等。

(2) 采用新材料。如应用高强度、低密度的复合材料，以减小弹药的消极质量；研究新型高能的含能材料，进一步提高弹药的威力。

(3) 采用子母弹技术及高效子弹技术。采用子母弹技术提高弹药的杀伤范围，采用先进的子弹药提高对目标的命中和毁伤能力，如传感器引爆子弹药、末敏子弹药等。

(4) 发展新型的引信技术。如抗高过载的引信、自适应的引信、多种装定模式的引信等。

(5) 探索新的毁伤机理，开发新原理战斗部技术。随着未来战场目标的变化，必须开发新毁伤机理的弹药，只有这样才能高效地毁伤目标，如电磁、激光弹药等。

4. 多用途

未来战争要求弹药能够对付各类目标，既可提高弹药的作战效能，又可节省作战时间，多用途弹药则是满足这一要求的典范。国外主要采用模块化结构、带各种类型子弹药的子母弹、多用途炮弹、非致命炮弹以及配用多种选择引信等方法来发展多用途。意大利的“菲洛斯”25式子母弹，每发能携带有122枚双用途子弹药。

5. 小型化和微型化

小型化和微型化是弹药系统发展的总趋势，随着微机电技术、纳米技术和新型材料技术的发展，各种微小型器件不断出现，为今后弹药向小型化和微型化方向发展提供了有利的空间。如法国国防采购局目前正在进行一项“航空—陆地战系统”计划，可使地面车辆具有最大的自主防御能力。该计划将在2015年实现利用炮射小型无人机进行前沿侦察的能力，2030年完成含小型攻击机和机器人的一种更复杂的攻击系统。美国空军也提出了“蜂群压制者微型弹药”研究计划，希望通过大量微型子弹药来击退挺进中的敌方部队。

7.3　弹药技术

7.3.1　远程压制弹药技术

1. 滑翔增程技术

对炮弹弹体进行优化设计，使其具备良好的气动力学结构，当炮弹进入下降弹道阶段后，弹丸近似水平滑翔，从而达到增程的目的，如图7-5所示。该项技术的优点是技术较成熟，容易应用到炮弹增程中。其缺点是滑翔阶段飞行速度慢，飞行时间相对较长，易受干扰。目前，国外大多数增程炮弹采用火箭助推+滑翔增程技术。例如，美国ERGM弹药和法国超远程“鹈鹕”炮弹，射程普遍达到100km左右。

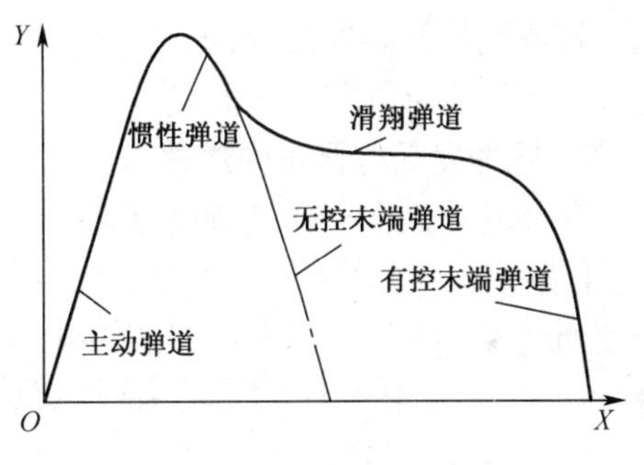

图7-5　滑翔增程原理图

2. 固冲发动机增程技术

用于火炮发射弹药增程的固体冲压发动机技术于20世纪70年代末开始研究。美国以AFFS炮射增程弹、坦克训练弹和SPARK动能弹为应用背景展开了应用研究，在203mm炮弹上采用冲压喷气推进装置后，其射程达到了70km。目前，俄罗斯在152mm弹药上展开了80km冲压增程炮弹研究；美国在155mm弹药上展开了80km冲压增程炮弹研究；南非迪奈尔公司正在研制一种代号为PRO-RAM的155mm冲压增程炮弹，射程也在70km以上。就国外冲压增程弹药的发展现状来看，中大口径弹药采用冲压增程技术以后其射程可以达到70km以上，增程率100%。可以说冲压增程炮弹是未来陆军低成本、远程打击武器弹药的主要弹种之一。

3. 底排火箭复合增程技术

底排火箭复合增程技术是20世纪90年代出现的一种新型增程技术，主要应用于大口径炮弹领域。采用底排火箭复合增程后，155mm炮弹的最大射程可达到50km以上，远远高于现役的底排增程弹和火箭增程弹。

4. 二次点火固体火箭发动机增程技术

其基本原理是，弹丸在快要爬升到弹道顶点时，由控制系统将弹体后部的固体火箭发动机点火启动，使炮弹再向上爬升一段，这样会使弹道顶点更高，目的是让带滑翔功能的炮弹在弹道降弧上飞行更远，从而大大延长炮弹射程。如美海军127mm增程弹药的火箭发动机在弹道升弧段的最佳时机点火，使弹体获取10MJ的附加能量，射程将超出117km。

5. 微推偏喷管增程技术

该技术通过优化喷管长度，高速喷管方向，以减少发动机推力偏心，达到减少火箭弹的飞行阻力，实现火箭弹增程和减少地面散布的目的。

7.3.2 精确打击弹药技术

1. 半主动激光制导技术

半主动激光制导需要位于弹体之外的激光目标指示器照射目标，弹上的激光导引头跟踪目标反射的激光信号，并由此信号解算出目标的视线角和视线角速度，再由弹上计算机综合弹体姿态信号并按照给定的制导律处理成控制信号，输给执行机构，使武器跟踪目标，直至命中目标。激光半主动回波制导技术的优点是：制导精度高，抗干扰能力强，结构简单，武器系统成本低。然而，由于在摧毁目标之前需要一直用指示器照射目标，不具有发射后不管能力，激光指示器的运载平台有可能遭受敌方的攻击。半主动激光制导技术是一种成熟的末制导技术，现已广泛应用于导弹、航空炸弹和炮弹，半主动激光制导武器是各国主要装备的制导武器之一。

2. 脉冲发动机修正弹道技术

脉冲发动机修正弹道通过弹头部或中部安装通过火药气体产生推力脉冲的小型助推器，凭借喷流的反作用力为弹丸提供控制力以改变弹体飞行姿态修正弹道。弹道修正系统使用的是一次性小型助推器，能够形成脉冲推力，具有响应极快、零件数目少、构造简单之特征，但是每个小型助推器一次燃烧后便不能再次使用，所以当在同一方向再次发生推进力时就要使用另外的助推器，因此，采用这种控制方式的弹丸一般都采用旋转稳定的飞行方式。这种弹道修正方法的优点是反应时间短、无活动部件和伺服机构、无气动控制面、简单易行、成本低、效率高、具有实时姿态控制和弹道修正能力；缺点是作用时间有限，命中精度相对较低。但在坚持把炮兵武器当作面压制武器看待的观点，采用这种方法既满足了作战对炮弹精度的要求，也满足了大规模生产和使用的经济性要求，因此成为世界各国弹药修正弹道普遍采用的技术。

3. MEMS陀螺仪和加速度计技术

随着制导弹药特别是制导炮弹发展的需求不断上升，制造体积更小、更耐冲击、更可靠且适于批量生产的微机械陀螺仪（MEMS）正在成为各国研究的热点。微机械陀螺是微电子与微机械组结合的微型振动陀螺，是根据受激振动在有科氏加速度时存在模态耦合效应的原理来工作的，由于科氏加速度由旋转产生，且和旋转速率成比例，所以通过测量感测模态的振幅大小就能测量输入角速度的变化。微机械陀螺仪按所用材料分为石英和硅两类。石英材料结构的品质因数值很高，陀螺仪特定最好，是最早商品化的，但石英材料加工难度大，成本高，而硅材料结构完整、弹性好，比较容易得到高品质因数值的硅微机械结构。随着各向异性刻蚀与显微光刻技术的发展，体硅微机械加工技术的加工精度不断提高,在硅衬底上加工微机械结构不仅适合批量生产,而且硅材料具有机械性能好、断裂点高、弯曲强度高、无可塑性变形、耐冲击等优点,驱动和检测也较为方便,因此硅微机械陀螺仪逐渐成为研发低成本微机电惯性测量装置的主流。硅微机械陀螺的实现方案可归结为框架式、音叉式、振动轮式、振动梁式、振动环式和四叶式等。

4. 弹体姿态磁探测技术

以地球自身产生的磁力线作为测量基准的一种弹体姿态探测技术。由于地球自身产生的磁力线具有在一定区域恒定不变的,不受人为干扰的特点,因此可在弹体内固定地磁探测传感器测量地磁方向,用于确定弹体相对于地磁方向的变化,使弹能够自身感知其飞行姿态。

5. 简易弹道修正技术

简易弹道修正技术是一种能根据火控系统指令,在飞行过程中对弹丸进行简易控制的技术。火控雷达发现目标,由火控系统提供一个提前量,对来袭目标未来交汇点进行射击,并跟踪弹丸的飞行轨迹,同时对目标飞行参数和弹丸飞行轨迹进行解算,计算出弹丸弹道高低修正参数和方向修正参数,根据计算出的修正量,编码后传送给弹上指令接收装置,由弹载处理器根据接收到的信息和弹丸飞行姿态信息解算出执行指令,执行机构动作,产生侧向控制力,从而达到修正弹道,实现炮弹对目标精确打击的目的。

6. 小型化图像制导技术

小型化图像制导技术是制导弹药的关键技术之一,用于弹药制导。小型化图像制导技术的关键在于小型化图像导引头制造技术和图像自动识别技术,一般采用红外类型的图像导引头。

7.3.3　高效毁伤弹药技术

1. 多模式战斗部技术

多模式战斗部可根据目标类型的不同自适应起爆,形成对目标有最佳毁伤元毁伤目标。目前,国外军事发达国家,尤其是欧美国家,均在该领域开展相关的基础研究。多模式战斗部也叫可选择战斗部,包括多模式爆炸成形弹丸(EFP)战斗部和多模式聚能装药(SC)战斗部,一般有以下5种作用模式:分段/长杆式EFP(或射流)模式,形成射流或呈线状飞行的金属段或延长的弹丸,可近距离对付重型装甲目标;飞行稳定EFP模式,形成一个或几个飞行稳定的EFP,可远距离攻击轻型装甲目标;定向破片模式(或多枚EFP),在特定方向上形成破片群,可对付武装直升机、无人机、战术弹道导弹等目标;全方位破片模式,可形成大范围破片,有效杀伤地面人员;掩体破坏模式,形成扇状射流或长径比小的EFP侵彻体,用于破障和攻击混凝土工事目标。其中,多模式EFP战斗部采用平盘状药型罩,一般形成分段/长杆式EFP、飞行稳定EFP和多枚EFP三种模式;而多模式SC战斗部采用锥形、喇叭形和半球形药型罩,一般形成射流和破片两种模式。这类战斗部已用于产品的研制中,主要是双模式战斗部(射流和破片,长杆式EFP和飞行稳定式EFP等形式)和三模式战斗部(长杆式EFP、多枚EFP和飞行稳定EFP)两种类型。目前研制中的多功能巡飞弹(如美国未来战斗系统中的空中待机攻击导弹——LAM巡飞弹以及自主攻击系统——LOCAAS等)则采用了三模式战斗部。多模式战斗部可将弹载传感器探测、识别并分类目标的信息(确定目标是坦克、装甲人员输送车、直升机、人员还是掩体)与攻击信息(如炸高、攻击角、速度等)相结合,通过弹载选择算法确定最有效的战斗部输出信号,使战斗部以最佳模式起爆,从而有效对付所选定的目标。其特点是可远距离摧毁目标(约150m);受反应式装甲影响少;具有大侵彻孔,靶后效应高;降低杀伤即命中系统的成本。

2. 大长径比EFP技术

对于给定质量和速度的EFP弹丸而言,侵彻深度和侵彻孔的容积主要取决于弹丸的长度,弹丸形状的影响是第二位的,且侵彻深度和侵彻孔的容积不与弹丸的动能成正比,因此,发展大长径比的EFP弹丸也是EFP战斗部技术的重要研究方向。美国研制的萨达姆灵巧子弹药在目标上方150m处起爆时,形成的EFP对装甲目标的侵彻深度达到了1倍装药直径。俄罗斯Motiv-3M形成的EFP以30°的倾角攻击目标时,可击穿70mm厚的轧制均质装甲。德国灵巧155形成的EFP长径比达到了5,并带有尾裙,气动力学性能优异,飞行稳定好。2003年,美国空军在伊拉克战争中首次使用了CBU-105/B传感器引爆弹药。

3. MEFP战斗部技术

自20世纪80年代以来,各国一直在研究多爆炸成形弹丸(MEFP)战斗部技术。最初设计的MEFP战斗部壳体材料为钢,内装LX-14炸药,药型罩材料采用钛钢或铜。典型MEFP战斗部所包括的基本部件:药型罩、战斗部壳体、卡环、起爆管和传爆管。研究人员已经就MEFP战斗部在不同武器系统中的应用进行了分析研究,并将其应用到扫雷中。弹丸的形状可以是带状、球状、椭圆状和杆状,穿甲弹丸重量为5g~50g,飞行速度为5km/s~25km/s。另外,研究人员已经就通过改变药型罩设计研究弹丸以不同的尺寸和形状飞散,聚焦式飞散或定向飞散,已经建立的数据充足的试验数据库,验证MEFP战斗部在25m~100m炸高范围上起爆对付装甲目标和轻型器材目标的性能。MEFP战斗部起爆后可形成许多EFP弹丸,用于攻击轻型器材目标。而最初设计的EPF战斗部只能形成一个杆状或球形EFP弹丸,用于摧毁重型装甲目标。

4. 伸出式新型穿甲弹技术

伸出式穿甲弹的穿甲部分由芯杆、套筒两段组成,发射前芯杆缩于套筒中,发射后芯杆从套筒伸出,根据穿甲机理的研究,除了芯杆有正常的侵彻穿甲作用之外,套筒也具有同样相当杆长的侵彻穿甲能力,从而达到增大穿甲能力的目的。试验表明,伸出式穿甲弹侵彻装甲板深度比普通穿甲弹的增加25%以上。

5. 横向增效穿甲弹技术

横向增效穿甲弹(PELE)是一种具有穿甲弹和榴弹特点的新型弹药,兼具穿甲弹的穿甲效应和杀爆弹的破片杀伤效应。由于无需引信和装药,PELE弹还具有结构简单、安全性好、成本低廉的特点。弹丸的作用原理基于弹丸的内芯和外层弹体使用不同密度的材料的物理效应。外层弹体由钢或钨重金属制成,对付钢板时有良好的穿透性能;内芯用塑料或铝制成,不具有穿透性能。在侵彻过程中,低密度装填材料被挤压在弹坑和弹体的尾端部分之间。这导致压力升高,低密度装填物材料周围的弹体膨胀,因此扩大了弹坑直径,并最终使高密度的外层弹体分解为破片。

6. 易碎穿甲弹技术

易碎穿甲弹技术的关键在于易碎弹体材料技术。易碎弹体材料技术是通过控制弹体材料的成分和工艺，实现对弹体材料破碎性能的控制，在撞击装甲目标时，利用冲击波在弹体中的作用使易碎弹体材料形成均匀破片，不需开槽或破片预制。这种高密度破片在弹丸自旋离心作用下，能够以膨胀的破片群形式攻击目标，通过破片冲击和侵彻作用毁坏目标及其部件。在打击铝或钛制飞机结构时，这种高密度、高速度破片群的撞击会使铝或钛形成粉尘，造成金属粉尘氧化爆炸，产生超高压并释放出大量热，进一步加强破坏效果。如果弹芯与锆、钛或贫铀合金等自燃金属组合在一起可进一步加强对飞机的纵火破坏作用。自燃金属会破碎，并因冲击载荷引燃，发生放热式反应，产生燃烧温度达3000℃的纵火效应，能够引燃各种可燃物，如汽油和喷射燃料，因而加强了易碎弹的终点效应。其关键技术包括：研究弹体材料的组分、工艺、密度、动静态力学性能、微观结构、材料的复合、终点效应、破碎特性及其相互关系等。

7. 复合侵彻战斗部技术

复合钻地战斗部主要由前置聚能装药、随进杀伤爆破钻地弹和灵巧引信系统等组成，主要配用巡航导弹。复合战斗部的前置装药在碰撞到目标防护层或距离防护层一定的高度上先行起爆，产生金属射流在目标防护层内穿孔，为随进杀伤爆破钻地弹钻入目标内部开辟通路。当随进杀伤爆破钻地弹进入目标内部后，其所配用的引信经预定延期后起爆，重创目标。与动能钻地战斗部相比，复合钻地战斗部的结构设计复杂，现装备的数量和种类较少。欧洲国家极为重视其装备及研制工作。另外，美国也已经从英国采购了BROACH（增强聚能装药）战斗部，提高空军对付深埋及加固目标的能力。与动能钻地战斗部相比，复合钻地战斗部可以较轻的重量完成攻击指定类型的目标。

8. 复合材料（自锐钨合金）穿甲弹技术

贫铀弹芯因贫铀材料撞击标靶时，弹芯头部形状具有自动磨锐的特性，因此能够得到良好的侵彻威力。但贫铀材料具有放射性，会使环境受到污染，因此贫铀弹的使用会受到限制。而传统的钨合金弹芯撞击靶板时，弹芯头部变形为蘑菇状，使侵彻孔径变得很大，其侵彻深度（长度）有限。近年来，美国等国正在开展新的研究，利用纳米材料（由1nm～100nm等级的粒子构成的材料）制造技术，用钨合金钠米材料制作弹芯，当弹芯撞击靶板时其头部的形状也可做到自动磨锐。通过应用这种技术，新材料的钨合金弹芯的侵彻能力将得到大幅提高，用钨合金弹芯来取代贫铀弹芯是可取的。

9. 分段杆式弹芯技术

在分段杆式动能战斗部中，杆式穿甲弹芯由许多有间隔的小段组成。目前，国外已经开始研究分段杆式动能战斗部技术，并计划将其应用于反坦克武器中。

第8章　火箭与导弹武器技术

8.1　火箭与导弹武器及其特点

8.1.1　火箭与导弹武器的基本知识

1. 火箭与导弹武器

火箭是一种依靠火箭发动机喷射工作介质产生的反作用力推动前进的飞行器。因自身携带氧化剂,所以火箭可以飞出大气层,在真空条件下飞行。这种飞行器携带战斗部时,就称为火箭武器。

火箭有两类,一类称为无控火箭(简称火箭),其飞行轨迹在其飞行过程中不可控制;另一类称为可控火箭,其飞行轨迹在其飞行过程中有制导系统导引和控制。无控火箭武器习惯上称为火箭弹(或常规火箭武器),广泛用于装备陆、海、空各军兵种,已成为一种有效的武器装备。世界各国军队都很重视火箭弹的发展和应用,研制和装备了各种用途的火箭弹。鉴于火箭弹自身的特点能够适应未来战争的需要,它必将得到更加广泛的应用。

导弹是"导向性飞弹"的简称,是一种依靠制导系统来控制飞行轨迹,可以指定攻击目标,甚至追踪目标动向的无人驾驶武器,其任务是把战斗部装药在打击目标附近引爆并毁伤目标,或在没有战斗部的情况下依靠自身动能直接撞击目标,以达到毁伤效果。简言之,导弹是依靠自身动力装置推进,由制导系统导引、控制其飞行路线,并导向目标的武器。大多数导弹是以火箭发动机为动力装置的,属于可控火箭武器范畴,有些导弹以空气喷气发动机为动力装置,不属于火箭武器。

本书主要介绍火箭武器相关内容。

2. 火箭武器的主要组成部分

现代火箭武器主要组成部分有:动力装置、战斗部、弹体、制导系统和弹上电源(见图8-1)。其中,常规火箭武器其组成部分中不含制导系统和弹上电源。

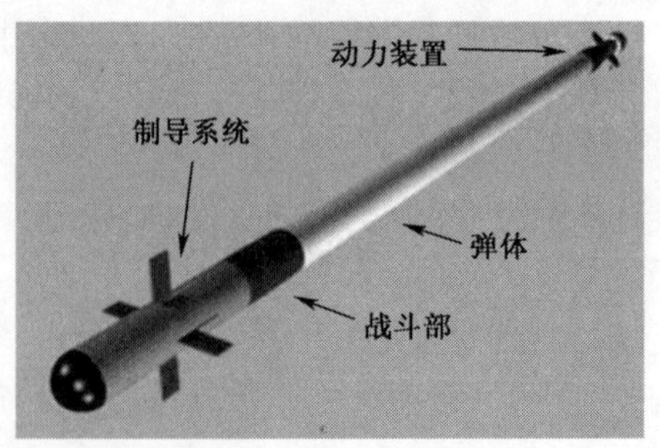

图8-1　导弹主要组成

1) 动力装置

动力装置是以发动机为主体的,为火箭武器提供飞行动力的装置,也可称这部分为推进分系统。它保证火箭武器获得需要的射程和速度。

火箭武器上的发动机大多都是固体火箭发动机,有的导弹上的发动机是空气喷气发动机(涡轮喷气和冲压喷气发动机)以及组合型发动机。火箭喷气发动机是火箭武器自己携带氧化剂、燃烧剂,二者反应形成高温高压气流推动火箭武器前进。这种火箭武器既可在大气层中飞行,又可在大气层外飞行,适合于火箭弹、高空导弹或低空导弹。空气喷气发动机是导弹自己携带燃烧剂,需要利用空气中的空气作为氧化剂,二者反应形成高温高压气流推动导弹前进。由于需要利用空气作氧化剂,所以使用这种发动机的导弹只能在大气层中飞行。

有的导弹用两台或单台双推力发动机。一台作起飞时助推用的发动机,用来使导弹从发射装置上迅速起飞和加速,因此称为助推器;另一台作主要发动机,用来使导弹维持一定的速度飞行以便能追击目标,因此称为续航发动机。远程导弹、洲际导弹要用多级火箭,每级火箭要一台或几台火箭发动机。

2）战斗部

战斗部是导弹上直接毁伤目标,完成其战斗任务的部分。由于它大多放置在导弹的头部,人们习惯称它为弹头。

由于导弹所攻击的目标性质和类型不同,相应地有各种毁伤作用和不同结构类型的战斗部,如爆破战斗部、杀伤战斗部、聚能战斗部、核战斗部等。

爆破战斗部:以普通高能炸药作为装药的常规战斗部,以炸药装药爆炸产生的爆轰产物和冲击波破坏目标。主要用于破坏工事和障碍物,在地雷场中开辟通路,摧毁导弹发射场、机场、火力点等固定目标。

杀伤战斗部:以普通高能炸药作为装药的常规战斗部,以弹丸产生的破片来杀伤有生力量和毁伤目标,其爆轰产物和冲击波也能对目标起毁伤作用。

聚能战斗部:以普通高能炸药作为装药的常规战斗部,利用聚能效应,弹头起爆时,高温高压气流沿着药型罩面法线飞出,使高温高压气流以及药型罩金属流汇聚成一股,从而对厚的装甲、混凝土工事有穿透和冲击作用。

核战斗部:是利用核反应的各种效应起到杀伤破坏作用。一般战略导弹均可装核弹头。按装料和主要杀伤因素的不同,可分为原子弹头、氢弹头和中子弹头。原子弹弹头,是利用钚、铀等重金属元素,在爆炸的瞬间靠其核裂变产生高温高压气体释放出起破坏作用的巨大能量造成杀伤破坏作用。氢弹弹头,是利用氘、氚等重氢和超重氢元素的原子核聚变,产生冲击波、光辐射、辐射性沾染等效应来摧毁目标。中子弹头,是利用核反应产生的大量高能中子杀伤生物的一种武器。

还有有特殊的作用的战斗部,如化学弹头、细菌弹头、军用毒剂弹头、生物战剂弹头等。

对大型火箭武器,为了提高效果,往往采用多弹头,一枚母弹头携带若干枚子弹头,母弹头到达一定高度后,释放子弹头,释放出的子弹头可沿不同轨迹攻击同一军事目标或沿不同轨迹攻击不同的军事目标。

3）弹体

弹体是指将战斗部系统、动力系统和制导系统有机连成一体,使之形成的整体。弹体是火箭导弹的主体,由各舱、段、空气动力翼面、弹上机构及一些零部件连接而成,用以安装动力装置、战斗部、推进剂、控制系统及弹上电源等。当采用对接战斗部、固体火箭发动机和液体推进剂受力式贮箱时,它们的壳体、箱壁就是弹体外壳的一部分。空气动力翼面包括产生升力的弹翼、产生操纵力的舵面及保证稳定飞行的安定面(尾翼)。对弹道式导弹由于弹道大部分在大气层外飞行,主动段只作程序转向飞行,因此没有弹翼或根本没有空气动力翼面。

由于火箭导弹工作环境复杂多变,为使导弹能在各种复杂条件下工作,弹体必须具有良好的空气动力外形,以减少空气阻力;还应具有高质量的内部空间,给各工作系统和仪器设备创造一个良好的工作环境和保护条件。弹体应采用具有足够强度的结构和材料,并应使强度刚度好、重量轻、成本低、来源广。

4)制导系统

制导系统是导引和控制导弹准确飞向目标的仪器、装置和设备的总称。为了能够将导弹导向目标,一方面需要不断地测量导弹实际运动情况与所要求的运动情况之间的偏差,或者测量导弹与目标的相对位置与偏差,以便向导弹发出修正偏差或跟踪目标的控制指令;另一方面还需要保证导弹稳定地飞行,并根据导引系统送来的信息和自身敏感元件提供的信息及时修正导弹的飞行角度,操纵导弹改变飞行姿态,使其处于良好的受控状态,保证控制导弹按所要求的方向和轨迹飞行而命中目标。完成前一方面任务的部分是导引系统,完成后一方面任务的部分是控制系统。两个系统合在一起构成制导系统。制导系统的类型很多,它们的工作原理也多种多样。

制导系统按其引导方式的不同特点,可分为自主式制导、遥控式制导、寻的式制导、复合式制导。

自主式制导完全由导弹自身的制导系统按照预先拟订的飞行方案,控制导弹飞向目标。这种制导方式隐蔽性好,不易受到干扰,比较可靠。但由于制导程序预先确定,因而只能用以攻击既定目标,不便机动。

遥控式制导是依靠地面发射点测定导弹与目标的相对位置,并向导弹发出遥控信号,控制导弹飞向目标的引导方式。这种制导方式比较灵活,机动性强,既可把导弹导向固定目标,又可导向活动目标,广泛用于空对空、空对地、地对空导弹和反坦克导弹。

寻的式制导是依靠弹体上的设备,接收目标辐射或反射的能量,确定目标位置,并形成导引信息,自动控制导弹飞向目标。这种制导方式可用于攻击活动目标,通常在空空、地空导弹使用,也可作为其他方式的末制导。

复合制导是将几种制导方式结合使用的制导。复合制导系统,制导方式多样,克服了某单一制导方式的不足,可互为弥补,稳定性、可靠性好,既能提高引导精度,又可增大制导距离和增强抗干扰能力,更有效地提高了突击目标效果,是导弹武器制导方式的发展方向。

5)弹上电源

弹上电源是供给弹上各分系统工作用电的电能装置。除电池外,通常还包括各种配电和变电装置。有的导弹还采用小型涡轮发电机来供电,如采用涡轮风扇喷气发动机带动小型发电机发电来供电。采用有线制导的导弹,弹上可以没有电源,由地面电源供电。

2. 火箭武器的特点

目前,火箭武器广泛用于装备陆、海、空各军兵种,已成为一种有效的武器装备。世界各国军队都非常重视火箭武器的发展和应用,研制和装备了各种用途的火箭武器。同身管武器相比,火箭武器有如下的特点:

(1) 飞行速度快,射程远。现在身管武器的炮弹初速与射程受到限制。火箭是采用火箭发动机作为动力装置,是利用喷射推进原理获得飞行速度的。飞行速度的大小主要取决于推进剂的比冲量和质量比。而质量比并没有受到很大的限制,可以按需要的速度确定。于是火箭武器的飞行速度可以达到每秒几千米,甚至更大,特别是战略导弹,在整个弹道上,都能以超高声速飞行。火箭武器可以得到较大的飞行速度,因而也就具有更好的远射性,其射程足以攻击地球上的任何目标。由于远程导弹速度快,射程远,为准确突击目标,必须增强设计高度。而射程上万公里的洲际导弹,基本上是在大气层外飞行,这样的速度和高度,对其防御是很困难的。

(2) 发射时没有后坐力。身管火炮发射弹丸时,推动弹丸向前的气体压力,同时推动身管向后运动,产生的后坐力很大。火箭靠喷气推进原理获得飞行速度,因此,发射时不会产生后坐力。这就有可能制成轻便、简单、尺寸紧凑和多管联装的集束发射装置,火箭发射装置可以安装在拖车、汽车、履带车、飞机、直升机、舰艇上,也适合于步兵携带。多管集束火箭武器能够在很短时间内,例如在几秒钟内或一分钟内,发射大量的大威力火箭弹,一门火箭炮发射的弹数相当于 1 ~ 2 个炮兵营在相同时间内发射的弹丸数,是面目标射击极为有效的压制兵器,甚至是一种威慑力量。

(3) 发射时的过载系数小。火箭发射时的过载与飞行加速度有关。和炮弹相比,火箭弹起飞时加速度相差两个数量级,如 152mm 榴弹炮的最大加速度为 155 000m/s^2,而火箭的加速度通常为 200m/s^2 ~ 800m/s^2,特殊情况下加速度可能大些,但仍比弹丸加速度小得多。由于起飞过载系数小,有利于减小结构尺寸和质量;有利于安装制导元件及装填特种战斗剂,如烟幕剂、空气燃料炸药、电子干扰物等。

(4) 命中精度高。随着飞行控制系统与控制方法的不断改进,制导火箭武器已具有相当高的命中精度。如美国研制的洲际导弹,可以将命中精度提高到几十米;未来装备的人工智能计算机导弹,命中概率可达百分之百。早期的火箭弹武器是无控制的,无控火箭弹的密集度比身管炮弹的密集度差,特别是方向密集度更差。炮兵野战火箭弹的密集度一般 B_X/X 为 1/100 ~ 1/250;B_Z/Z 为 1/88 ~ 1/150。因此,野战火箭弹武器不宜用于对点目标射击。无控火箭弹密集度较差,限制了它的应用与发展。因此,寻找提高密集度的简易有效途径,是研制火箭弹武器中需解决的重要课题。

(5) 容易暴露发射阵地。火箭发射时会向后喷射强大气流,伴随声、光、火焰以及扬起的尘土,使火箭发射阵地(即位置)暴露在敌军侦察的视野内。

(6) 消极载荷大,成本高。战斗部占整个火箭武器的比例较小,消极载荷大,火药利用效率低,制造成本高。例如:122 榴弹与 122 火箭弹的价格比为 1∶5。火箭弹比炮弹贵的原因在于它自身带有动力装置即火箭发动机。发动机和战斗部一起飞抵目标,而弹丸没有发动机部分。另外火箭推进剂比火炮发射药贵,且能量利用率较低,也是造价高的原因。对制导武器,除动力装置外,还有制导系统和电源,使其制造成本比普通炮弹高出几个数量级。

8.1.2　火箭与导弹武器的类型

1. 火箭弹的分类

第二次世界大战后,随着工业技术水平的提高和战备的需要,火箭弹有了很大的发展。目前世界各国研制成的火箭弹种类很多,为了科研、设计、生产、保管及使用的方便,可从下列几个方面对火箭弹加以分类。

1)按战斗使用范围分类

(1)炮兵火箭弹。这种火箭弹装备于炮兵部队,按射程远近供各级炮兵使用,它从地面发射,攻击敌方军事设施、工事和有生力量,其战斗部多数设计成杀伤爆破弹。由于火箭武器散布大的原因,长期以来,其射程受到了限制,但近年来随着火箭设计技术的提高,射程已有所突破,60km~80km 火箭弹已经生产出来并装备部队。

(2)反坦克火箭弹。它是供步兵使用的消灭敌人坦克、装甲车辆的武器,摧毁敌碉堡等火力点,必要时也可以攻击敌武装直升机,它是一种直接瞄准射击型武器,弹重轻,命中精度高,携带方便。这类武器的战斗部常常设计成空心装药破甲弹。

(3)空军火箭弹。它装备于飞机和武装直升机,用于攻击敌方地面步兵支撑点内的各种目标,它的战斗部多数为杀伤战斗部,要求它必须具备一定杀伤半径和具有足够杀伤动能的杀伤破片。

(4)海军火箭弹。常见的是一种由军舰发射的海军火箭深水炸弹,专门用来攻击海面上的目标和水面下潜艇。

(5)防空火箭弹。专门用于对付超低空飞行的飞机或直升机,保护步兵和军事设施免受敌机杀伤。火箭弹通常设计得比较小和简单,以便对敌机可能进入的空中封锁区进行大面积的面射击。

(6)其他军用火箭弹。例如工程兵部队装备的各种开辟通路用的火箭弹和各种布雷火箭弹等。

2)按火箭弹用途分类

(1)主用弹。供直接杀伤敌人有生力量和摧毁非生命目标的火箭弹统称主用弹。这类弹包括有杀伤火箭弹、杀伤爆破火箭弹、爆破火箭弹、空心装药破甲火箭弹及燃烧火箭弹等。杀伤火箭弹主要用来杀伤敌方人员;破坏敌人的土木工事、铁丝网、车辆、建筑物时,一般采用杀伤爆破火箭弹;若侧重于破坏敌方雷场,各类地堡或地下军事设施,则宜采用爆破火箭弹;为了对付坦克、装甲车辆等装甲目标,一般采用空心装药破甲弹和碎甲弹。空心装药破甲弹一般又可分为纯火箭发射的空心装药破甲弹和由无后坐力炮发射的火箭增程空心装药破甲弹两类。

(2)特种弹。专供完成某些特殊战斗任务的火箭弹称为特种弹。这类火箭弹对目标无明显毁伤作用,包括照明弹、烟幕弹、干扰弹和宣传弹几种。

(3)辅助弹。供学校教学和部队训练使用的火箭弹,如各种火箭弹教练弹。

(4)民用弹。称它为民用火箭更切合实际一些,如民船上装备的抛绳救生火箭,气象部门发射的高空气象研究火箭,以及海军用的火箭锚等。随着我国经济建设的深入发展,民用火箭将得到进一步的发展,运用到各个领域。

3)按稳定方式分类

(1)尾翼式火箭弹。火箭弹在飞行过程中依靠安装在火箭弹尾部的尾翼装置来保持飞行稳定。

(2)涡轮式火箭弹。也叫旋转式稳定火箭弹,它在飞行中是依靠弹体绕自身纵轴高速旋转来保持飞行稳定的。

4）按获得速度的方法分类

（1）普通火箭弹。火箭弹的飞行速度，由自身携带的火箭发动机提供，当火箭发动机装药燃烧完毕时，飞行速度达最大值。

（2）火箭增程弹。火箭弹的飞行速度不仅在火炮发射时获得，当火箭弹出炮口后，火箭增程发动机开始工作，火箭弹的速度还要再次增加。增程火箭发动机工作结束时，飞行速度达到最大值。

2. 导弹武器的分类

目前，世界各国发展的导弹，种类繁多，为了便于研究、设计、生产和使用，通常将它们进行分类。导弹分类方法很多，但每一种分法都应概括地反映出它们的主要特征。

1）按照射程分类

按照射程导弹可分为：近程导弹（射程小于 1000km）、中程导弹（射程 1000km ~ 3000km）、远程导弹（射程 3000km ~ 8000km）和洲程导弹（射程大于 8000km）。

2）按照发射地点和目标位置分类

发射点和目标位置可以在地面、地下、水面（舰船等）、水下（潜艇等）和空中（飞机、导弹、卫星或空间站等）。一般约定地面（包括地下）和水面（包括水下）统称为面。这样，导弹可分为面对面导弹、面对空导弹、空对面导弹和空对空导弹四大类。

面对面导弹，是指从地面、地下、水面或水下发射打击地面、地下、水面或水下目标的导弹，包括地对地导弹、岸对舰导弹、舰对舰导弹、舰对地导弹、舰对潜导弹、潜对舰导弹、潜对地导弹等。

面对空导弹，是指从地面、地下、水面或水下发射打击空中目标的导弹，包括地对空导弹、舰对空导弹、潜对空导弹等。

空对面导弹，是指从空中发射打击地面、地下、水面或水下目标的导弹，包括空对地导弹、空对舰导弹、空对潜导弹等。

空对空导弹，是指从空中发射打击空中目标的导弹，包括近距格斗导弹、远距全高度导弹、全向攻击导弹、全天候攻击导弹等。

3）按飞行弹道特点分类

（1）弹道导弹。是由火箭发动机将其推送到一定高度和速度后，弹头靠其惯性沿着预定弹道飞向目标的导弹。由于飞行路线类似于炮弹的轨迹，故称为弹道导弹。

（2）有翼导弹。（又称飞航导弹、巡航导弹）是指通过弹体、弹翼和舵面产生空气动力，控制和稳定导弹的飞行，使导弹在飞行过程中始终保持匀速状态或等高状态。

4）按作战使命分类

（1）战略导弹。是指用于攻击敌方政治与经济中心、军事与工业基地、核武器库、交通枢纽、导弹基地、指挥控制中心等重要战略目标，完成战略轰炸任务的导弹。通常携带核弹头的战略导弹，由国家最高统帅机构控制和使用。此外，用来保卫重要城市和具有战略意义的要地和设施的远程地对空导弹也属于战略型导弹，这类导弹主要用以攻击入侵的战略轰炸机、巡航导弹和弹道式导弹。

（2）战术导弹。战术导弹，是指用于地面、海域和空中作战的，完成攻击某个具体战役的战术目标任务的导弹，在一般战役中使用。用于打击敌方战役、战术纵深内的核袭击兵器、集结的部队、坦克、飞机、舰船、雷达等战术目标。由战役、战术指挥员使用。

还可以按照所攻击目标分为:攻击固定目标的导弹和攻击活动目标的导弹。按所攻击目标特征分:反卫星导弹(专门用于攻击卫星的导弹)、反飞机导弹(专门用于攻击飞机的导弹)、反弹道导弹(专门用于攻击弹道导弹的导弹)、反坦克导弹(专门用于攻击坦克的导弹)、反舰导弹(专门用于攻击舰艇的导弹)、反潜导弹(专门用于攻击潜艇的导弹)、反辐射导弹(专门用于攻击雷达的导弹)等。按发射点特征分:机载导弹、舰载导弹、车载导弹、炮射导弹等。

8.2 火箭与导弹武器的发展

8.2.1 火箭与导弹武器的发展简史

我国古代劳动人民是火箭的发明者。早在火药发明后的公元969年,冯继升和岳义方等人就用火药制成了火箭,如图8-2所示。它是将装满黑火药的竹筒绑在普通的箭上,黑火药点燃后,箭便由弓射出去,这样就提高了箭的飞行速度和射程,这就是最早的火箭。11~13世纪,宋与金、元交兵时,宋军就使用了火箭。后来元军西征,将火箭技术传到了阿拉伯地区,以后又传到了欧洲。14~17世纪,尤其在我国明代,制造火箭的技术有了发展。当时为了提高火箭杀伤威力,制造了一种许多枝火箭齐射的火箭束。以后又制造了一种名叫“火龙出水”的水上火箭,它在离水面1m多高时点火,能够在水面飞行1km~1.5km。

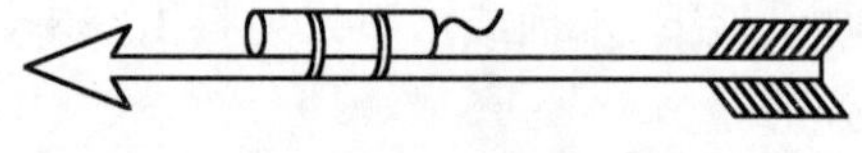

图8-2 中国古代火箭

国外火箭技术也有很大发展。14世纪初欧洲已把火箭用于军事上。17世纪,印度、英国都使用过火箭作战,取得了很好的效果。此后,法国、丹麦、奥地利也相继制造了火箭。俄国更早一些就有了火箭,而且建立了生产工厂,并在战争中不断改进和完善火箭的结构,提高了火箭射击密集度和射程。18~19世纪,火箭作为武器虽然还在发展,但是,进展却很慢,而且几乎停止了生产和使用。其原因是19世纪60年代,发明了线膛火炮,这种火炮发射的炮弹从射程和射击精度上,都比火箭强得多。于是,在战争中火炮取代了火箭。虽然如此,科家学对火箭的研究和实验仍一直在进行,而且取得了很大的进展,为后来火箭技术的发展提供了理论基础和技术方向。其中以俄国学者齐奥尔科夫斯基最为著名,他第一个提出运用液体推进剂作为工质的火箭发动机的可能性,并画出了示意图,创立了著名的齐奥尔科夫斯基公式,以及多级火箭的设计思想,奠定了火箭飞行动力学的基础,提出了星际航行的伟大理想。

因为火炮发射炮弹是靠炮膛内的火药燃烧产生高压(达300MPa)气体的力量推送出去的,火炮要承受很高的膛压和很大的后坐力,因此,火炮比较笨重。特别是随着射程增加,炮弹重量加重,矛盾就更加突出。于是,提高火炮射程,提高火炮威力与火炮作战机动性之间的矛盾就尖锐起来了。到了20世纪20~30年代,无烟火药的出现,给火箭提供了高能火药,同时,发动机的结构和原理也日益完善,于是,人们又转向发展火箭作为武器。第二次世界大战,前苏联军队在反击希特勒法西斯的战争中,使用了火箭弹,发挥了巨大的威力。现代使用的火箭弹，由于发射装置装在汽车上（见图 8－3），发射时的后坐力小，它比火炮简单轻便，机动性好，可以多管齐发，火力猛烈。但是，它也有缺点，发射时的火光大，烟尘大，容易暴露阵地，也不如火炮打得准。

图 8－3　火箭炮

20 世纪 20～40 年代，德国、美国、苏联等国都研制并发展了各自的火箭炮，其中，苏联制造的 БМ－13 式火箭炮，俗称“卡秋莎”，可联装 16 发弹径为 132mm 的尾翼式火箭弹，最大射程达 8.5km，在第二次世界大战中发挥了重要的作用。第二次世界大战后，苏联仍然重视火箭炮的发展，先后研制成了 БМ－14、БМ－21、БМ－24 等火箭炮。至 20 世纪 70～80 年代先后研制了飓风 9k57 式 220mm 与旋风 9k58 式 300mm 多管火箭炮及火箭弹，其中 300mm 火箭弹最大射程已达到 70km 并采用了简易控制技术。美国、德国、意大利等国也十分注重火箭炮的研制工作。美国沃特公司研制生产的 M270 式多管火箭炮系统，于 1983 年正式装备美国陆军，同年 5 月，根据与美国达成的协议，德（联邦）、法、英、意四国组成 MLRS 欧洲制造集团，为欧洲国家制造 M270 式多管火箭炮系统，另外，日本、韩国、新西兰、澳大利亚、荷兰、希腊、土耳其及以色列等国，也都先后购买了这种多管火箭炮。在 1991 年的海湾战争中，美国陆军共投入了 189 门 M270 式多管火箭炮，发射了 17 000 多发双用途子母火箭弹，共倾泻了 1170 多万个子弹，对伊拉克的地面部队造成了极大的损伤。伊军士兵把多管火箭弹倾泻的密集子弹，称为可怕的钢雨，是最令人生畏的武器系统之一。

20 世纪 50 年代，火箭弹的最大射程约为 10km；60～70 年代大多数火箭弹的最大射程为 20km；而 80 年代新发展火箭弹的射程已达 30km～40km，苏联研制的 300mm 火箭弹射程达到 70km，中国研制的 WM－80 型 273mm 火箭弹其最大射程超过 80km。21 世纪初火箭弹随着火箭技术、制导技术的发展，出现了简易制导火箭等新型火箭，其射程达到了 150km 以上，密集度得到大幅度提高。

战争要求使用的武器射程远，命中准确度高，威力大，这就促使人们研究对火箭的进一步改进。20 世纪 30 年代，液体推进剂，耐高温材料和电子技术取得了新的进展，为导弹的发展提供了条件。希特勒为了准备侵略战争，积极从事火箭武器的研究工作，在 1933 年特别建立了火箭和导弹研究中心，终于在 1942 年研制成使用液体火箭发动机的射程为 320km 的“V－2”弹道式导弹。“V－2”导弹的出现是火箭技术发展进入一个新阶段的标志。与此同时，德国还研制了用脉冲空气喷气发动机的“V－1”飞航式导弹。德国除了研究、发展“V”型导弹外，为了对付同盟国的飞机轰炸，还研究、发展了无线电制导的“瀑布”、“莱茵女儿”等几种地对空导弹，以及岸对舰、空对地（舰）、空对空导弹和反坦克导弹。

第二次世界大战后，各国都十分重视发展导弹。美、前苏联两国都在德国“V－2”和“V－1”等导弹的基础上制成了射程达数百千米以上的弹道式导弹和飞航式导弹。20 世纪 50 年代以后，科学技术取得了飞跃的发展，近代力学、高能燃料、特种材料、电子技术、计算机技术、自动控制、精密仪表和机械等的发展为导弹提供了进一步发展的基础。在这种情况下，苏联于 1957 年 10 月成功地发射了第一颗人造地球卫星和洲际弹道式导弹，在世界处于领先地位。美国为了赶上前苏联在导弹方面的优势,从1957年开始,加紧发展中程和洲际导弹,迅速弥补了当时同苏联在导弹方面的差距。

美、苏两国在发展远程战略导弹的同时,也大力发展各种战术导弹,其中以防空导弹最受重视,发展最快。从20世纪50年代开始,美、苏联相继发展并装备了地(舰)对空导弹。到目前为止,美、俄在地(舰)对空导弹方面,已经发展到可攻击超低空、低空、中低空、高空、超高空目标以及反洲际导弹的各种导弹。在这个时期,美、苏两国还发展了多种型号的空对空导弹、空对地(舰)导弹、反舰(潜)导弹、巡航导弹及反坦克导弹。它们是从第二次世界大战以后发射导弹最早,研制品种和型号最多的国家,代表了当今世界导弹技术的先进水平,并处于领先地位。与此同时,西欧国家如英国、法国、德国和意大利等国也研制了不同类型的导弹,并且在战术导弹的某些方面还处于先进地位。

第二次世界大战后,导弹不仅装备了军队,而且从20世纪50年代起就在实战中应用了,特别是在一些局部战争中,更是大量使用,并取得了非常好的作战效果。导弹之所以有这样好的作战效果,是因为它们和非制导武器相比,具有射程远、威力大、命中准确度高等突出优点。小型导弹还具有使用方便的优点。导弹也有弱点,由于系统非常复杂而庞大,这不仅带来操作、维护和使用上的麻烦和不便,而且影响了可靠性,任何一个环节发生脱节、失误或故障,都会导致导弹失效。尤其是在敌方进行干扰,如施放烟幕、制造假目标、多光(热)源、采用电子干扰以及释放诱饵等情况下,导弹更容易失效。例如,美国在侵越战争中,“B-52”飞机采取了携带着噪声干扰机和干扰箔条,机队由专用电子战斗机掩护等干扰措施,使越南发射的苏制“萨姆-2”地对空导弹的命中率仅达1.4%~2%。目前,多数导弹的制导系统是以电子技术为基础的,因此,敌对双方都十分重视电子对抗。随着科学技术的发展,目前也出现了如激光制导、电视图像制导、数字地图等新的制导方法,这些技术将会大大增强导弹的抗干扰性能,同时也会引起一场新的对抗较量。

我国自1966年10月27日发射弹道导弹并试验成功之后,多次向太平洋海域和其他海域发射了运载火箭;此外,还由潜艇从水下发射了运载火箭;自1970年4月24日发射第一颗地球卫星之后,也多次发射了其他地球卫星、科学实验卫星、试验通信卫星,并多次成功地进行了国际商用卫星发射等。这些事实说明,我国当前在火箭技术、导弹技术、空间技术上都获得了巨大的成就,特别是在回收技术、静止卫星、一箭多星和载人航天技术等方面进入了世界先进行列。

8.2.2 火箭与导弹武器的发展趋势

根据当前研制火箭导弹武器过程中存在的关键问题,为满足未来现代化战争对火箭导弹武器装备的需求,还需要对相关关键技术开展更深入的研究。突破关键技术以后,开展一些综合性能更好的火箭导弹武器型号研制。

火箭导弹武器的研制和发展,目前主要存在以下几方面的问题。

(1) 单兵火箭使用的改性双基推进剂其燃速较低,安全性较差,无法满足大装填密度发动机设计的需求;

(2) 高能效性双基和复合推进剂机械性能较差,无法满足高过载发射增程火箭发动机设计的需求;

(3) 简易制导技术才刚刚开始研究,一些关键问题还没有突破;

（4）药柱包覆、燃烧室和喷管的热防护材料及工艺技术还需要更进一步的研究；

（5）在恶劣环境下，火箭发动机的工作可靠性还有待提高。

为了使火箭导弹武器向远程化、高精度、大威力以及低成本方向发展，未来十几年我国在火箭导弹武器及其相关技术方面将主要开展以下几个方面的研究工作。

（1）加强简易制导及弹道修正技术的研究。重点研究惯性器件、导引头、控制及导航器件的低成本、小型化和抗高过载技术，用于姿态修正的电、气动舵机及脉冲矢量发动机技术等。

（2）加强高能固体推进剂、药柱包覆及结构件热防护材料和制造工艺研究。提高固体推进剂的力学性能和燃速范围，包覆及热防护材料的力学性能和温度适应范围，改进相关制造工艺，提高包覆及隔热的可靠性。

（3）开展高强度、轻质复合材料在火箭导弹结构件制造中的应用技术研究。主要解决材料、制造工艺及低成本等技术问题。

（4）开展新型推进动力装置设计及应用技术研究。主要研究固体冲压发动机、凝胶推进剂火箭发动机、脉冲爆震发动机和多脉冲火箭发动机技术。

（5）开展远程单兵火箭武器的型号研制。采用双脉冲火箭发动机技术和末制导技术等，使单兵火箭的有效射程达到800m～1000m。

（6）开展制导火箭武器的型号研制。采用低成本全程制导和末制导技术，大幅度提高火箭武器的射击精度。主要进行70mm、122mm和300mm制导火箭的型号研制。

（7）开展超远程制导火箭的型号研制。采用高能推进剂、高强度低密度复合材料和低成本制导技术，使野战火箭的射程达到300km以上。

（8）开展超远程制导炮弹的型号研制。采用火箭/滑翔复合增程和低成本制导技术，使炮弹的射程和精度大幅度提高。

（9）在现有发射平台上，开展不同射程、不同战斗部类型的新弹种研制，以满足不同作战任务的需求。

8.3　火箭与导弹武器技术

8.3.1　总体设计技术

火箭导弹系统是一项复杂系统，其中任何一部分都有多种选择方法。导弹总体方案设计就是将其各部分有机地组合为一个整体，并能满足给定的战术技术指标要求，运用计算机进行火箭导弹的总体方案设计，可大大提高导弹总体设计的质量并缩短设计周期。

火箭导弹总体设计一般包括：分析目标特性及战术技术指标，导弹总体方案设计，导弹性能的计算，方案的评估，选出最佳方案。一般分别建立数据文件库和数学模型，将其有机地联系在一起，通过运行可得到火箭导弹总体参数，各分系统的主要参数，及各分系统之间的协调参数，从而完成导弹总体设计。

各分系统都有多种选择方案，因此就有很多种组合方案，如果每一种方案都要进行总体参数设计，就会使工作量大大增加，可参考有关资料划定一定的范围。例如，可根据目前正在服役武器分系统的特点，确定几种合理的组合方案，就可大大减少方案组合数，从而有利于快速完成设计任务。

各分系统主要参数计算包括:气动计算,弹道计算,战斗部、动力装置和导引头质量与尺寸的设计,翼面形状的优选,全弹质量、质心和转动惯量的计算,战术性能的计算等。建立各环节的数学模型以后,利用计算机进行总体参数的传递与迭代计算,最后完成该方案的总体设计。

每一种分系统的组合,都可以完成相应方案的设计,多种组合,就可以得到多种结果。它们的性能应各有优劣,各种方案的优劣的判断,就是方案的评估问题。这涉及性能、研制周期、造价、风险等问题,这些问题又往往是相互矛盾的,这就需要根据作战的需求、资金的投入、国家的技术能力等给出评价各方案的准则,一般应用加权系数法,对各准则进行加权后,再对设计方案进行综合评定,选出最佳方案。

8.3.2 推进技术

动力装置是火箭导弹武器系统的重要组成部分,它的发展必须适应导弹武器系统发展的要求,适应未来战术导弹攻击多目标、快速机动、全天候作战、垂直发射、飞行控制、三军通用、集装箱化的发展特点。

1. 发动机技术

(1) 提高性能。即提高发动机比冲、质量比、装填系数、壳体效率。为达到上述要求,不应过份追求单项高指标,而应着眼于最佳的综合性能,使每部分的性能都充分发挥出来。

(2) 简化结构。可采用无喷管发动机。无喷管发动机是一种新型发动机,由于它结构简单,从而提高了发动机工作可靠性。在能量损失、压力时间曲线和重现性等方面进一步完善后,无喷管发动机还可能用于中小型战术导弹。固体发动机结构简化也是提高发动机性能的重要途径之一。

(3) 组合(混合) 应用。组合(混合)应用也将是弹箭动力装置发展的一个重要途径。如整体式固体火箭冲压组合发动机,固体火箭发动机与小型涡轮喷气发动机的组合应用,涡轮冲压组合发动机,即其他可能出现的新混合应用。发动机各部件、组件的混合应用也是极重要的发展方面。如采用不同几何形状的混合装药结构,复合改性双基推进剂等。若发动机部件模式化,利用不同发动机的先进部件或结构,可在较短时间内组拼成新型发动机。

(4) 推力控制技术。它包括推力大小调节与推力矢量控制两个方面。弹箭的飞行和机动性能的改善都需要推力控制系统。

2. 性能预测

进一步提高性能预测的精度可利用当代计算机技术,使发动机设计程序化、自动化,开展相似理论、模拟技术在固体发动机或其他发动机中的应用研究。为减少全尺寸发动机试验,缩短研制周期,降低研制成本,应将理论预测与模拟技术结合起来,完成方案性验证,单项技术验证。

3. 材料与工艺

应进一步改善弹箭发动机的金属结构材料和喷管喉衬材料的工艺性并降低成本,实现其性能的稳定性、完善性;逐渐在弹箭发动机中应用纤维缠绕的壳体;解决复合材料壳体的刚度、外部承力件的连接及对广泛环境条件的适应性；重视焊接、缠绕及整体旋压等壳体成型的重要工艺途径；提高装药、包覆工艺和产品质量控制。

4. 推进剂

为适应各种弹箭动力和能源装置发展需要，在大力发展火箭推进剂的同时，也应积极开展冲压推进剂、燃气发生器推进剂的研制工作。提高推进剂能量、完善质量控制、降低成本、扩大燃速范围、调节压力指数、降低温度敏感系数、提高性能精度和提高使用寿命等，无疑都将是推进剂发展的重要课题。

8.3.3　战斗部技术

战斗部为了适应对付各类目标的需要，随着火箭导弹发展，在毁伤机理、终点效应、结构设计以及测试技术、设计方法等方面皆有了很大发展。同时，随着目标的发展，对战斗部也提出一些亟待解决的课题，以使其与各分系统性能参数协调，实现性能最优。

1. 反空中目标的战斗部

战斗部对空中目标毁伤机理，一般是动能毁伤。其中以破片效应最为广泛采用，使用时，由近炸引信确保战斗部在目标附近爆炸，借助高速破片杀伤目标。

反空中目标的战斗部发展与空中目标发展、飞机入侵方式的改变和导弹制导技术的日益完善紧密相关。

自定向破片战斗部基本思想是集中战斗部的破坏能于目标运动方向，实现定向杀伤，提高能量利用率与毁伤效率。它包括自定向抛掷法、改变战斗部几何形状法、削弱战斗部的部分壳体强度法、偏心起爆法等。

为适应对付超低空入侵敌机的需要，战斗部采用综合毁伤作用（杀伤、爆破、聚能）。据美国资料报导，用变形锆块取代钢破片，着火能力提高 240%，用稀土合金取代钢破片，点燃航空油料能力提高 44%。

为适应防空导弹小型化的要求，在制导技术日益发展，导引精度提高基础上，战斗部引用控制爆炸技术，充分利用炸药能量，采用先进的设计方法设计出满足摧毁概率的最小质量的战斗部结构。

为适应空空格斗导弹的需要，格斗导弹攻击区扩大甚至全向攻击，战斗部威力参数也相应地变化，如飞散角增大、破片数增多、破片质量相应减小，破片初始速度增大，出现一些新结构。

2. 反装甲战斗部

毁伤坦克装甲的机理主要是动能毁伤，常采用的有聚能破甲、穿甲和自锻破片三种效应，相应的有三种战斗部。世界上各国研制了几十种反坦克导弹，其中极大多数采用聚能破甲战斗部。

由于第三代主战坦克采用复合装甲、间隙装甲或主动装甲，采用通常的聚能装药战斗部结构难以穿透坦克主装甲。战斗部为了提高威力，基本上采用两种途径：一是改进战斗部结构，二是攻击坦克装甲防御薄弱的顶装甲。

改进战斗部结构具体措施有：采用串联的聚能装药战斗部和改进聚能破甲战斗部结构，例如采用双锥罩，用声速比铜高、韧性和强度与铜相近的镍做药型罩，选用爆速高、装药性能好的炸药，配用近炸引信或战斗部后置的方法来提高炸高等。

在战争发生时,双方坦克大量集结在出发阵地或第二梯队集结地。为了有效地对付坦克群目标,反坦克导弹可配用子母式战斗部,尤其是攻击坦克装甲防御薄弱的顶装甲。现装备坦克顶装甲厚度一般为30mm~40mm,瑞典的RBS56比尔反坦克导弹战斗部可由导弹的中心线向下斜置30°,以便攻击坦克的前面倾斜主装甲与顶装甲。美国的"突击破坏者"导弹配置两种弹头,可以对射程在150km以外的敌方坦克编队上方射击,投放子弹后,能有效地阻止一个整编坦克连的作战行动并摧毁一定数量的坦克,子弹采用自锻破片战斗部,当子弹由母弹抛出后子弹群落到预定高度时,寻的器搜索目标,到达目标上方约100m处,在遥感引信(被动红外式或毫米波式)的作用下,战斗部起爆。在150μs内形成自锻破片,破片以大于3000m/s的速度打击顶装甲而摧毁坦克。

3. 反地面目标战斗部

地面目标类型众多,按照防御能力分为硬目标、软目标与半硬目标;按照目标形状和分散面积大小分为点目标、线目标与面目标。属于硬目标的有地下发射井、钢筋混凝土掩体等;属于软目标有一般性军事建筑等;属于半硬目标的有机场跑道与机窝等;点目标指雷达阵地、指挥中心、军用弹药库等;线目标指机场跑道,铁路大桥等;面目标指城市、港口、交通枢纽、导弹发射基地、机场等。加强反地面目标战斗部主要有以下几种手段。

(1) 利用不同导弹配置战斗部。战术导弹在提高制导精度、减少散布的情况下,常规装药战斗部有着广阔发展前途。此外,随着美、俄禁止、消毁核武器谈判取得局部进展,在战略导弹上配置常规战斗部的意见逐渐被采纳。

(2) 使用子母式战斗部以对付集群以及密度较大的面积目标。子母式战斗部按其性能分为智能型、半智能型和非智能型。随着科学技术的发展,非智能型子母式战斗部将逐渐被半智能型和智能型子战斗部所取代。

(3) 采用不同毁伤方式的战斗部类型,以有效毁伤各种不同目标。通常的有破片杀伤型、侵彻爆破型、聚能破甲型和冲击波超压型。预先制成接近标准化与模式化的战斗部将充分发挥导弹武器在战争中的作用。

(4) 研制带有末制导与末敏的战斗部,将地地战略导弹上已经取得成效的分导技术移植到常规装药战斗部上。

(5) 发展燃料空气炸药。燃料空气炸药由于是面爆轰,产生强烈的冲击波,作用范围广,用来破坏地面车辆、杀伤人员、摧毁地面建筑等是很有效的。

(6) 加强对半硬目标的最佳毁伤效果研究。在尚未能完全掌握制空权的情况下,有效地封锁敌方的机场跑道将是一个十分重要的问题。使用地地导弹或空地导弹是封锁机场的重要武器,设计出一个既能有效封锁并且能较长时间内延续作用的战斗部是一个待开发的问题。

4. 反海上目标战斗部

海上目标是指水面舰艇与水下潜艇而言。水面舰艇包括航空母舰、巡洋舰、导弹驱逐舰与护卫舰。第二次世界大战后,轻型舰已成为主力舰艇。海上目标的特点:军舰的生存力强,有一定的防护装甲,火力装备强,面积较小。

第二次世界大战后,反舰导弹发展十分迅速。特别是1982年的马岛战争和1986年美、利冲突中,反舰导弹发挥了很大作用,受到各国重视。发展反海上目标战斗部主要有以下几种手段。

(1) 发展第四代反舰导弹。随着反导弹导弹技术迅速发展,亚声速反舰导弹遇到了突防困难问题,因此,第四代反舰导弹采用超声速飞行($M=2\sim4$),并引入隐身技术。

(2) 将聚能效应技术应用到反潜导弹上,可以在装药量仅为 40kg 时,使爆炸所形成金属射流在耐压壳体上形成一个 20mm 以上的通孔而毁伤潜艇。

(3) 发展具有较大破坏范围的燃料空气炸药。试验表明装药量为 500kg 的环氧甲烷可以严重破坏或击毁离汽化云雾边缘 50m 以内的所有舰艇,可以使离汽化云雾边缘 85m 以内的所有舰艇遭到中等程度破坏。美国计划把燃料空气炸药能量提高到相当于 10 倍的 TNT 能量,这样离汽化云雾边缘 150m 以内所有舰艇将被击沉或遭到严重破坏,离汽化云雾边缘 210m ~ 240m 以内所有舰艇将遭到中等程度破坏。

8.3.4　制导技术

决定未来导弹制导系统发展趋势的主要刺激性因素是战争威胁,因此未来制导系统的特点大部分将取决于所出现的威胁。未来的导弹除了命中精度、存活能力等性能量上的提高外,还可能出现某些质的新变化。未来威胁目标包括具有新的质和量的变化情况的高机动性,无人驾驶的,超音速飞行器。具有代表性的武器是全高速、超声速反舰导弹,并包含高加速度值的随机机动飞行器。这大大地增加了防御区域目标的困难。此外,对防御系统的挑战还有协调的大规模攻击,在许多情况下,威胁来自所有的方向,并可能和假目标混合在一起。在几乎任何气候条件下和广泛地使用具有高频谱密度或具有伪装的信号形式(智能干扰)、电子干扰(ECM)和光学干扰(OCM)干扰,亦可能对防御系统造成威胁。从所考虑的威胁情况可以得出导弹防御系统的需求:高度机动目标寻的能力,短的反应时间,拦截多目标的能力,覆盖全方位(360°)的能力,强大火力,全天候作战的能力,高度抗光学和电子干扰性能等。

严格的最优制导方式是不能获得的,因为不可能事先了解目标机动的数据,因此制导方式仅是对比例导航系统的不断改进。目标的机动可以用卡尔曼滤波来估算,有可能使用寻的器得到目标距离增量和接近的输入速度。可以借助于弹上数字计算机的帮助制导和控制,这种计算机应具有所需要的计算和储存能力。

缩短的反应时间主要是靠将各种发射准备过程重叠操作,例如发射控制计算,导弹选择,陀螺校准,发射架瞄准或盲射。

当面对双目标或多目标时,需要有一个高度专用的数据处理装置和天线设计来识别双目标或多目标的存在并在适当的时候将它们分解为单个的分量;另外可以使用一种制导方式,它在分辨双目标之后能很迅速地机动来修正任何现有的弹道误差。

强大的火力单靠短时间内发射大量的导弹是不能达到的。整个系统的结构从搜索敏感器开始,包括数据处理,发射准备以及制导程序必须从一开始就要适应强大火力的要求。对于强大火力发射后不管的特性是必不可少的,但是这只能靠采用自主式设备才能实现,例如主动式雷达或被动式红外目标寻的制导系统。

对同时发生的许多威胁能快速反应的系统应能全方位覆盖,对付同时来自不同方位或短时间连续纵深的攻击。导弹发射之后,当导弹的运动还相当慢时,要求具有弹上姿态基准装置或更好的全惯性导航系统以及发射后具有目标分配和锁定的能力。

全天候能力的技术要求必须具有雷达型的寻的头。同时改善电子对抗的双模寻的头将更好些。

要保证敏感器和数据传输设备对于任何企图干扰它们都不敏感,这是抗干扰措施中主要的问题。对系统来说,可以采取许多措施,对各种数据组合,检验数据的完整性以及适当采用逻辑决策来防止制导系统中所使用的数据不可靠。

8.3.5 姿态控制技术

姿态控制,是自动稳定和控制弹(箭)绕质心运动,其主要功能是克服弹(箭)体飞行中的各种干扰,确保弹(箭)飞行稳定,并根据预先拟订的飞行姿态程序角或制导系统给出的导引指令,实时准确控制弹(箭)的飞行姿态,达到预定的控制目的。

未来战争对弹(箭)在机动性、可靠性、控制精度方面都提出了更高的要求,现有的控制方案难以完全适应,必须寻求新的控制方案以适应日趋复杂的被控对象。姿态系统的研究方向及研究内容确定如下:先进控制理论应用研究;姿态控制系统可靠性设计技术;姿态控制系统 CAD 技术研究;控制系统仿真技术;弹(箭)控制方法研究等。

1. 先进控制理论应用研究

随着高新武器研制的不断推进,被控对象的复杂性与战技指标的矛盾越发突出,一些经典的设计理论和设计方法无法通过参数的局部调整使整个系统性能达到最优,需要采用一些先进的控制理论来解决。姿控系统在方案选择上应具有创新意识,结合高新武器研制,瞄准未来空间飞行器姿态稳定与控制技术的发展方向,在现代控制理论应用方面进行深入研究,具体内容如下:最优控制技术(包括:燃料最省控制技术;最优调姿规律技术;快速射向变换技术;无滚控控制技术等)、变结构控制应用技术(包括:变结构控制在弹头再入机动控制中的应用研究;变结构控制在多头分导中的应用研究等)、自适应控制应用技术(包括:姿控系统的智能自主控制策略;自适应控制方案工程实现方法研究;火箭弹性振动及扭转振动的自适应控制技术;多终端指标自适应最优姿态控制技术;弹头再入自适应控制技术等)、神经网络控制技术(包括:神经网络故障诊断与重构技术;基于神经网络的图像识别与控制技术;基于神经网络的控制技术应用研究)等。

2. 姿态控制系统可靠性设计技术

可靠性是弹(箭)的重要性能指标。对武器而言,可靠性将影响作战性能。姿态控制系统是导弹的神经中枢,提高姿控系统的可靠性,对于提高整个武器系统的可靠性至关重要。可靠性研究的范围很广,但姿态控制系统主要是从系统的角度出发,提出并研究提高控制系统可靠性的一些方案、措施及实验技术,具体内容有姿控系统可靠性设计技术;控制系统冗余技术研究等。

3. 姿态控制系统 CAD 技术研究

姿态控制系统的频域设计和时域仿真是型号设计过程中不可缺少的两个环节。推进设计仿真一体化建设能够极大地提高工作效率,使设计人员能够把更多的精力投入到控制方案的研究上来。姿控系统 CAD 技术研究的主要内容包括:时域、频域建模理论研究;频域建模技术和时域的建模方法研究;控制参数优化设计;通用仿真软件的研制;通用仿真接口的研制;分布式网络实时通信软件研制;飞行软件仿真环境研制;商用软件的二次开发等。

4. 控制系统仿真技术

仿真试验是武器研制过程中一项重要的试验内容,是对导弹武器控制系统性能指标全面准确的试验验证，从某种意义上讲，其价值远远超出常规的飞行试验。具体研究内容包括：新型控制方案仿真系统总体技术；仿真模型检验技术；仿真支撑平台技术；虚拟样机技术等。

5. 弹箭控制方法研究

大力开展一些新的控制技术应用性研究，并在武器型号上进行实际的工程应用，从而开拓出一些新的的设计方法、新的设计思路和新的试验手段，并积累经验，形成这些新技术应用的设计规范和准则。主要研究内容包括：弹（箭）放宽静稳定度的随控布局；滑块变质心机动弹头控制技术；自旋稳定飞行器控制等。

8.3.6 安全技术

国内外在火箭导弹系统安全工程研究方面投入了大量的人力、物力和财力，做了大量的工作，取得了一系列的成果，促进了火箭武器战斗力的提高，节约了大量的经费，同时火箭导弹安全性研究工作也逐渐步入了系统安全工程的成熟阶段。

安全性设计是系统安全性研究的起点，也是重中之重。火箭导弹安全性研究要把安全性设计综合到武器系统中，而不是出于使用考虑而事后增加进去，应当将系统安全风险管理纳入整个系统工程和风险管理程序中。

在军用软件产品领域，有时一个简单的漏洞就可能引起相当严重的后果。军队的自动化程度越高，对软件的可靠性和安全性要求就越高。军用软件安全性研究是系统安全性研究的一个重大课题。随着各种新技术新材料新方法的创新发展，系统安全性研究将进一步更加网络化、自动化和智能化。

在借鉴航空事故统计和预防经验的基础上，将系统工程学的原理、方法、步骤等引用到火箭导弹安全性研究工作中，形成系统安全理论，制定了一系列系统安全性工作标准。

对系统方案的选择进行安全性与可靠性比较和评价，从中选择最佳方案；研究系统在研制过程及生产、使用中的安全性保障措施；进行安全性设计复核及安全性地面验证试验并监督安全性要求的实施情况。

第9章 目标探测与引信技术

9.1 目标探测与识别

武器系统中的探测主要有两大类,一类是武器系统或作战平台对目标的远程探测,主要实现对目标的发现、跟踪、锁定等,典型的有雷达、声纳等探测系统;还有一类是近程探测,主要用于在高速弹目交汇过程中对目标的出现、交汇过程特征的判断,用于引信对弹药实施精确起爆控制。本章的目标探测主要以第二类探测——近程探测为主进行介绍。

目标探测与识别是一门多学科综合的应用技术,它涉及的学科领域有传感器技术、测试技术、激光技术、毫米波技术、红外技术、近代物理学、固态电子学、人工智能技术、陆海空武器系统、引信技术等,它的主要目的是采用各种物理方法探测固定的或者移动的目标,通过识别技术,完成对受控对象(火力系统、引信等)的控制任务。

9.1.1 目标特征与探测

目标具有磁场、静电场、声场、水压场、热辐射以及力学强度等固有特性,此外还有对电磁波、光波照射的响应特性,如电磁波散射、激光反射及散射等特性。这些特性均可用来作为引信探测目标的物理基础。

引信探测目标的方式主要有以下4类。

(1) 接触目标:引信或弹体与目标直接接触而依靠力学或者其他效应感觉目标。

(2) 感应目标:引信或弹体与目标不接触,而是感应由目标出现导致的物理场变化来感觉目标。

(3) 预先装定:根据测得的从武器到预定起爆点的距离或从发射(投放或布设)开始到预定起爆的时间或按目标位置的环境信息在发射(投放或布设)前装定。

(4) 指令控制:根据武器系统中其他目标探测系统感觉的目标信息发出的指令而直接作用。

其中前两种探测以引信自身的目标探测为主,后两种探测依赖于武器系统或平台对目标的探测结果。由于预先装定可能产生较大的弹目交会误差,影响对目标的毁伤效能,所以又发展了实时装定技术。实时装定是将预先装定的信息量缩短至弹丸发射瞬间甚至发射后,并由武器系统中的火控控制系统来完成,因此也可以认为实时装定是一种特殊的指令控制。控制指令在弹丸发射瞬间或弹道飞行中发出。在预先装定和指令控制方式中,引信并不探测目标,实质上是由武器系统中的探测系统来完成目标探测的,引信只是被动的执行系统。因此也将预先装定引信和指令控制引信称为执行引信。

除了传统的以接触力作为接触探测目标的手段,以无线电探测为非接触探测的最早形式以外,出现了各种利用物理场的存在探测目标的方式。典型的目标探测包括以下几类。

1. 声探测技术

声探测技术利用目标发出或者反射的声波,对其进行测量,从而对其进行识别定位和跟踪等,声探测理论上可以是主动的、被动的或者半主动的,但是实际中使用的主要是主动式和被动式。主动式是探测器发出特定形式的声波,并接受目标反射的回波,以发现目标和对其的定位。主动式主要用于探测水面和水下目标,通常采用超声波,常见的有声纳探测系统。空气中的超声波衰减很严重,除了近距离外很少使用。被动式则直接接收目标发出的声音,可以在水中和空气中使用,但极易受到其他声源的干扰。反直升机智能雷达探测以多元声探测为主实现对目标的定方位。

2. 地震动探测技术

人员、装备等在地面上运动时,必然会发出声响、引起地面振动或红外辐射发生变化,携带武器的人员或者装备还会引起电场、磁场的变化,地面传感器可通过探测这些物理量的变化来发现这些目标。其中地震动探测是实现对坦克装甲车辆、人员等地面行进目标探测的主要方式。地震动信号采集系统的一般组成如图9-1所示。

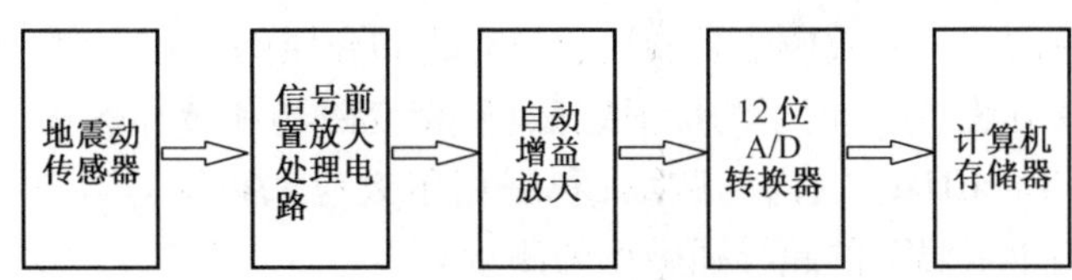

图9-1　地震动信号采集系统

通过对地震动信号的预先处理与分析,建立不同类典型目标的地震动特征数据库,就可用于后续地震动探测系统进行目标的识别。

3. 磁探测技术

当铁磁性材料出现时,会引起磁场的变化,利用该原理可以实现对铁磁性材料组成的目标的磁探测。磁探测涉及的范围很广,其方法多样。根据测量所依据的不同的基本物理现象,大体可分为如下几种:

(1) 磁力法。磁力法是利用在被测磁场中的磁化物体或通电流的线圈与被测磁场之间相互作用的机械力(或力矩)来测量磁场的一种经典方法,精密地磁探测法(PCM)就是根据这一原理设计的。磁力法在地磁场测量、磁法勘探、古地磁研究等方面占有一定的地位。

(2) 电磁感应法。电磁感应法是以电磁感应定律为基础测量磁场的一种经典方法,它是通过探测线圈的移动、转动和振动等多种方法产生的磁通变化来测定磁场的。其中冲击法主要用于测量恒定磁场;伏特法主要用于测量高频磁场;电子磁通法用于测量恒定磁场、交变磁场或脉冲磁场(或磁通);旋转线圈法和振动线圈法是电磁感应法的直接应用,主要用于测量恒定磁场。

(3) 电磁效应法。电磁效应法是利用金属或半导体中流过的电流和在外磁场同时作用所产生的电磁效应来测量磁场的一种方法。其中霍尔效应法应用最广,可以测量 10^{-7}T ~ 10T 范围内的恒定磁场;磁阻效应法主要用于测量 10^{-2}T ~ 10T 的较强磁场;磁敏晶体管法可以测量 10^{-5}T ~ 10^{-2}T 范围内的恒定磁场和交变磁场。随着磁敏元器件的稳定性等提高,电磁效应法逐步应用于工业测量。

（4）磁共振法。磁共振法是利用物质量子状态变化而精密测量磁场的一种方法，其测量的对象一般是均匀的恒定磁场。其中，核磁共振法主要用于测量 10^{-2}T ~ 10T 范围内的较强磁场。流水式核磁共振可测量 10^{-5}T ~ 25T 范围内的磁场，它还可以测量不均匀的磁场。电子顺磁共振法主要用于测量 10^{-4}T ~ 10^{-3}T 范围内的较弱磁场；光泵法用于测量磁通量 10^{-3}T 以下的弱磁场。

（5）超导效应法。超导效应法是利用弱耦合超导体中的约瑟夫森效应的原理测量磁场的一种方法，它可以测量 0.1T 以下的恒定磁场或交变磁场。超导量子干涉期间具有从直流到 10^{12}Hz 的良好频率特性。超导效应法在地质勘探、大地测量、计量技术、生物磁学等方面有重要应用。

（6）磁通门法。磁通门法也称为磁饱和法，是利用被测磁场中磁心在交变磁场的饱和激励下其磁感应强度与磁场强度的非线性关系来测量磁场的一种方法。这种方法主要用于测量恒定的或缓慢变化的弱磁场，在测量电路稍加变化后也可以测量交变磁场。磁通门法大量用于地质勘探、材料探伤、宇航工程、事探测等方面。

（7）磁光效应法。磁光效应法是利用磁场对光和介质的相互作用而产生的磁光效应来测量磁场的一种方法，它可用于测量恒定磁场、交变磁场和脉冲磁场。其中，利用法拉第效应可测量 0.1T ~ 10T 范围内的磁场；利用克尔效应法可测量高达 100T 的强磁场。磁光效应法主要用于低温下的超导强磁场的测量。

（8）巨磁阻效应法。传导电子的自旋相关散射是巨磁阻效应的主要原因。巨磁阻传感器具有体积小、灵敏度高、响应频率宽、成本低等优点，是多种传统的磁传感器的换代产品。

磁探测法除用于弹道末段对目标的探测，还可用于弹丸转数、弹丸姿态等的测量，实现引信对弹药的定距起爆、弹道修正等控制功能。

4. 激光探测技术

激光具有方向性好、亮度高、单色性好、相干性好且频率处于光波频段等本质属性，因此利用激光作为探测手段的各种探测系统在探测精度、探测距离、角分辨率、抵抗自然和人为干扰能力等方面都有较强的优势。现代战场中，电磁环境日益恶化，特别是人为电磁干扰使无线电近炸引信的生存能力和正常作用能力受到极大的威胁，激光探测技术恰恰为无线电探测提供了必要的补充。

引信中几何截断定距是适合近程引信定距探测的一种精确定距技术。几何截断定距体制激光探测作用原理如图 9－2 所示，其发射与接收光轴存在一定夹角，该方法利用固定距离区域内目标出现时才能有回波被接收到的原理，从而进行精确定距探测。

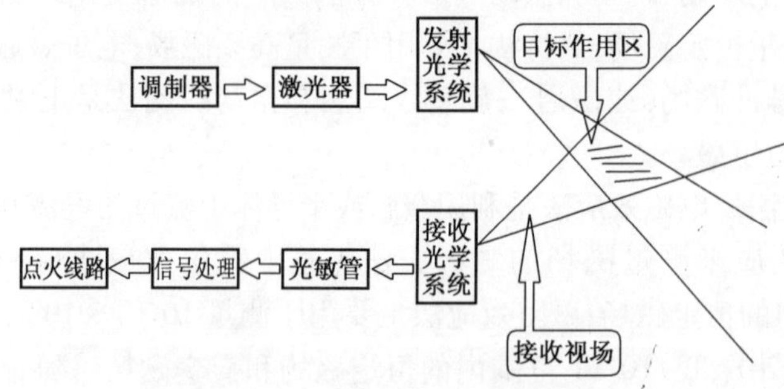

图 9－2　几何截断定距体制激光探测原理

激光近程探测在常规弹药引信中应用时,解决抗发射冲击问题非常重要。

5. 电容探测技术

有绝缘介质隔开的导电体之间会形成电容,当导电体之间的间距发生变化或有第三导体接近时,电容值会发生变化。电容探测技术就是依靠设计电容电极与电容量变化检测电路来实现对目标探测的。

电容探测器的优点是结构简单、能实现非接触测量、定距精度高、抗干扰能力强等;缺点是可探测距离近、存在非线性误差。根据电容变化的原理,电容探测主要有三种类型的探测方式:变间隙式、变面积式和变介质式。电容近炸引信是一种比较普遍使用的近炸引信,它是利用其电极遇目标时产生的极间电容量变化的信息来控制引信起爆的。它探测目标的基本原理是引信探测器利用一定频率的振荡器通过探测电极在其周围空间建立起一个准静电场,当引信接近目标时,该电场便产生扰动,电荷重新分布,使引信电极间等效电容量产生相应的规律性变化,引信则利用探测器将这种变化的信息以信号的形式提取出来,实现对目标的探测。双电极的电容近炸引信原理框图如9-3所示,当目标出现时,电容 C_{10}、C_{20} 随之出现。

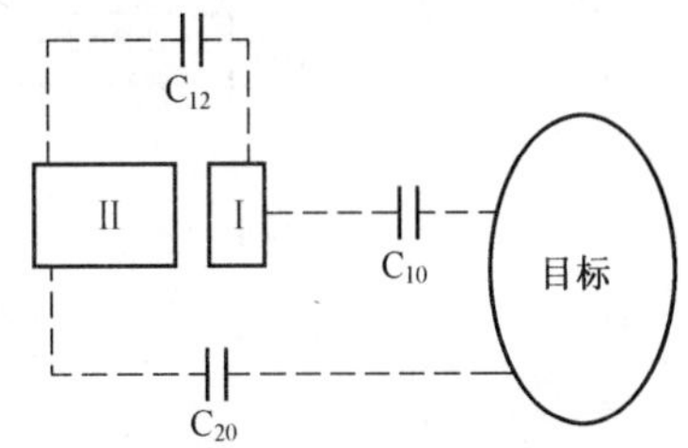

图9-3　电容近炸引信电路原理框图

6. 毫米波探测技术

毫米波属于无线电波的一个波段,在传统的无线电探测的基础上发展而来。毫米波探测是以毫米波为物理基础的探测技术,毫米波是介于微波到光波的电磁频谱,这段电磁波与微波相比,主要区别有:

(1) 任何物质在一定温度下都要辐射毫米波,可通过用被动方式探测探测物体辐射毫米波的强弱来识别目标;

(2) 与微波相比,毫米波的波束窄,方向性好,有极高的分辨率;

(3) 多普勒频率高,测量精度高,与激光和红外波段相比,毫米波具有穿透烟雾、尘埃的能力,基本可以全天候工作;

(4) 毫米波段的频率范围正好与电子回旋谐振加热所要求的频率相吻合,许多与分子转动能级有关的热性在毫米波段没有相应的谱线,因此噪声较小。

常用的毫米波探测系统有毫米波雷达、毫米波辐射计等。图9-4为毫米波雷达系统的简化原理框图。

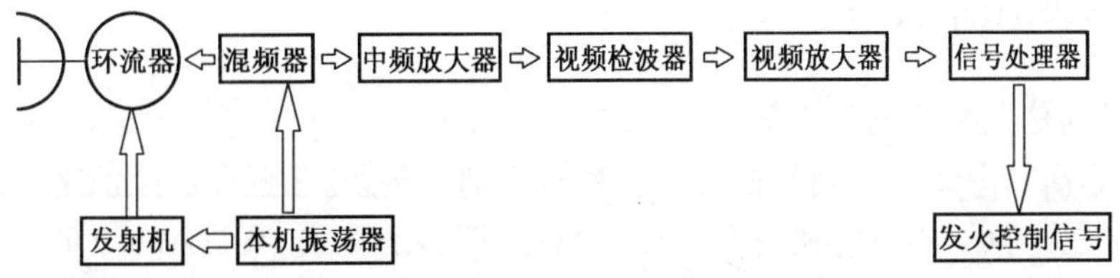

图9-4　毫米波探测系统的简化原理框图

7. 红外探测技术

红外线是从物质内部发射出来的,红外辐射的物理本质是热辐射,这种辐射的量主要由这个物体的温度和材料的性质决定，特别地，热辐射的强度及光谱成分主要决定于辐射体的温度。红外探测以红外物理学为基础，研究和分析红外辐射的产生、传播及探测过程中的特征和规律，从而为对产生红外辐射的目标的探测、识别提供依据。一个完整的红外探测器包括红外敏感元件、红外辐射入射窗口、外壳、电极引出线以及按需要而加的光阑、冷屏、场镜、光锥、浸没透镜和滤光片等，可将红外探测器分为热探测器和光子探测器两大类。图 9－5 为红外仪器的基本组成框图。

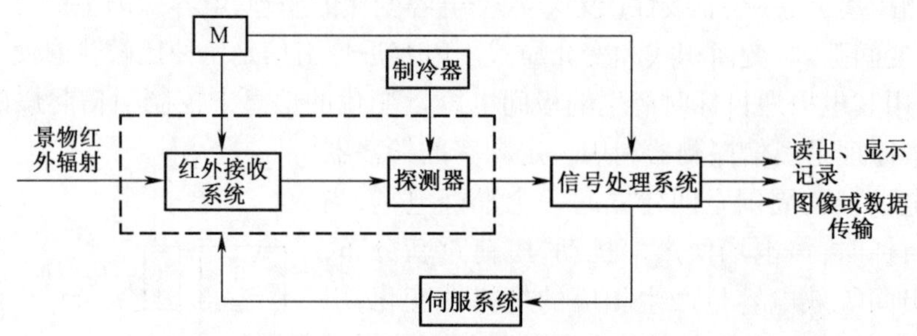

图 9－5 红外仪器的基本组成框图

热探测器是利用入射红外辐射引起敏感元件的温度变化，进而使其有关物理参数或性能发生相对变化，通过测量有关物理参数或性能的变化可确定探测器所吸收的红外辐射。热探测器的主要优点是相应波段宽，可以在室温下工作，使用方便。热探测器一般不需制冷（超导除外），易于使用、维护，可靠性好；光谱响应与波长无关，为无选择性探测器。但由于热探测器相应时间长，灵敏度低，一般只用于红外辐射变化缓慢的场合。热探测器性能受到限制的主要因素是热绝缘的设计问题。

光子探测器是一种新型高精度红外探测器。某些半导体材料在红外辐射的照射下，产生光子效应，使材料的电学性质发生变化，通过测量电学性质的变化，可以确定红外辐射的强弱。即光子探测器吸收光子后发生电子状态的改变，从而引起某些电学现象，这些现象统称为光子效应，通过测量光子效应的大小可以测定被吸收的光子数。按照其工作原理，光子探测器一般可以分为外光电探测器和内光电探测器。内光电探测器又分为光电导探测器、光伏探测器和光磁探测器三种。光电探测器的主要特点是灵敏度高、响应速度快、响应频率高，但其必须在低温下工作，而且探测波段较窄。

红外探测可用于探测坦克、飞机等目标的被动探测，利用目标工作时辐射的红外线可以探测目标并能进行目标特征识别。

9.1.2 目标识别

目标识别是人类最重要的基本活动之一，人来在日常生活、社会活动、科学研究以及学习、工作等活动中无时无刻不在进行着目标识别。例如，儿童在认读识字卡片上的数字时，将它们区分为 0 ~ 9 中的某一个，这是对数字符号的识别，在读书看报时，人们进行的是文字识别活动；上班坐汽车找汽车停靠站点是对事物外形和特征的识别；做某种实验时对示波器显示波形的观察是一个波形识别的过程；医生给病人看病需要对病情进行识别；在人群中寻找某一个人是对人的形体及其特征的识别行为。诸如此类的例子还有很多，总之目标识别就是人类实现对各种事物或现象的分析、描述、判断过程。

目标识别属于模式识别的范畴。要弄清模式识别的具体含义,必须首先了解模式和模式识别这两个基本概念。为了使机器能执行和完成识别任务,必须首先将关于分类识别对象的有用信息输入计算机中。为此,应对分类识别对象进行科学抽象,建立它的数学模型,用以描述和代替识别对象,我们称这种对对象的描述为模式。无论是自然界中物理、化学或生物等领域的对象,还是社会中的语言、文字等,都可以进行科学的抽象,具体而言,我们可以对它们进行测量,得到表征它们特征的一组数据,为了使用方便,将它们表示成矢量形式,称之为特征矢量;也可以将对象的特征属性作为基元,用符号表示,从而将它们的结构特征描述成一个符号、图或某个数学表达式。通俗地讲,模式就是事物的代表,是事物的数学模型之一,它的表示形式是矢量、符号串、图或数学关系。模式和集合的概念是分不开的,只要认识这个集合中的有限数量的事物或者现象,就可以识别属于这个集合的任意多的事物或者现象。

所谓模式识别是指根据研究对象的特征或属性,利用计算机为中心的机器系统运用一定的分析算法认定它的类别,系统应使分类识别的结果尽可能地符合真实情况。

一个较为完整的模式识别系统及识别过程的原理图如9-6所示,虚线上部是识别过程,虚线下部是学习、训练过程。当采用的分类识别方法以及应用的,目的不同时,具体的分类识别系统和过程将有所不同。识别过程主要包括以下方面:

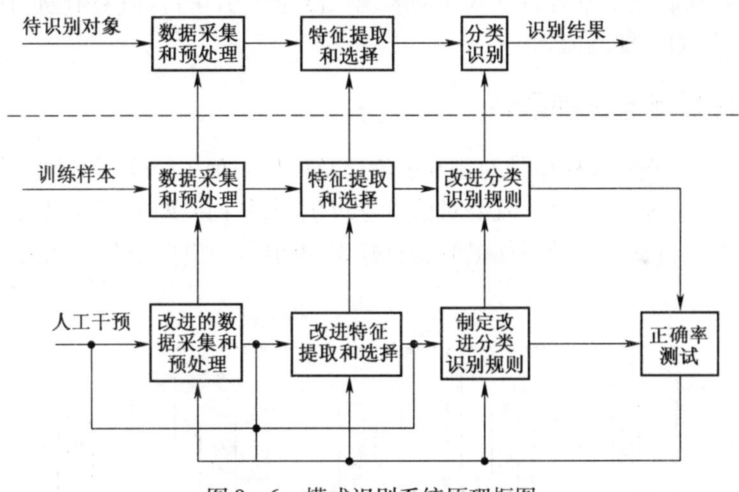

图9-6　模式识别系统原理框图

(1) 数据采集和预处理。为了使计算机能够对各种现象进行分类识别,要用计算机可以运算的符号来表示所研究的对象。通常输入的信息有下列三种类型,即:①二维图像,例如文字、指纹、地图、照片等对象;②一维波形,如声和地震动信号、脑电图、心电图等;③物理参量和逻辑量,例如疾病诊断中病人的体温、各种化验数据或对症状有无的描述。通过测量、采样和量化,可以用矩阵或矢量表示二维图像或一维波形,这就是数据获取过程。预处理的目的是去除噪声、强化有用的信息,并对测量仪器或其他因素所造成的退化现象进行还原。

(2) 特征提取和选择。由图像或波形所获得的数据量是相当大的,如一个文字图像可以有几千个数据,一个坦克声信号波形也可能有几千个数据,一个卫星遥感图像的数据量更大。为了有效地实现分类识别,应该对原始数据进行变换,得到最能反映分类本质的特征,这就是特征提取和选择的过程,一般把由原始数据组成的空间叫作测量空间,把进行分类识别的空间叫作特征空间,通过变换可以把在维数较高的测量空间中表示的模式变为在维数较低的特征空间中表示的模式。

(3) 学习和训练。为了让机器具有分类识别功能,首先应该对它进行训练,将人类的识别知识和方法以及关于分类识别对象的信息输入到机器中,产生分类识别的规则和分析程序。这个过程相当于机器学习。一般这一过程要反复进行多次,不断地修正错误、改进不足,其工作内容主要包括修正特征提取方法、特征选择方案、判决规则方法及参数,最后使系统正确识别率达到设计要求。目前,这一过程通常是人机交互式的。

(4) 分类识别。分类识别就是在特征空间中用某种方法把被识别对象归为某一类别。基本做法是在样本训练集的基础上确定某个判决规则,使按这种判决规则对被识别对象进行分类所造成的错误识别率最小或引起的损失最小。

在武器系统中,特别是引信中,对目标的识别要求要有快速性,进行在弹目高速交汇过程中的实时识别。

引信中对目标的识别一般仅包括:目标出现、目标相对速度、目标距离、侵入目标深度或侵入目标层数等,以决定最佳起爆时机与起爆方位,实现对目标的最佳毁伤。在导弹等高价值弹药的特殊引信中还要识别目标的其他特征,如目标的方位、目标类别、目标薄弱环节等,用于定向起爆控制等特种战斗部。现代战争中引信目标识别还包括为后续作战提供毁伤评估等的识别能力。

9.1.3 目标探测与识别系统

目标探测主要研究目标信号的获取手段以及信号的预先处理等问题。在得到各种探测技术探测到的某种信号之后,就要对信号进行识别,从而判断其特征以及是否属于某一类目标,这就涉及目标信号的特征提取和目标识别问题。如图9-7所示为目标探测与识别流程图。

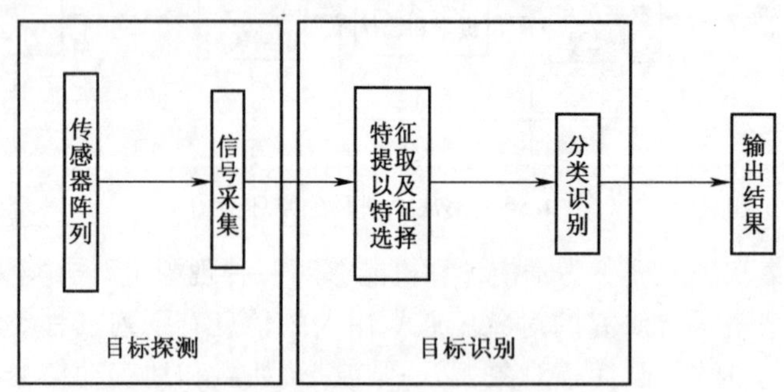

图9-7 目标探测与识别流程图

根据引信专业的需要,对目标探测与识别系统给出如下定义:对固定或移动目标的非接触测量,测量的信号中包含距离、位置、方位角或高度信息等,这种测量装置可以是固定的也可以是运动的,而测量到的信号经过特殊的识别方法能正确地给出相关的信息。实现以上过程的系统称为目标探测与识别系统。

在高速发展的现代战争中,国防军事对目标探测与识别的需求越来越重要。主要体现在:①高新技术弹药发展的需求。所谓高新技术弹药,指的是在弹药上采用了末端敏感技术、末端制导技术、弹道修正技术等以提高弹药命中精度。高新技术弹药的发展提出了精确探测与识别的需求。②"三打、三防"战术发展的要求。所谓"三打"是指打武装直升机、打巡航导弹、打隐形飞机。其中武装直升机具有低空突防特征,具有雷达难于探测的优点,因而在现代战争中发挥出日益重要的作用。所谓"三防"指的是防侦察、防电子干扰、防精确打击。在侦察方面,随着传感器的发展和信息革命的到来,侦察信息的获取和处理已进入了一个全新的时期,如无人值守传感器系统就是各国正在发展的防侦察、对地面目标探测、战场监视的手段之一。"三打、三防"要求目标探测与识别系统具有快速识别与抗干扰能力。

在精确打击武器系统中,在弹目交汇瞬间快速探测到要攻击的目标,根据目标的特性决定攻击时刻、攻击位置是十分重要的。在近些年以来,随着现代科学技术的飞速发展,目标探测与识别技术发生了日新月异的变化,在工业、农业、特别是军事需求的牵引下,毫米波探测、激光定距探测、主被动声探测、磁探测、地震动探测以及目标分类与识别技术等都有了极大的技术进步。现代电子技术的高度集成使得能够在有限的引信空间实现复杂的目标探测与识别功能。

9.2　引信组成与原理

9.2.1　引信功能及组成

引信可以是武器系统的分系统,但在很多情况下则是武器系统弹药(或弹丸战斗部)分系统的子系统。引信对战斗部的作用发挥起到控制作用,是弹药的"大脑",控制战斗部对预定的目标造成最大程度的损伤或破坏。

引信的定义如下:引信是利用环境信息、目标或目标区信息、按照预先设定的条件,在保证勤务处理和使用安全性的前提下,在能使弹丸战斗部对目标造成最大程度损伤的最佳时空(时机或位置)起爆或引燃弹丸战斗部装药的系统(或装置)。

引信一般由目标探测与发火控制系统,安全系统,传爆序列,电源等组成。目标探测与发火控制系统负责对目标的探测、处理识别、对起爆时机、起爆方向等的决策;包括敏感(接收)装置、信号处理装置、执行装置等;安全系统是引信中为确保平时及使用中安全而设计的,安全系统主要包括对爆炸序列的隔爆、对隔爆机构的保险和对发火控制系统的保险等,安全系统涉及隔离机构、环境敏感装置、保险机构、执行装置等;爆炸序列负责初始发火、能量的放大、输出等,包括火帽、雷管、导爆药、传爆药等。电源负责引信工作所需的能量,有化学电源、物理电源等。

引信在平时通过隔离敏感火工元件、保险机构保障弹药的安全;发射时或发射后飞行中依靠对发射、飞行的敏感保险机构解除保险,隔离机构解除隔离;感受到目标信息、目标环境信息或接收指令后,引信适时发火;通过传爆序列输出足够的能量,完全地引爆战斗部。

引信为发挥终端威力,采用的主要手段包括:①实现最佳起爆点的控制(自适应引信、复合引信、智能引信、侵彻引信);②与武器系统进行协调,实现终端威力的发挥(装定目标信息、半主动引信、指令引信等)；③与弹药系统协调，实现落点控制(增程、弹道修正)；④与目标交互，实施重点目标、重点部位打击(目标识别、目标薄弱环节识别)；⑤毁伤效果反馈，为后续打击提供参考(毁伤效果评估、落点指示)。目前的引信主要在①、②方面起主要作用，③、④、⑤方面已经进入研制阶段，弹道修正引信国外已经装备。引信是武器系统终端威力发挥的倍增器，是最终实现有效作战效果的直接控制“神经元”。现代引信已经具有与武器系统、弹药系统信息交互的能力，以充分发挥系统的整体作战效能。引信基本组成、各部分间的联系及引信与战斗部的关系如图 9－8 所示。

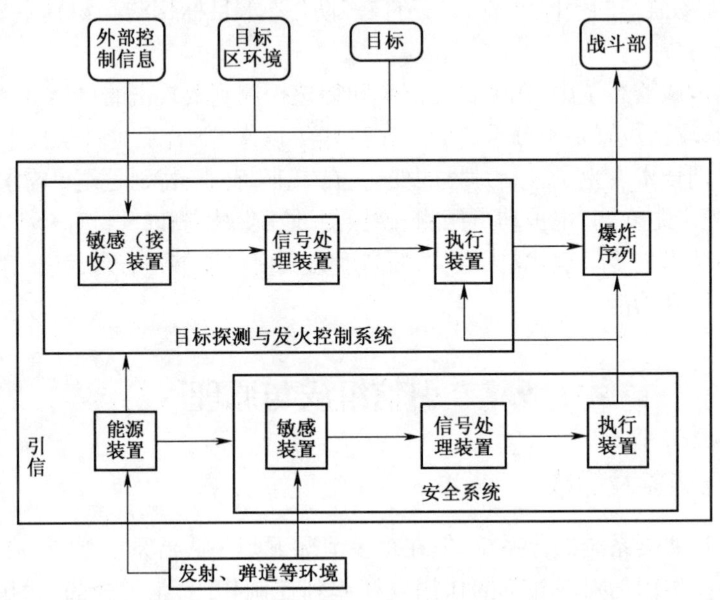

图 9－8　引信基本组成、各部分间的联系及引信与战斗部的关系图

9.2.2　典型引信构成与作用原理

Б－37 引信为苏联的一种小口径高炮榴弹弹头引信，是典型机械触发引信，具有冗余保险、延期解除保险、延期起爆、自毁等多项功能。本节以 Б－37 引信为例，学习引信的功能、构成、作用原理以及特点。

1. Б－37 引信构成

Б－37 引信是一种具有远距离保险性能和自炸性能的隔离雷管型弹头瞬发触发引信。它配用于 37mm 高射炮和 37mm 航空炮杀伤燃烧曳光榴弹上。主要用于对付飞机等空中目标。Б－37 引信由发火机构、延期机构、保险机构、隔爆机构、闭锁机构、自炸机构以及爆炸序列等组成(见图 9－9)。

该引信的主发火机构为瞬发触发机构，包括木制击针杆(2)，杆下端套装的钢制棱形击针尖(3)，以及装于雷管座(4)中的针刺火帽(22)。击针杆用木材制造，以保证重量轻，头部直径较大，以增加碰击时的接触面积。这样可以使引信具有较高的灵敏度。击针合件从引信体(1)上端装入，并被 0.3mm 厚的紫铜制的盖箔封在引信体内。盖箔的作用是密封引信，并可在飞行中承受空气压力，使空气压力不会直接作用在击针杆上。另外该引信还有一套用于解除保险和自毁的膛内发火机构,包括火帽、弹簧和点火击针。

隔爆机构为垂直转子隔爆。包括一个U形座(17),内装一个近似三角形的钢制雷管座(4)。在雷管座中装有针刺火帽和火焰雷管(25)。雷管座在U形座中由两个转轴(11)支持着,雷管座两侧面的下方各有一个凹坑,一个是平底,一个是锥底,用来容纳从U形座两侧横孔伸入的两个离心子。头部是平的离心子(15)被离心子簧(16)顶着,头部是半球形的离心子(12)由保险黑药柱(13)顶着,这两个离心子平时将雷管座固定在倾斜位置上,使其上面的火帽与击针,下面的雷管与导爆药柱(6)都错开一个角度,从而使雷管处于隔离状态。

保险机构为冗余保险,分别为后坐加火药延期保险以及离心保险。保险机构包括保险黑药柱,两个离心子,以及装在U形座侧壁纵向孔中的膛内发火机构,膛内发火机构由点火击针(21)、弹簧(20)和针刺火帽(19)组成。装有膛内发火机构的纵向孔的侧壁上有一小孔与保险黑药柱相通。黑火药燃烧产生的残渣可能阻止离心子飞开,因而将雷管座上的凹槽做成锥形,借助于雷管座的转正运动,可通过锥形凹糟推动离心子外移。

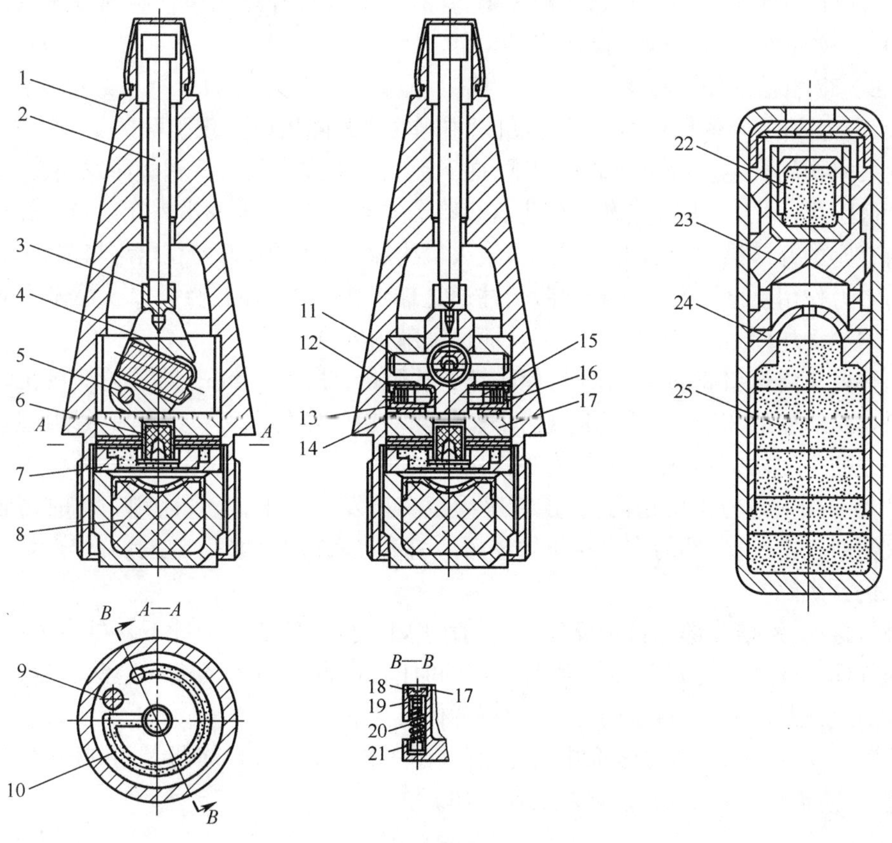

图9-9　Б-37引信

1—引信体;2—击针杆;3—击针尖;4—雷管座;5—限制销;6—导爆药柱;
7—自炸药盘;8—传爆药;9—定位销;10—自炸药盘;11—转轴;12—离心子;
13—保险黑药柱;14—螺筒;15—离心子;16—离心子簧;17—U形座;18—螺塞;
19—针刺火帽;20—弹簧;21—点火击针;22—针刺火帽;23—延期体;24—保险罩;25—火焰雷管

闭锁机构为一个依靠惯性力作用的限制销(5)。雷管座的右侧钻有一个小孔,内装有限制销,当雷管座转正时,它的一部分在惯性力作用下插入U形座的槽内,将雷管座固定于转正位置上,起闭锁作用。

延期机构为小孔气动延期。包括延期体(23)和穹形保险罩(24)。延期体是铝制的,上下钻有小孔,中部有环形传火道。延期体装在火帽和雷管之间,火帽发火产生的气体必须经斜孔、环形传火道进入延期体下部的空室,膨胀以后再经保险罩上的小孔才能传给雷管。传给雷管的气体压力和温度达到一定值时,雷管才能起爆。这样就可保证得到0.3ms~0.7ms的延期时间。

自炸机构采用火药固定延期方式。包括膛内发火机构和自炸药盘(7)。自炸药盘是铜的或用锌合金压铸而成,位于雷管座的下面,盘上有环形凹槽,内压MK微烟延期药。药的起始端压有普通点火黑药,终端引燃药与导爆药(6)相接。药盘上盖有纸垫防止火焰窜燃。

引信的爆炸序列有两路,分别分为主爆炸序列以及自毁爆炸序列。主爆炸序列包括装在雷管座中的火帽、雷管,导爆药和传爆药(8)。自毁爆炸序列包括膛内点火机构的火帽(19)、自炸药盘(10)、导爆药和传爆药(8)。

2. Б-37引信的作用过程

Б-37引信平时依靠双离心子约束,对主爆炸序列隔爆以实现引信的安全。发射时,膛内发火机构的火帽在后坐力的作用下,向下运动压缩弹簧与击针相碰而发火,火焰一方面点燃保险黑药柱,一方面点燃自炸药盘起始端的点火黑药,瞬发击针在后坐力的作用下压在雷管座的开口槽的台肩上。引信主发火机构膛内不作用,弹丸在出炮口前,平头离心子在离心力作用下已飞开。由于保险药柱通过球形头离心子的制约,以及后坐力对其转轴力矩的制动作用,雷管座不能转动,从而保证膛内安全。

当弹丸飞离炮口20m~50m时,保险黑药柱燃尽,球形头离心子在雷管座的推动以及离心子自身所受的离心力的作用下已飞开,解除对雷管座的保险。这时后效期已过,瞬发击针受力向上运动,雷管座在回转力矩作用下转正。雷管座中的限制销在离心力作用下飞出一半卡在U形座上的槽内,将雷管座固定在待发位置上,实现闭锁。此时雷管座上部的火帽对正击针,下部的雷管对正导爆药。引信进入待发状态。这时,自炸药盘中的时间药剂仍在燃烧。

碰目标时,引信头部在目标反作用力的作用下使盖箔破坏,击针下移戳击火帽,火帽产生的气体经气体动力延期装置延迟一定的时间,在弹丸钻进飞机一定深度后,引爆雷管,进一步引爆导爆药和传爆药,从而引爆弹体装药。

发射后9s~12s,若弹丸未命中目标,在弹道的降弧段上,自炸药盘药剂燃烧完毕,引爆导爆药,进而引爆传爆药,使弹丸实现自炸。

9.2.3 引信的分类

引信种类多种多样,可通过不同方法进行分类。根据所研究问题的需要,引信可以有很多种分类方法。表9-1列出了分别按照与目标关系、与战斗部关系、配用的武器系统以及安全程度给出分类的引信分类表。为了对引信有更深的了解,下面给出引信的一些分类方法。

表9－1　引信分类表

<table>
<tr><td rowspan="8">按与目标的关系</td><td rowspan="4">直接觉察</td><td rowspan="2">触发引信</td><td>按作用时间</td><td>瞬发触发引信(t<1ms)、惯性触发引信(1ms<t<5ms)、延期引信(t>5ms)</td></tr>
<tr><td>按作用原理</td><td>机械引信、机电引信</td></tr>
<tr><td rowspan="2">非触发引信</td><td>近炸引信</td><td>无线电引信、毫米波引信、激光引信、红外引信、电容引信、地震动引信、声引信、磁引信</td></tr>
<tr><td>周炸引信</td><td>水压引信、静电引信、气压引信</td></tr>
<tr><td rowspan="3">间接觉察</td><td>指令引信</td><td colspan="2">射频指令引信、可编程引信</td></tr>
<tr><td>时间引信</td><td colspan="2">火药时间引信、机械时间引信、电子时间引信、化学时间引信</td></tr>
<tr><td>定位引信</td><td colspan="2">计转数距引信、GPS引信</td></tr>
<tr><td>多选择引信</td><td colspan="3">可在多种作用方式间选择，对付不同目标</td></tr>
<tr><td rowspan="7">按与战斗部的关系</td><td>在战斗部上的装配位置</td><td colspan="3">弹头引信、弹底引信、弹头—弹底引信、弹身引信</td></tr>
<tr><td rowspan="3">对战斗部的输出特性</td><td>点火引信</td><td colspan="2">输出火焰能量</td></tr>
<tr><td>起爆引信</td><td colspan="2">输出爆轰波能量</td></tr>
<tr><td>非爆炸引信</td><td colspan="2">演习引信、假引信</td></tr>
<tr><td rowspan="3">战斗部用途</td><td>硬杀伤引信</td><td colspan="2">杀伤爆破弹引信、爆破弹引信、破甲弹引信、穿甲弹引信、半穿甲爆破弹引信、碎甲弹引信、反混凝土目标引信、云爆弹引信</td></tr>
<tr><td>软杀伤引信</td><td colspan="2">抛撒器引信、碳纤维弹引信</td></tr>
<tr><td>特种弹引信</td><td colspan="2">子母弹母弹引信、化学弹引信、照明弹引信、发烟弹引信、宣传弹引信、信号弹引信</td></tr>
<tr><td rowspan="3">按配用的武器系统</td><td colspan="2">小口径武器</td><td colspan="2">航空机关炮引信、高射炮引信、小口径舰炮引信、枪榴弹引信</td></tr>
<tr><td colspan="2">中大口径武器</td><td colspan="2">地炮引信、舰炮引信、迫击炮弹引信、鱼雷引信、深水炸弹引信</td></tr>
<tr><td colspan="2">非身管发射武器</td><td colspan="2">航空炸弹引信、火箭弹引信、导弹引信、地雷引信、水雷引信、云爆弹引信、手榴弹引信</td></tr>
<tr><td>按安全程度</td><td colspan="4">隔离雷管型引信（全保险型）、隔离火帽型引信（半保险型）、非隔离引信（非保险型）</td></tr>
</table>

引信的作用是与输入的起爆条件直接相关的，可以按照使引信起作用的方式不同进行分类。按作用方式，即按获取目标信息的方式，引信可分为：触发引信、非触发引信和执行引信。其中触发引信俗称接触引信、着发引信和碰炸引信，包括压发引信和拉发引信。而非触发引信俗称非接触引信，包括近炸引信、周炸引信和执行引信。多选择引信又称多用途引信、多功能引信、多作用引信和多作用方式引信。近炸引信按物理场源的性质又可分为主动式近炸引信、半主动式近炸引信、被动式近炸引信和半被动式近炸引信。周炸引信又称环境引信，不依靠目标自身的任何特性，而是依靠感受目标所处周围环境的特征而工作，不易受干扰，如感受地面目标上空一定高度气压的高度引信（定高引信）和感受水下目标所处深度水压的深度引信（定深引信）即为两类周炸引信。一般用于威力较大的战术武器或战略武器。执行引信包括时间引信（定时引信）、距离引信（定距引信）和指令引信（遥控引信）。

其中触发引信可以按照触发作用时间再分类。按照触发作用时间不同，引信又可分为：瞬发引信、延期引信和随机作用引信。而延期引信又分为固定延期引信和自调延期引信。固定延期引信可以是计时延期引信(固定延时引信),也可以是计行程、计间隔层次或计埋深的智能型延期引信。固定延时引信可分为短延期引信和长延期引信。惯性触发引信可视作一种特殊的短延期引信。

引信是与武器系统相关的,配用于同类武器系统的引信,其引信有相同或相似之处。按引信配用火炮身管内膛结构,引信可分线膛火炮引信和滑膛火炮引信。按配用弹丸战斗部是否旋转,引信可分为旋转弹药引信和非旋转弹药引信。线膛火炮引信几乎都是旋转弹药引信,而滑膛火炮引信多为非旋转弹药引信。如果线膛火炮弹丸无弹带,例如迫榴炮所配迫击炮弹,则其引信也为非旋转弹药引信。如果滑膛火炮弹丸尾翼翼片斜置,则其引信也为旋转弹药引信。

引信的输出直接对象是弹药的战斗部,按引信在弹药上的装配位置,可分为:弹头(头部)引信,弹底(底部)引信、弹尾(尾部)引信、弹身(中间)引信。弹头激发弹底起爆引信(系统)。

按对战斗部的输出功能不同,引信可分为:起爆引信、点火引信和非爆炸性引信(如假引信与摘火引信)。按输出点数量,引信可分为:单点起爆引信、两点起爆引信和多点起爆引信。按输出对中性,引信可分为:严格对中起爆引信、不严格对中起爆引信和偏心起爆引信。按附带功能,有附带功能引信可分为发动机点火引信和弹道修正引信。

按引信探测目标的工作原理,引信可分为:机械引信、机电引信(电力引信、电子引信)、制导引信、电容引信、电感引信、无线电引信、静电引信(电场引信)、磁引信、声引信、光引信、地震波引信、气压引信、水压引信、重力引信、宇宙射线引信、射流引信、化学引信和火药引信等。常见的药盘引信和延期索引信都是火药引信,而压电引信是一种电力引信,钟表引信是一种机械引信。光引信可分为红外光引信和激光引信等。按探测目标的体制,引信可分为:复合探测体制引信和单一探测体制引信,其中复合探测体制引信简称复合引信,又称联合引信。

其中无线电引信利用无线电波获取目标信息,与雷达工作原理相同,故又称为雷达引信。按工作波段,无线电引信可分为米波引信、微波引信和毫米波引信。而按组成特征(体制),无线电引信可分为多普勒体制引信、调频体制引信、脉冲体制引信、噪声调制体制引信和编码体翩引信。

按安全程度,亦即按引信隔离特性,引信可分为:隔爆型引信、无隔爆型引信、隔火型引信、未隔爆(火)型引信。其中无隔爆型引信是指不需要隔爆的引信,而未隔爆(火)型引信是指应该隔爆(火)而未能隔爆(火)的引信。

引信还有其他分类方法,如按是否有自毁功能,引信分为自毁型引信和非自毁型引信。按解除保险时机,引信可分为:发射基解除保险引信和目标基解除保险引信。按配用身管武器口径的大小,引信可分为:小口径引信、中口径引信和大口径引信。按发展年代可分为古代引信、近代引信和现代引信。按发展状态主要可分为退役引信、现役引信和在研引信。

美国 MIL—HDBK—145A《现役引信产品手册》按所配用武器弹药系统种类对引信进行分类,分为:小口径弹引信、大口径炮弹引信、子弹药引信、航空炸弹引信和机载布撒器引信、火箭弹引信、导弹引信、地雷引信和爆破器材引信、手榴弹引信和发烟罐引信、其他引信。

9.3 引信技术

9.3.1 引信技术的出现与发展

我国不仅发明了火药,也是引信的发源地,世界引信的发展就是从中国开始的。引信的发展历史,大体上可以分为古代,近代和现代三个不同发展阶段。18 世纪以前是古代引信的发展时期,18 至 19 世纪末是近代引信的发展时期,20 世纪以后是现代引信的发展时期。

古代引信的发展历史可以追溯到公元 9 世纪的唐宪宗元和年间(公元 806—820 年)。在火药发明后不久,人们便将它应用到军事上,研制成各种用途的弹药,为了不使弹药在使用者手中爆炸,使用过各种控制或延缓弹药作用时机的装置,据《宋史》记载,公元 970 年冯继升向朝廷进献"火箭""火球""火蒺藜",以及 1040 年《武经总要》中提到的"蒺藜火球""毒药烟球""霹雳火球"等弹药,都采用了引火线(称为捻子)等点火、引爆装置,史料对这些引爆进行了详细的记述,这些点火、引爆装置可以说就是最早的引信。因此可以说我国使用引信的历史不会迟于 11 世纪。到 12 世纪末、13 世纪初的南宋末年,在我国出现了采用铁壳装黑火药的爆炸性弹药,用防潮、防水的药捻子点燃和起爆。在宋元战争中广泛使用的"震天雷"(又称为铁火炮),就是一种采用生铁铸成壳体,内装火药,再装上一根引火线(药捻子)的弹药,这个药捻子实际上是起一个延期控制机构(延期引信)的作用。明永乐十年(1412 年)成书的《火龙经》称这种有防潮、防水性能的捻子为"信"或"药信",书中在描述"钻风神火流星炮"的引火装置时这样写道:"……分四信引于外,中留空藏一信,盘曲于中,以矾纸裹信,藏久不潮。"《武备志》中详细记载了"信"的制作方法,这种"信"或"药信"就是引信的雏形。在《天工开物》一书中,不仅已出现了"引信"的名称,而且将"信"与"引信"通用。但是,这些早期的引信在结构上与现代引信是有明显区别的,从古代引火的"信",发展到当代性能先进的引信,经历了深刻而巨大的变革,集聚了无数武器研制者的辛勤劳动与血汗。

在欧洲,引信的发展历史是从 16 世纪开始的,直到那时才出现用在铸铁球上的引信。这种引信是将火药装在芦苇管或木管内,由发射药的火焰点燃。到 1835 年,出现了采用药盘延时的引信;19 世纪中叶,触发引信在战场上出现;19 世纪 80 年代,苦味酸炸药应用在弹药中,使引信的发展产生了质的飞跃,随后便出现了含有雷管及传爆药的引信;1893 年,出现了雷管隔离型引信,即所谓的保险型引信。

19 世纪末,欧洲机械工业已经发展到相当高的水平,精确的钟表问世,人们便考虑在引信中使用钟表机构,到 20 世纪初,便成功研制出采用钟表机构的时间引信,这种时间引信的效果要比药盘时间引信好得多。但使用这种引信对付空中目标时,往往出现弹丸离目标最近时,引信的延期时间却没有到,从而贻误了战机的状况。因此,人们希望引信能在弹丸距离目标最近的地方作用,但研制这种"近炸"引信的理想,直到第二次世界大战后期才成为现实。到 20 世纪 40 年代中期,无线电电子学、电子技术和雷达技术得到充分发展,超小型电子管等电子元件和微型米波雷达收发机的研制成功,为无线电近炸引信的研制提供了技术基础。不久便出现了无线电近炸引信,尽管无线电近炸引信已经完全不是时间引信了,可在它问世的初期,人们仍然称其为“可变时间引信”(Variable time fuse),简称“VT 引信”。由于坦克、飞机、导弹和其他运动目标的发动机在运动中喷出的高温气流可成为引信接收目标信息的一个途径,于是便出现了红外线近炸引信;20 世纪 70 年代后期出现了具有延期、近炸和触发功能的多用途引信;随着电子计算机和芯片、数字电路等微电子技术的发展,一些发达国家在 20 世纪末开始研制不仅能接收人工指令和目标环境信息,而且能对信息进行自动处理的智能引信,现在,这种智能引信已逐步进入装备。

引信战术需求不同、发射武器差别和配用弹丸战斗部的差异,加上引信又是大批量消耗产品,要求可生产性与低成本,决定了引信结构、形状、尺寸和原理的多种多样与发展的日新月异。引信技术的发展与战场目标、弹丸战斗部、武器系统、作战方式以及科学技术的发展变化密切相关。引信可能是一个比较简单的起爆装置,也可能是一个由若干子系统组成的高度复杂的系统。至今也没有十分成熟的结构和原理能得到广泛通用,这一点与其他行业差异较大。引信技术已成为一个技术体系完整的巨大的独立行业。根据引信技术的发展,引信爆炸序列技术、引信安全控制技术在引信中逐渐相对独立,成为引信技术发展的关键。

9.3.2 引信爆炸序列技术

1. 爆炸序列概念

爆炸序列是指在引信内,按激发感度递减而输出功率或猛度递增次序排列的一系列爆炸元件的组合。它的作用是将小冲量有控制地增大到满足弹丸、战斗部爆炸所需要的冲量。

爆炸序列在引信中起能量传递与放大作用,从初始发火的首级火工品到最后引爆或引燃战斗部主装药的传爆药或抛射/点火药,是引信不可缺少的组成部分。随着引信类型和配用弹种的不同,爆炸序列的组成可有各种不同的形式。

爆炸序列按弹药或爆炸装置所用主装药的类型或输出能量的形式,分为传爆序列和传火序列两种。传爆序列最后一个爆炸元件输出的是爆轰冲量,传火序列最后一个爆炸元件输出的是火焰冲量,传火序列与传爆序列在组成上的主要区别是,前者无雷管、导爆药和传爆药。因此,传火序列可看成是传爆序列的一种特别形式。

典型的爆炸序列由以下爆炸元件组成:转换能量的爆炸元件,包括火帽和雷管;控制时间的爆炸元件,包括延期管和时间药盘;释放大能量的爆炸元件,包括导爆管和传爆管。

2. 引信爆炸序列的发展

引信爆炸序列的发展是与引信技术、火工品技术的发展密切相关的。弹药的作战多用途化促进了引信爆炸序列的发展,组合式爆炸元件、逻辑火工品等的出现带来了引信爆炸序列的多样化发展,钝感起爆技术的发展促进了直列式爆炸序列的应用。引信爆炸序列将向直列式、组合式以及智能化方向发展。

(1) 直列式爆炸序列。直列式爆炸序列是以冲击片雷管为前提的,爆炸序列无须隔断,大大简化了引信结构设计,是未来引信爆炸序列的发展方向。目前直列式爆炸序列主要应用于高价值弹药引信中,随着技术发展与电子安全系统的发展,直列式爆炸序列在将来将会得到更广泛的应用。

(2) 组合式爆炸序列。随着延期雷管、柔性延期索等组合型爆炸元件的出现,引信中的爆炸序列将出现组合化趋势。

在引信爆炸序列的设计中,各级火工品的性能满足引信设计的可靠性与安全性要求,是爆炸序列设计的基本原则。组合爆炸序列是在现有引信爆炸序列的基础上,以火工品为单元进行的性能与结构的新探索,它利用现有的火工产品,根据其结构与性能的特点,进行搭配组合,每一种组合,都自成体系,完成输入到输出的转换。接受一个起爆冲能,提供一个或多个爆轰输出,满足爆炸序列各种功能与结构的需求。随着组合火工品的进一步发展,将更多的火工品与火工药剂组合起来,形成不同的组合爆炸序列,既推动了火工品技术的发展,又简化了引信结构的设计,为引信设计提供新结构、新思想。

例如,柔性发火延期雷管是将针刺火帽、导爆金属延期索和火焰雷管3件火工品密封连接而成的组合式雷管,是一个具有针刺发火、点火、延期和起爆的雷管,自身就是一个具有针刺发火、点火、延期和起爆多项功能的爆炸序列。击发端轴向和径向均可实现针刺发火,雷管的延期索部分可在弯曲半径大于3mm条件下任意弯曲,仍能可靠传爆。发火管与输出管之间的距离可调。它可看作是对传统的钢性针刺延期雷管的技术延伸和创新设计。用柔性发火延期雷管可以取代引信中的自毁爆炸序列,如针刺火帽、时间药盘、火焰雷管等,除可完全替代其功能以外,还实现了爆炸序列一体化,密封性得到提高,同时传爆更可靠,结构更简单。

(3) 爆炸逻辑网络与“智能”爆炸序列。爆炸逻辑网络是具有逻辑功能的爆炸序列,一般由导爆索、爆炸元件(雷管、延期元件、传爆管等)和爆炸逻辑元件等组成。爆炸逻辑网络是具有自我判断能力的“智能”爆炸序列。

随着微电子技术的发展,出现了对目标或引爆信号有识别能力的“智能”火工品,它不仅能在低电压、低能量输入时可快速点燃和起爆下一级装药,而且还具有静电安全性能。未来战争,将是全方位、大纵深、高精度、高强度的立体战争,使得精确制导弹药与灵巧智能弹药大幅增加;对于定向起爆、同步起爆以及判断目标薄弱环节等引信新功能,均需要相应的“智能”爆炸序列与之相适应。引信爆炸序列在未来引信发展中必将发挥更加重要的作用。

9.3.3　引信安全系统技术

引信安全系统技术是引信的关键技术,用以确保弹药以及引信自身平时的安全。引信安全性设计准则规定引信安全系统平时的失效概率为不大于百万分之一。引信中主要通过隔爆与冗余保险等技术保障引信的安全性。

1. 引信隔爆技术

引信隔爆技术在勤务处理过程中,使引信爆炸序列中的敏感火工元件与下一级火工元件隔离,并能保证在敏感火工元件偶然提前作用时下一级火工元件不作用;同时,当弹药发射(或投掷)后运动到一定安全距离时,此机构应能解除隔离,以使爆炸序列对正。

对隔爆机构的基本要求有:安全状态时要可靠隔离;作用时要可靠解除隔离,而且保证要起爆完全。隔爆机构平时被保险机构限制在安全状态,当保险机构动作解除保险后,它才运动到使爆炸序列对正的状态。隔爆机构运动到位的时间,即解除保险时间,有时是由该机构本身或保险机构来保证,有时是用专门设计的远解机构或与电路联合起来进行控制。

隔爆机构的基本运动形态有滑动和转动两种。属于滑动的有滑块隔爆机构和空间隔爆机构。滑块的运动方向可以垂直于弹轴或与弹轴成某一角度,空间隔爆机构的运动方向通常是沿着弹轴。属于转动的有各种转子式隔爆机构,转子形式有转轴垂直于弹轴的垂直转子、转轴平行于弹轴的水平转子、绕定点转动的球转子等。

滑块式隔爆机构是典型的隔爆机构,其基本特征是滑块的滑动运动方向或运动方向的主要分量垂直于弹轴。滑块可设计成多面体的,与滑块座呈平面接触;也可以设计成圆柱状的,称为“滑柱”,与滑柱孔呈圆柱面接触。按移动的动力,滑块大致分为弹簧滑块和离心滑块两类。离心滑块(见图9-10)只能用于旋转弹引信。为了保证足够的起始偏心距,这种机构要求引信的径向尺寸较大,多用于大中口径弹引信中。

弹簧滑块既可用于旋转弹的引信,也可用于非旋转弹的引信。这种机构也要求引信有较大的径向尺寸,但可不考虑偏心距,因而径向尺寸较离心滑块的小些。如果用在旋转弹上,则要保证在任何位置时弹簧预压抗力都能克服离心力的作用,弹簧多用圆柱簧(见图9-11)。

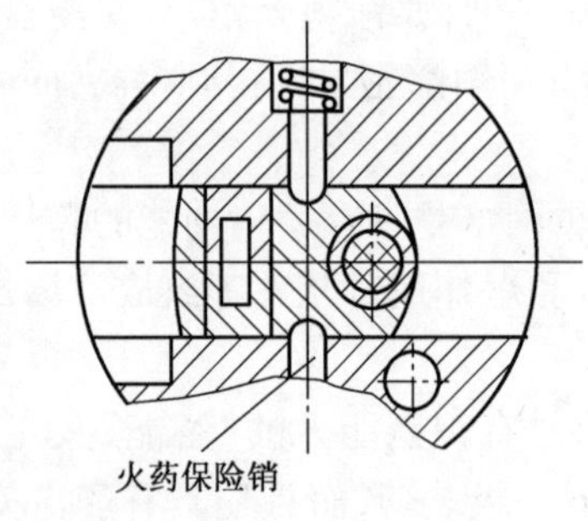

图9-10 离心滑块

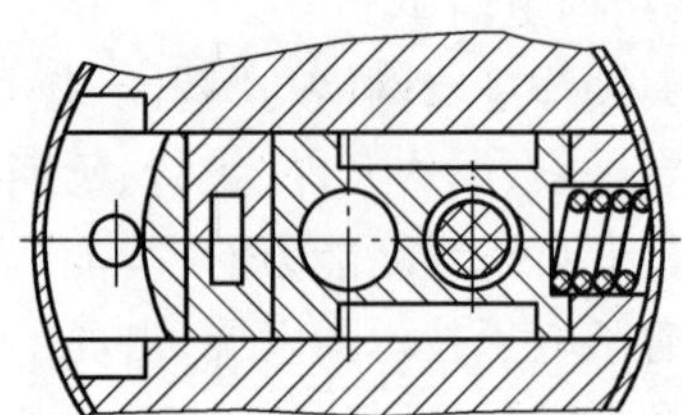

图9-11 用圆柱簧驱动的滑块

2. 引信保险技术

引信的保险是通过各种保险机构实现的,它保障引信的发火机构、隔爆机构和内含能源平时处于保险状态,发射(投掷、布置)后在弹道的某点上,由保险状态向待发状态过渡并最终进入待发状态,即解除保险。保险机构的基本功能是防止引信意外解除保险或作用,并在预定条件下解除保险。根据引信中保险机构的保险以及解除保险的原理不同,保险机构可以分为机械式保险机构和机电式保险机构以及电保险机构,其中以机械式保险为主,机械保险机构又包括:惯性保险机构、钟表保险机构、气体动力保险机构、火药保险机构等。

保险机构应用的原理较多,其结构差异也很大,对于各种不同的保险机构,均有不同的性能要求,通常引信保险机构应满足以下基本要求:

(1) 保险机构设计必须作用可靠,当引信处于保险状态时,其保险件必须将爆炸序列中的隔爆件或能量隔断件机械地锁定在保险位置;当引信满足预定解除保险条件时,保险件必须可靠地将被保险件或被保险机构释放,确保引信能进入待发状态。

(2) 保险机构通常是同引信一起经受各种环境与性能试验,应根据战术技术指标选用国军标 GJB 573A—98《引信环境与性能试验方法》和有关试验。

(3) 国军标 GJB 373A—97《引信安全性设计准则》中要求引信必须具有冗余保险。引信中必须具有两套以上保险机构,且该两套保险机构的启动要来自引信使用过程中出现的不同的环境激励。

(4) 当引信隔爆机构不具有延期功能时,一般要求至少一个保险机构具有延期解除保险特性,以确保引信及弹药的安全距离。

(5) 电引信电子引信还应满足国军标 GJB 1244—91《电引信和电子引信安全设计准则》的要求。

下面以空气动力保险机构为例介绍一种利用空气动力解除保险并具有延期解除保险特性的引信保险机构。如图9-12所示为某迫击炮弹引信的保险机构,它是由涡轮机构与差动轮系构成。其击针杆作为保险件约束水平转子隔爆件(未画出)转正。

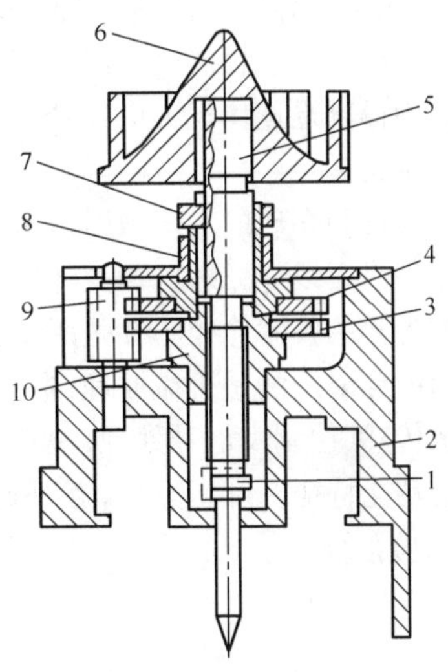

图9-12　涡轮机构与差动轮系构成保险机构

1—销钉;2—支座;3—下齿片;4—上齿片;5—击针杆;6—涡轮;7—导向销;8—传动筒;9—轴齿轮;10—螺母。

平时由击针深入转子的盲孔中,约束转子不能转动,确保引信安全。工作过程为:弹道飞行中涡轮高速旋转,带动击针杆高速旋转,与击针杆由导向销、传动筒径向约束的上齿轮片通过轴齿轮带动下齿轮高速旋转,由于上、下齿轮相差1个齿,因此,上、下齿轮产生相对旋转,从而使得击针从与下齿轮片固连的螺母中缓慢旋出,从而达到延期解除保险的目的。

在现代引信中,引信的关键技术还有目标探测与起爆控制技术、引信与武器系统信息交联技术等。引信目标探测与起爆控制决定了引信的起爆适时能力,主要由引信中的目标探测与识别系统进行目标判断以及与弹目交汇状态的实时识别,并结合发火控制系统实现。引信与武器系统的信息交联技术是结合武器系统的目标探测与识别能力,并将起爆信息传输给引信,是引信技术近年来发展的主要方向之一。

9.3.4　引信技术的发展趋势

引信的发展趋势是高安全性、高可靠性和高有效性,灵巧化(智能化)、多功能化和低成本化,简称“三高三化”。其中高可靠性和和低成本化涉及整个引信,高安全性由引信安全系统实现,高有效性、灵巧化(智能化)和多功能化主要取决于引信发火控制系统,高有效性和多功能化还与引信爆炸序列有关。高可靠性、高有效性和灵巧化(智能化)、多功能化,直接为弹药的精确打击、高效毁伤提供支撑。而广义上的高有效性和多功能化,可将引信“在能使弹丸战斗部对目标造成最大程度毁伤的最佳时空(时机或位置)起爆或引燃弹丸战斗部装药”的功能目标,进一步扩大到使武器系统整体效能最优,战争对抗结局最佳,具体包括战后安全(引信自毁、绝火和爆炸物处理特性)、引信环境信息和目标信息的有效利用(如发动机点火引信、弹道修正引信和敌我识别引信)等。

现代引信的技术本质是通过探测识别环境与目标,实现对弹丸战斗部的控制引爆。

其中前者为信息识别,反映为引信的“信”,而后者为信息识别后的控制引爆,反映为引信的“引”。现代引信与古代引信、近代引信的区别,在于现代引信与环境、与目标建立了直接联系,所利用的环境信息与目标信息越来越多,从而实现安全控制和炸点控制。

引信技术特点包括微小型化、精密化、一次性、耐冲击性和高安全性。而引信工作过程的特点是瞬时性、动态性和一次性。引信技术是技术与知识密集度较高、综合性很强的应用技术学科,它的发展不但与相邻学科如武器系统、弹药工程、火工品技术、火炸药技术、弹道学密切相关,而且还涉及系统工程学、机械学、力学、材料学、电子学、光学、声学、磁学、热学、信息学、控制工程学以及方兴未艾的微机械学、微电子学、微机电学、微型计算机等学科。很多自然科学原理都有可能在引信及其技术中得以应用,很多高新技术都在引信中得以迅速体现。引信技术是世界各国最保密的技术领域之一,它涉及的学科之广,实属罕见。

现役和在研的大多数引信采用的都是机械原理,一小部分在目标探测系统采用了机电原理或无线电原理。而其他原理的引信如光引信、声引信、磁引信等目前只占极少数。各种各样的技术途径主要是用于目标探测与识别,引信目标探测与识别、引信环境识别、引信能源采用的是机械原理、电力原理、电子原理或机电一体化原理。从机械本体、动力、检测传感、控制及信号处理,一直到执行,引信具备了现代机械系统(机电一体化系统)的所有功能特征。麻雀虽小,五脏俱全,因此也可将引信隐称为一次性工作的微小型机械(机电)系统。

第 10 章 指挥与控制科学与技术

10.1 战场指挥与信息化

10.1.1 战场指挥信息化

信息化条件下，作战控制能力有了极大的提高，传统的以作战计划为主的指挥控制方法已经不适应信息化战场情况的快速变化，作战控制的重心也已经由聚焦于计划转向基于行动和效果，高效灵活的作战指挥已呈现出新的趋向。

1. 指挥主体

在战争的早期，指挥的主体主要是统兵的将帅。军队的高级思维活动高度浓缩化和集约化，军队指挥表现出浓厚的个性色彩。随着司令部的出现，指挥机关就自然而然地融入指挥主体之中，“人—人”结合的群体指挥取代了“个体指挥”。现代战争实践表明，信息技术的广泛运用为体系与体系的对抗奠定了物质基础。网络技术的运用，可以从各节点到各类指挥中心，从各战役指挥中心到战区指挥中心，从战区指挥中心到国家军事指挥中心，包括太空、空中、海上、水下、地上、地下的广阔领域，形成全球性自动化军队指挥信息网。作战信息的共享性进一步增强，“人—机”结合的互动式指挥成为现实。尤其是，C^4ISR 系统在作战指挥领域中的运用和改进，加速了指挥系统的“合网”，信息流动更加顺畅，作战节奏更加快捷，全球信息共享得以实现，战场透明度明显增大。为此，简化指挥层次，减少指挥系统内耗，变传统的“树状”结构的指挥形式为现在的“扁平网状”结构指挥形式，变传统“指挥链条”上的每一个“环节”为现在的“指挥网络”上的每一个“纽结”，变“人—人”结合的群体指挥为现在的“人—机”结合的网络指挥，增强指挥的稳定性、时效性和隐蔽性，确保作战指挥整体效能的发挥。

2. 指挥对象

工业革命催生了机械化军队的同时，也为军队提供了大量的武器装备，为指挥领域提供了大量机械化的指挥工具和器材。由于受工业时代“集体化、技能化、专职化”等特征的影响，整个指挥艺术变得机械化和教条化。在当今的信息时代，作战指挥将一改以往的以体能、技能支付为主，变成以智能支付为主。

随着思维科学、决策科学、认知科学的发展及计算机技术的日趋成熟，以军事专家系统和军事决策系统为支持的智能化水平将迈向更高级阶段。智能化武器大量装备、智能化软件系统的开发与运用和数字化部队的组建，信息化条件下的军队指挥对象将由机械化军队，变成装备精良、反应迅速的智能化军队。实践证明，智能化军队的出现，在克服机械化战争中各种制约指挥员主观能动性发挥的不利因素的基础上，还在很大程度上支持、延伸乃至解放了人的脑力活动，使各级指挥员能最大限度地进行创造性的指挥活动。

3. 指挥手段

机械化时代的战争，主要以有线、无线电通信装备与指挥车辆等大量机械化指挥工具为主。而在信息化条件下，作战系统的无缝连接日趋紧密，使指挥手段产生了质的跃迁，逐步形成集信息收集、传递、处理功能于一体的新型指挥系统，促使指挥手段由“机械化”向“全盘自动化”转变。

指挥手段“全盘自动化”缩短了指挥反应周期，极大地提高了指挥效能。例如，美国总统通过全球作战指挥系统（WWMCCS）将命令逐级下达到一线部队，只需 3min ~ 6min。若从最高统帅部越级向第一线通信系统下达命令，可缩短到 1min ~ 3min。

4. 指挥触角

以往，作战行动在总体上表现为一种“平面二维”的性质。无论是进攻作战，还是防御作战，各种指挥机构都成为整个军队部署的一部分。从有利于更好地实施指挥和保障指挥机构安全等方面考虑，指挥位置一般都处在整个军队部署的适中位置。各种指令从一个中心发往四周，来自四面八方的反馈信息最后也汇集于这一中心。

在信息化战争中，火力臂的不断延伸，作战空间日趋扩大，作战行动在陆、海、空、天、电磁、认知“多维战场”同时进行。在这种情况下，以往那种平面“二维指挥”，已远远不能满足作战行动的需求。尤其是，星载航天侦察系统、机载航空侦察系统、地面侦察系统、舰载海上侦察系统的空间立体分布；卫星通信系统、野战区域通信网、高频通信系统、全球定位系统等指挥通信系统的多维化、全球性配置为立体“多维指挥”创造了前提。侦察、探测系统全方位配置，指挥通信网络“笼罩”整个作战空间，电磁战和心理战贯穿战争始终，指挥的触角已延伸到配置在不同空间的参战诸元，形成了“发散”与“收敛”的一系列周期性运动。这种立体“多维指挥”有效地弥补了平面“二维指挥”的不足，满足了“多维战场”作战指挥的需要。

5. 指挥控制

就作战指挥来说，赢得时间历来是一个头等重要的问题。以往战争中，开战以后的指挥工作，总是要滞后于作战进程，无法保持指挥的连续性和即时性。造成“滞后指挥”的原因很多，如信息搜集不广泛、传递信息不迅速、分析与处理信息不及时，从而不能快速定下作战决心、拟制作战计划和组织协同动作耗时大等。

就作战指挥来说，最理想的情况应该是“同步指挥”或“即时指挥”，但这是不可能的。部队要针对敌情的某一变化进行相应的动作，总是要经过一段必不可少的“反应时间”，但这段“反应时间”却是富有“弹性”的，要彻底消除它几乎不可能，但最大限度地缩小这段“反应时间”，则是可以做到的。尤其是，通过传感器网、指挥控制网和武器平台网的综合集成，使得以信息栅格 GIG 为支撑的一体化信息支持能力产生质的跃升，加速了以太空信息系统为龙头，互联、互通、互操作、无缝连接，集预警探测、情报侦察、导航定位、敌我识别、通信联络、指挥控制为一体的综合信息系统的生成，进而从诸多方面大幅度地缩短这种“滞后时间”，使以往的“滞后指挥”迅速向近似“即时指挥”的方向发展。

6. 指挥重点

以往，敌对双方都是在直接或间接可视的“有形战场”上进行角逐。随着信息技术的发展及其在军事上的广泛运用，“有形战场”已难以容纳所有的军事行动，进而加速了“无形战场”面世。

随着隐身技术的日益成熟,隐身兵器的大量运用,拥有隐身武器的一方,可以神不知鬼不觉地执行多种战略、战役、战斗任务,从而使作战的隐蔽性和突然性进一步增强,使"无形战场"的开辟成为了现实。信息化条件下的联合作战,信息已成为核心资源,是决定战争胜负的关键因素。"没有制信息权,就没有制空权和制海权"已成为信息化条件下用兵者的共识。

10.1.2 信息化武器装备

1. 信息化武器装备的概念及特点

所谓信息化武器装备,是指充分运用计算机技术、信息技术、微电子技术等现代技术,具备信息探测、传输、处理、控制、制导对抗等功能的作战装备和保障装备。信息化武器装备利用信息技术和计算机技术,使武器装备在预警探测、情报侦察、精确制导、火力打击、指挥控制、通信联络、战场管理等方面实现信息采集、融合、处理、传输、显示的网络化、自动化和实时化。武器装备信息化沿着两个方向发展,一个是对机械化武器装备进行信息化改造和提升,仍以通常的火力杀伤或防护等为主要功能,以杀伤敌方的有生力量、摧毁敌方装备等为使用目的,通过把计算机技术和信息技术以模块形式嵌入机械化武器装备之中,使机械化武器装备具备类似于人的"眼睛、神经和大脑"的功能,从而使其综合作战效能倍增,满足信息战争作战的需要。另一个方向是研制新的信息化武器装备,如 C^4ISR 系统、计算机网络病毒、军事智能机器人等。武器装备信息化将使信息装备在武器装备体系中的比重将越来越大,相应的作战保障装备的地位和作用日益重要,武器装备体系中除了传统的硬杀伤兵器,还将出现软杀伤兵器。

信息化武器装备具有以下特点:

(1) 智能化。是指信息化武器采用计算机、大规模集成电路及相应软件,使武器部分具有人的大脑的思维功能,能利用自身的信号探测和处理装置,自主地分析、识别和攻击目标。现代化的导弹,与传统武器的一个根本区别,就是部分地具有了人的思维功能。导弹敏感部件测定自身运动参数和外部信息,经计算机分析处理,即可判断飞行状态和位置偏差,进行修正后控制导弹飞向目标。只有信息化武器才开始对人的脑力加以延伸。

(2) 网络化。就是利用信息网络将单件武器装备连接成为一个具有互连互通操作能力的大系统。在信息技术大发展的今天,由电缆、光纤和无线电台、卫星等各种电子设备构成的有形的和无形的"信息公路",密布于陆上和地下、海上和海下、天空和太空等各种空间,这些"信息公路"连接在一起,就构成了一个无缝连接、无所不在的信息网络。这个信息网络,把分散在世界各地、部署于陆、海、空、天的所有武器系统和指挥体系连接在一起,将各种武器系统综合集成为作战大系统。无论坦克、飞机、舰艇和卫星怎样分散部署,无论这些武器身在何处,只要想用它来打仗,随时调用都能做到"指哪打哪",实施精确打击。

(3) 一体化。包括两个方面的内容,一是功能上的一体化,即过去由几件装备遂行的作战功能,现在由一个武器系统来完成;二是结构上的一体化,即通过综合电子信息系统,把战场上各军兵种的武器装备连为一体,使各种作战力量紧密配合、协调行动,提高整体作战。例如,C^4ISR 系统就是一个典型的集指挥、控制、通信、计算机、情报、监视、侦察之大成的一体化综合电子信息系统。

2. 信息化武器装备的种类

(1) 信息战武器装备。是指在为争夺信息获取权,控制权和使用权而进行的对抗与斗争中所使用的,以现代信息技术为核心的武器装备及系统。信息战武器装备可以有多种分类方法,可以根据装备的机动方式分为固定式或机动式,可以根据信息战武器所处的空间分为地面、地下、海上、水下、空中和太空信息战武器,可以依据信息战武器在战争中的作用分为非杀伤性信息战武器、软杀伤性信息战武器和硬杀伤性的信息战武器等。

非杀伤性信息战武器是指对敌方目标本身不具有直接杀伤、摧毁、破坏和干扰作用,但可支援、保障己方作战力量和作战武器系统对敌实施作战行动的信息战武器装备。非杀伤性信息战武器也可称为“支援保障型信息战武器装备”。非杀伤性信息战武器,依据其在信息流通过程中的作用,可以分为信息探测、信息传输、信息处理和控制类武器系统以及综合信息系统与平台。

软杀伤是指对敌方目标的物质实体不具有直接的杀伤、摧毁和破坏作用,仅对其功能,特别是信息内容和信息能力起干扰、削弱和压制作用。其作战对象是敌方的各种信息基础设施、信息战武器装备和信息化武器装备。主要包括网络攻防型信息武器和电子攻防型信息武器两大类。网络攻防型信息战武器装备有计算机病毒、预置陷阱、防火墙等。电子攻防型信息武器主要包括有源、无源和专用电子干扰武器,光电子武器(有源红外线干扰武器、无源红外线干扰器材和有源激光干扰武器与无源激光干扰器材),有源、无源水声干扰武器。

硬杀伤性信息战武器是指对敌方目标及其功能具有直接杀伤、摧毁、破坏作用的信息战武器。硬杀伤性信息战武器大致又分为两类。一类是主要针对非信息性目标及人员的杀伤性武器。另一类是主要针对信息性目标的毁伤性武器。

(2) 信息化弹药。主要指各种制导弹药,信息化(制导)弹药的精度倍增、威力倍增,使原有的弹药发挥出几倍于过去的战斗力。包括导弹、制导炮弹、制导炸弹等。

(3) 信息化作战平台。是指装有大量电子信息设备的高度信息化的作战平台,信息化弹药的依托。比如信息化的飞机、舰艇、装甲车辆等。

(4) C^4ISR 系统。C^4ISR 系统是战场指挥、控制、通信、计算机、情报、监视、侦察系统的简称。是把作战指挥控制的各个要素、各个作战单元连合在一起,使军队发挥整体效能的“神经和大脑”,它是军队的神经中枢,能把众多的武器平台、军兵种部队和广大战场有机联系为一个整体,充分发挥整体威力,因而也是打赢信息化条件局部战争的根本保证。

(5) 单兵数字化装备。是指士兵在数字化战场上使用的个人装备,也称信息士兵系统。通常由单兵计算机和通信分系统、综合头盔分系统、武器分系统、综合人体防护分系统和电源分系统 5 个部分组成。

10.2 武器系统控制原理与方法

10.2.1 武器系统控制原理

控制在军事领域首先用于武器系统的火力控制,如各类型的火炮、导弹、飞机、舰艇中的火力控制。火控系统是控制武器瞄准和发射的系统。其主要功能包括搜索、识别、锁定、射击目标和射击诸元处理、自动下达射击指令、发射后更新目标、目标被击毁情况的反馈等。一套先进的火控系统可使一个火力打击单元(系统)发生质的变化,在指挥与控制战中,精确打击是火力打击的主要手段,而火力控制系统恰恰是精确打击武器的核心。

1. 反馈控制

反馈是指输出量通过适当的测量装置将信号全部或一部分返回到输入端,使之与输入量进行比较(注意量纲要一致),比较的结果叫偏差。反馈控制原理是“检测偏差,并用以纠正偏差”。

自动控制系统与人工控制系统是极相似的。执行机构类似于人手,测量装置相当于人眼,控制器类似于人脑。另外,它们还有一个共同的特点,就是都要检测偏差,并用检测到的偏差去纠正偏差。

在自动控制系统中,这一偏差是通过反馈建立起来的,比较的结果称为偏差。基于反馈基础上的“检测偏差用以纠正偏差”的原理又称为反馈控制原理。用反馈控制原理组成的系统称为反馈控制系统。

2. 开环与闭环控制系统

按照有无反馈测量装置分类,控制系统分为两种基本形式,即开环系统和闭环系统。开环系统(见图10-1)是没有输出反馈的一类控制系统。这种系统的输入直接供给控制器,并通过控制器对受控对象产生控制作用。其主要优点是结构简单、价格便宜、容易维修;缺点是精度低,容易受环境变化(例如电源波动、温度变化等)的干扰。

在工业与国防等要求较高的应用领域,绝大多数控制系统的基本结构方案都是采用反馈原理,如图10-2所示。其输出的全部或部分被反馈到输入端,输入与反馈信号比较后的差值(即偏差信号)加给控制器,然后再调节受控对象的输出,从而形成闭环控制回路。所以,闭环系统又称为反馈控制系统,这种反馈称为负反馈。与开环系统相比,闭环系统具有突出的优点,包括精度高、动态性能好、抗干扰能力强等。它的缺点是结构比较复杂,价格比较贵,对维修人员要求较高。

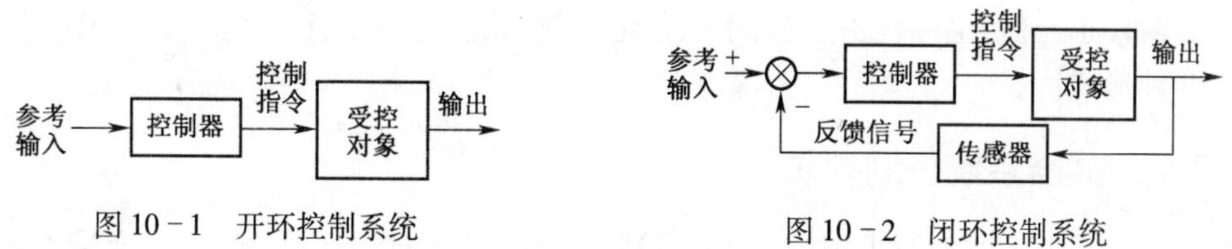

图10-1　开环控制系统　　图10-2　闭环控制系统

闭环控制的突出优点是精度高,可及时减小干扰引起的偏差。如图所示的闭环调速系统能有效降低负载力矩对转速的影响。例如,负载加大,转速会降低,但有了反馈,偏差就会增大,电动机电压就会升高,转速又会上升。

由于闭环系统是靠偏差进行控制的,对于反馈控制系统,由于元件的惯性或负载的惯性,调节不好容易引起振荡,使系统不稳定。因此精度和稳定性之间的矛盾始终是闭环系统存在的主要矛盾。

从稳定性的角度看,开环系统比较容易建造,结构也比较简单,因为开环系统不存在引入反馈产生的稳定性问题。

这里需要说明,机械动力学系统,也可以画成具有反馈的方块图,但这个反馈不是人为加上的，而是机械系统所固有的。一般来说这不叫反馈控制系统，但它可用反馈控制理论来分析，可认为它是存在内反馈的反馈系统。

3. 反馈控制系统组成

图 10－3 是一个典型的反馈控制系统，表示了这些元件在系统中的位置和其相互间的关系。由图可以看出，一个典型的反馈控制系统应该包括给定元件、反馈元件、比较元件（或比较环节）、放大元件、执行元件及校正元件等。

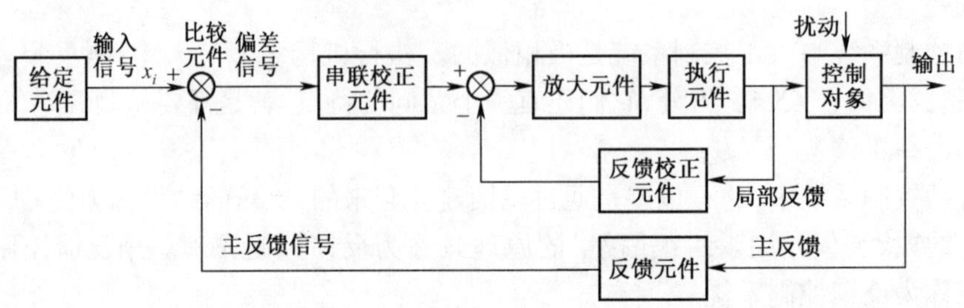

图 10－3 典型反馈控制系统的方块图

给定元件：主要用于产生给定信号或输入信号，如调速系统的给定电位计。

反馈元件：它测量被调量或输出量，产生主反馈信号（该信号与输出量存在确定的函数关系），例如调速系统的测速电机。

比较元件：用来比较输入信号和反馈信号之间的偏差，可以通过电路实现，有时也叫比较环节。自整角机、旋转变压器、机械式差动装置、运算放大器等都可作为物理的比较元件。

放大元件：对偏差信号进行信号放大和功率放大的元件，例如伺服功率放大器等。

执行元件：直接对控制对象进行操作的元件，例如执行电动机、液压马达等。

控制对象：控制系统所要操纵的对象，它的输出量为系统的被调量（或被控制），例如机床、工作台等。

反馈校正元件：也称校正装置，用以稳定控制系统，提高性能，主要有反馈校正和串联校正两种形式。

10.2.2 武器系统控制要求

对武器系统控制的要求可以归结为稳定性（长期稳定性）、准确性（精度）和快速性（相对稳定性）。

稳定性：是指动态过程的振荡倾向和系统能够恢复平衡状态的能力。稳定性是对系统的基本要求，不稳定的系统不能实现预定任务，它通常由系统的结构决定，与外界因素无关。

快速性：这是在系统稳定的前提条件下提出的。快速性是指当系统输出量与给定量的输入之间产生偏差时，消除这种偏差的能力。快速性是对过渡过程的形式和快慢提出要求，一般称为动态性能。

准确性：准确性用稳态误差来表示。理想情况下，当过渡过程结束后，被控量达到的稳态值应与期望值一致。但实际上，由于系统结构，外作用的形式以及摩擦、间隙等非线性因素的影响，被控量的稳态值与期望值之间会有误差存在，叫作稳态误差。稳态误差是衡量控制系统控制精度的重要标志。

系统性能指标可以在时域里提出，也可以在频域里提出，时域内的比较直观。时域分析性能指标是以系统对单位阶跃输入响应的瞬态响应形式给出的，如图 10－4 所示。

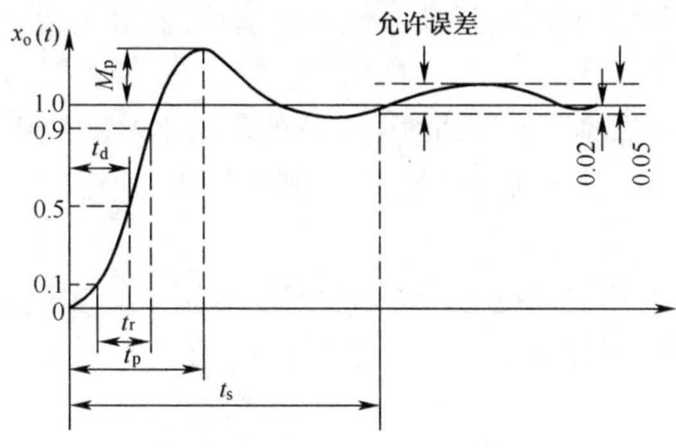

图 10－4　瞬态响应性能指标

时域瞬态响应性能指标包括：

（1）上升时间 t_r：响应曲线从零时刻到首次到达稳态值的时间。如系统无超调，理论上到达稳态值时间无穷大，因此也将上升时间定义为响应曲线从稳态值的 10% 上升到稳态值的 90% 所需的时间。

$$t_r = \frac{1}{\omega_d}(\pi - \beta) = \frac{1}{\omega_n\sqrt{1-\zeta^2}}(\pi - \beta) \tag{10-1}$$

式中　ζ——阻尼比；

ω_n——无阻尼自振角频率（也称为自然振荡角频率）；

ω_d——阻尼自振角频率；$\beta = \arctan\dfrac{\sqrt{1-\zeta^2}}{\zeta}$。

（2）峰值时间 t_p：响应曲线从零时刻到达峰值的时间，即响应曲线从零上升到第一个峰值点所需的时间。

$$t_p = \frac{\pi}{\omega_d} = \frac{\pi}{\omega_n\sqrt{1-\zeta^2}} \tag{10-2}$$

（3）最大超调量 M_p：响应曲线的最大峰值与稳态值之差与稳态值之比，通常用百分数表示。

$$M_p = e^{-\zeta\omega_n\left(\frac{\pi}{\omega_n\sqrt{1-\zeta^2}}\right)} = e^{-\frac{\zeta\pi}{\sqrt{1-\zeta^2}}} \tag{10-3}$$

（4）调整时间 t_s：响应曲线达到并一直保持在允许误差范围内的最短时间。

$$t_s \approx \begin{cases} \dfrac{4}{\zeta\omega_n} & \Delta = 0.02 \\ \dfrac{3}{\zeta\omega_n} & \Delta = 0.05 \end{cases} \tag{10-4}$$

（5）振荡次数 N：在调整时间内响应曲线振荡的次数。

$$N=\begin{cases}\dfrac{2\sqrt{1-\zeta^2}}{\pi\zeta} & \Delta=0.02\\[2ex] \dfrac{1.5\sqrt{1-\zeta^2}}{\pi\zeta} & \Delta=0.05\end{cases} \tag{10-5}$$

上升时间、峰值时间、调整时间反映系统的快速性,而最大超调量 、振荡次数反映系统的相对稳定性。

综上所述,系统的瞬态响应特性曲线由系统的阻尼比 ζ 和无阻尼自振角频率 ω_n 共同决定,欲使系统具有满意的瞬态响应性能指标,则必须综合考虑 ζ 和 ω_n 的影响,选取适当的 ζ 和 ω_n。

(1) ζ 不变,ω_n 增大,则可以提高系统响应速度,减小 t_s、t_r 和 t_p;

(2) ω_n 不变,ζ 增大,则提高系统的稳定性能,M_p 减小、N 减小,然而 t_r 增大、t_p 增大,可以根据允许的 M_p 选取 ζ;

(3) 综合考虑系统稳定性和快速性,取 $\zeta=0.4\sim0.8$,这时超调量 M_p 在 1.5% ~25% 之间,若 $\zeta<0.4$ 则超调严重、稳定性差,$\zeta>0.8$ 则系统灵敏性差,当 $\zeta=0.707$ 时,$M_p\approx4.3\%$,且 t_s 最小,系统性能最好。

10.2.3 武器控制系统分类

在军事上,武器控制系统的应用十分广泛,雷达天线的自动瞄准跟踪控制,火炮、战术导弹发射架的瞄准运动控制,坦克炮塔的防摇稳定控制,防空导弹的制导控制,鱼雷的自动控制,等等。目前,常用于武器系统的控制系统有:直流控制系统、交流控制系统和液压控制系统,它们有着各自的优缺点。

1. 直流控制系统

直流伺服电机控制技术的发展,是与控制器件的发展紧密相联的,功率驱动装置发展的历史就是电机控制技术的历史。早期的伺服系统都是采用交磁电机扩大机—直流电机式的驱动方式。这种系统由于交磁电机扩大机的频响差,电动机转动部分的转动惯量以及电气时间常数都比较大,因此响应比较慢。随着电子电力技术的发展以及应用技术的进步,单片微型计算机的高速发展,外围电路元件专用集成件的不断出现和发展,使得直流伺服电机控制技术有了显著进步,可以很容易地构成高精度、快速响应的直流伺服驱动系统。

直流控制系统的优点是:控制方法简单,容易制动,具有高功率密度。缺点是:换向器、电刷易磨损需经常维护,换向器会产生火花,限制了电动机的最高转速和过载能力,且无法直接应用在易燃易爆的工作环境中。

2. 交流控制系统

长期以来,在对伺服系统要求较高的场合,直流电动机一直占主导地位,但是其存在上述一些固有的缺点。交流电动机,特别是感应电动机则没有上述缺点和限制,且转子惯量较小,动态响应更好。一般说来,在同样的体积下,交流电动机的输出功率可比直流电动机提高 10% ~70%。此外,交流电动机容量可以制造得更大,达到更高的电压和转速。其中,感应式异步电动机交流伺服系统采用的感应式异步电动机结构坚固、制造容易、价格低廉,因而具有很好的发展前景,代表了未来伺服技术的方向。稀土永磁同步电动机是使用最多的伺服电动机品种。交流控制系统的缺点是,与直流控制系统相比其控制方法较为复杂。

3. 液压控制系统

由于军事上的需要,先进的武器和飞机的控制系统以及加工制造武器的复杂零件的机床等控制系统,均提出了诸如大功率、高精度、快速响应等一系列高性能要求。单纯地用电磁元件已很困难,甚至根本不可能满足这些要求。而液压系统具有的一些特点正好适合于这种场合,从而促使人们更加深入的研究液压技术。随着机械工作精度、响应速度和自动化程度的提高,对液压控制技术提出了越来越高的要求,液压控制技术也从传统的机械操纵和助力装置等应用场合开始向航空航天、海底作业和车辆与工程机械等领域等扩展。逐渐完善和普及的计算机控制技术和集成传感器为电子技术和液压技术的结合奠定了基础。计算机控制在液压控制系统中的应用大大地提高了控制精度和工作可靠性,使得以往难于用模拟控制实现的复杂控制策略的实现成为可能,在此基础上形成了近代电液伺服系统。

在液压控制系统中用于位置控制的系统是最常见的。其中电液位置伺服系统,由于其能充分发挥电子与液压两方面的优点,既能控制很大的惯性和产生很大的力或力矩,又具有高精度和快速响应能力,并有很好的灵活性和适应能力,因而得到广泛的应用。诸如飞机与船舶舵机控制系统、雷达与火炮控制系统,以及飞行模拟转台、振动试验台等。

液压控制系统的优点是:体积小、重量轻,具有大转矩输出和高功率密度。缺点是:存在漏油现象,且维护修理不方便,对油液中的污染物比较敏感而经常发生故障。

10.2.4　武器系统控制方法

武器系统的控制方法按照发展过程可以分为三大类:经典控制理论、现代控制理论和智能控制理论。

1. 经典控制理论

经典控制理论主要用于解决反馈控制系统中控制器的分析与设计的问题。

经典控制理论中广泛使用的频率法和根轨迹法,是建立在传递函数基础上的。线性定常系统的传递函数是在零初始条件下系统输出量的拉普拉斯变换与输入量的拉普拉斯变换之比,是描述系统的频域模型。传递函数只描述了系统的输入、输出关系,没有内部变量的表示。经典控制理论的特点是以传递函数为数学工具,本质上是频域方法,主要研究“单输入—单输出”线性定常控制系统的分析与设计,对线性定常系统已经形成相当成熟的理论。

典型的经典控制理论包括 PID 控制、Smith 控制、解耦控制、Dalin 控制、串级控制等。PID 控制由于其算法简单、鲁棒性好和可靠性高而被广泛的应用,尤其适合用于可建立精确数学模型的确定性控制系统。

PID 控制器是一种线性控制器,它根据给定值 $r(t)$ 与实际输出值 $c(t)$ 构成误差 $e(t)$,将误差的比例(P)、积分(I)和微分(D)通过线性组合构成控制量,对被控对象进行控制,故称 PID 控制。其控制律为

$$u(t) = K_{\mathrm{P}}\left[e(t) + \frac{1}{T_{\mathrm{I}}}\int_0^t e(t)\,\mathrm{d}t + T_{\mathrm{D}}\frac{\mathrm{d}e(t)}{\mathrm{d}t}\right] \tag{10-6}$$

式中 K_p——比例系数；

T_I——积分时间常数；

T_D——微分时间常数。

PID 控制器各校正环节的作用如下：

(1) 比例环节。即时成比例地反映控制系统的偏差信号,偏差一旦产生,控制器立即产生控制作用,以减少偏差。

(2) 积分环节。主要用于消除静差,提高系统的无差度。积分作用的强弱取决于积分时间常数 T_I , T_I 越大,积分作用越弱,反之则越强。

(3) 微分环节。能反映偏差信号的变化趋势,并能在偏差信号值变得太大之前,在系统中引入一个有效的早期修正信号,从而加快系统的动作速度,减小调节时间。

对于存在非线性和时变不确定性的系统,由于难以建立精确的数学模型,所以应用常规的 PID 控制器不能达到理想的控制效果;同时在实际应用中,由于受到参数整定方法烦杂的困扰,常规 PID 控制器参数往往整定不良、性能欠佳。随着微处理机技术的发展和数字智能式控制器的实际应用,为控制复杂无规则系统开辟了新途径。

2. 现代控制理论

经典控制理论虽然具有很大的实用价值,但也有着明显的局限性。其局限性主要表现在下面两个方面:第一,经典控制理论建立在传递函数和频率特性的基础上,而传递函数和频率特性均属于系统的外部描述,不能充分反映系统内部的状态;第二,无论是根轨迹法还是频率法,本质上都是频域法,都要通过积分变换,因此原则上只适宜于解决"单输入—单输出"线性定常系统的问题,对"多输入—多输出"系统不宜用经典控制理论解决,特别是对非线性、时变系统更是无能为力。现代控制理论正是为了克服经典控制理论的局限性而逐步发展起来的。现代控制理论引入了"状态"的概念,用"状态变量"及"状态方程"描述系统,因而更能反映出系统的内在本质与特性。从不同的思维角度出发,现代控制理论包括几个分支:最优控制、自适应控制、鲁棒控制、滑模变结构控制等。

(1) 自适应控制。自适应控制是指自动地、适时地调节系统本身控制规律的参数,以适应外界环境变化、系统本身参数变化、外界干扰等的影响,使整个控制系统能按某一性能指标运行在最佳状态下的系统。与传统的控制方法相比,自适应控制方法最显著的特点是不但能控制一个已知系统,而且还能控制一个完全未知系统或部分未知的系统。自适应控制的策略、控制规律是建立在未知系统的基础之上的,它不但能抑制外界干扰、环境变化、系统本身参数变化的影响,在某种程度上,还能有效地消除模型化误差等的影响。自适应控制的目的是通过设计一个自适应控制器,使被控对象的输出满足其动态性能的要求或使某个目标函数为最小。从这个意义上讲,自适应控制范围更加广泛,控制程度更加深入,更有实际应用价值。

(2) 鲁棒控制。在实际问题中,系统的模型可能包含不确定因素,如果希望这时控制系统仍有良好性能,即对不确定因素不敏感,这就是鲁棒控制问题。近年来出现的 H_∞ 设计方法就是一种典型的鲁棒控制方法。H_∞ 鲁棒控制理论是在空间通过某些性能指标的无穷范数优化而获得具有鲁棒性能控制器的一种控制理论。H_∞ 范数为矩阵函数 $\boldsymbol{F}(s)$ 在开右半平面的最大奇异值的上界,其物理意义是它代表系统获得的最大能量增益。H_∞ 鲁棒控制理论的实质是为多输入多输出(MIMO)且具有模型摄动的系统提供一种频域的鲁棒控制器设计方法。H_∞ 鲁棒控制理论很好地解决了常规频域理论不适于 MIMO 系统设计和 LQG 理论不适于模型摄动情况的两个难题，其计算复杂的缺点已因计算机技术的飞速发展及标准的软件开发工具箱的出现得到克服，故近十年来已成为控制理论的一个热点研究领域。

(3) 变结构控制。变结构控制是 20 世纪 60 年代初提出的一种设计方法，主要研究二阶和单输入高阶系统，并用相平面法来分析系统特性。状态空间线性系统研究，使得变结构控制系统设计思想得到了不断丰富，提出了多种变结构设计方法，其中带滑动模态的变结构控制被认为是最有发展前途的。

近年来，随着计算机、大功率电子切换器件、机器人及电机等技术的迅速发展，变结构控制的理论和应用研究开始进入了一个新的阶段，所研究的对象已涉及离散系统、分布参数系统、滞后系统、非线性大系统及非完整力学系统等众多复杂系统，同时，自适应控制、神经网络、模糊控制及遗传算法等先进方法也被应用于滑模变结构控制系统的设计中。

3. 智能控制理论

智能控制是一个多学科的交叉。从三元交叉的角度定义智能控制，它是一种应用人工智能的理论与技术，以及运筹学的优化方法，并和控制理论方法与技术相结合，在不确定的环境中，仿效人的智能，实现对系统控制的控制理论与方法。

智能控制主要用来解决传统控制难以解决的复杂系统的控制问题。根据智能控制的基本控制对象的开放性、复杂性、不确定性的特点，一个理想的智能控制系统应具有：学习功能、适应功能和组织功能。

基于智能理论和技术已有的研究成果，以及当前的智能控制系统的研究现状，按其构成的原理进行分类，大致可以分为：仿人智能控制、专家控制、模糊控制、神经网络控制、遗传算法及其控制、集成智能控制、综合智能控制等。

对控制系统而言，神经网络的主要贡献在于提供了一种非线性静态映射，它能以任意精度逼近任意给定的非线性关系；能够学习和适应未知不确定系统的动态特性，并将其隐含于网络内部的连接权值，需要时，可通过信息的前馈处理，再现系统的动态特性。从目前的情况看，神经网络用于控制系统的设计主要是针对系统的非线性和不确定性进行的。由于神经网络具有自适应能力、并行处理和高度鲁棒性，采用神经网络方法设计的控制系统具有更快的速度（实时性）、更强的适应能力和更强的鲁棒性。传统的控制系统设计是在系统数学模型已知的基础上进行的，因此，它设计的控制系统与数学模型的准确性有很大的关系。神经网络用于控制系统的设计则不同，它可以不需要被控对象的数学模型，只需对神经网络进行在线或离线的训练，然后利用训练结果进行控制系统设计。神经网络用于控制系统设计有多种类型，多种方式，既有完全脱离传统的方法，也有与传统设计手段相结合的方式。

模糊控制是一种通过计算机控制技术，采用模糊数学、模糊语言规则和模糊规则的推理方法，构成一种具有反馈的闭环自动控制系统，适用于没有数学模型或很难建立数学模型的被控过程。

模糊控制与常规控制方法相比有以下优点。

(1) 模糊控制完全是在操作人员控制经验基础上实现对系统的控制，无须建立数学模型，是解决不确定性系统的一种有效途径。

（2）模糊控制具有较强的鲁棒性，被控对象参数的变化对模糊控制的影响不明显，可用于非线性、时变、时滞系统的控制。

（3）由离线计算得到控制查询表，可提高控制系统的实时性。

（4）控制的机理符合人们对过程控制作用的直观描述和思维逻辑，为智能控制应用打下基础。

模糊控制的主要缺陷是：

（1）信息简单的模糊处理将导致系统的控制精度降低和动态品质变差。若要提高精度则必然增加量化级数，从而导致规则搜索范围扩大，降低决策速度，甚至不能实时控制。

（2）模糊控制的设计尚缺乏系统性，无法定义控制目标。控制规则的选择、论域的选择，模糊集的定义、量化因子的选择等多采用试凑法，这对复杂系统的控制是难以奏效的。

10.3 指挥与控制技术

10.3.1 指挥与控制

1. 指挥与控制概念

指挥，是指为了达到一定的目的而进行组织、协调人员行动的领导活动。控制是指掌握住对象，使其不任意或不超出范围活动，或使其按控制者的意愿活动。“控制与指挥”是指挥人员在完成作战任务过程中，在指挥与控制系统的支持下，对所属的作战人员、武器装备和其他战场资源所实施的计划、组织、协调和控制等活动的统称。其内涵如下。

（1）指挥与控制的目的是为了完成作战任务。其本身具有很强的目的性，所有的活动都围绕这一主题展开。

（2）指挥与控制的主体是指挥人员。这里的指挥人员是各级指挥人员及其指挥机关的通称。也就是说，主体是“人”，必须发挥人的主观能动性。

（3）指挥与控制的对象是所属的作战人员、武器装备和其他战场资源。包括所属的部队、武器系统、战场各类设施等。显然，指挥与控制的对象既包括“人”，又包括“物”。

（4）指挥与控制的主要活动是计划、组织、协调和控制。这些活动是指挥人员工作的主要内容，显然，都属于“智力”活动。

（5）指挥与控制所使用的手段是指挥与控制系统。指挥与控制系统是指挥与控制主体和指挥与控制对象之间的桥梁，是开展指挥与控制活动的基础。

2. 指挥与控制系统基本功能

从管理的角度看，指挥与控制系统的主要功能如下。

（1）明确指挥与控制意图（目标或目的）。

（2）确定各要素的任务、责任及关系。

（3）制定指挥与控制规则及完成任务的各种要求（进度等）。

（4）监视与评估态势及进展。

在指挥与控制过程中，分配即刻、近期、中期直到远期的资源并寻求额外资源也是指挥与控制或管理的一部分。因此，指挥与控制的功能还包括资源的分配。

（1）指挥与控制的职责。在指挥与控制范围内，不同的实体发挥着不同的作用。通过分配给实体相应的任务、明确其责任、确定它与其他实体的各种交互关系,可以明确实体的具体行为。协同的性质与范围将在很大程度上取决于指挥与控制所处的初始条件。

信息流与指挥关系非常紧密。在以网络为中心的情况下,信息流不再按照级别进行分发。在网络中心情况下的指挥与控制中,由谁决定任务与责任的分配以及确定实体之间的关系,将因情况不同而变化。传统的指挥与控制概念中假设了一些预先确定的等级关系,这些关系在很大程度上是固定的,但是,在网络中心情况下,等级关系以及分配的静态性质都不是固定不变的。任务、责任及实体之间的关系是自我组织的,并随着时间与环境的变化而变化。

对指挥与控制的质量(如部署任务、责任与关系的能力,完成既定任务所需功能)进行度量时,应当考虑以下问题:①任务分配的完整性(所有必需的任务与责任都必须分配完);②必要的关系是否都存在;③受控方是否知道并理解指控方对它的期望(对他们完成任务的满意程度)。

在需要执行的功能中包括确保目的被知悉与理解。其他所需功能的确定取决于态势的性质以及组织的性质。

(2) 指控过程中的行为准则和约束条件。指挥与控制系统必须确定相应的行为准则和约束条件,以保证指挥与控制目的的顺利实现。

指挥与控制过程参与者的行为准则或约束条件既是“固定的”又是“变化的”。“固定”是指参与指挥与控制的人的自身特性及其文化或社会背景等是相对固定的;“变化”是指在指挥与控制过程中实际情况是不断发生变化的。行为准则或约束条件的具体内容取决于所采用的指挥与控制方法。

(3) 态势监视与评估。当指挥与控制的目标明确以后,指挥与控制系统便开始朝着实现这一目标运转。使初始条件达到期望值所需的时间是由一系列动态因素取得任务成功所决定的。这些初始条件将根据态势变化而变化。因此,指挥与控制方法的重要组成部分就是如何发现变化并做出相应的调整。发现需要改变的能力以及调整的能力与灵活性有关。调整时,既可能是需要改变任务、责任以及关系,也可能是需要改变规则与约束条件。指挥与控制是先提出计划,然后执行计划。监视与评估既是计划编制过程的一部分,也是执行过程的一部分。

(4) 相互作用。在指挥与控制中,与指挥人员能力相关的、互相关联的因素决定着两个方面:①每个参与人员愿意奉献的程度;②发生交互的性质。在指挥与控制系统中,相互作用是必然存在的,相互作用的方式、方法和作用的质量对指挥与控制的效能产生明显的影响。

3. 指挥与控制系统分类

根据指挥与控制系统的级别可将其分为国家指挥与控制系统、区域指挥与控制系统和作业指挥与控制系统。根据系统的用途可将其分为军事指挥与控制系统、交通指挥与控制系统及应急指挥与控制系统等。根据系统的行业可将其分为综合指挥与控制系统、行业指挥与控制系统等。每一类型的指挥与控制系统又可根据自己的特点进行相应的分类,如军事指挥与控制系统,依据其担负的任务和规模又可分为战术级指挥与控制系统、战区级指挥与控制系统、战略级指挥与控制系统。

战术级指挥与控制系统按军兵种分为陆军指挥与控制系统、海军指挥与控制系统、空军指挥与控制系统;按指挥与控制的兵器分为高炮指挥与控制系统、战术导弹指挥与控制系统、地炮射击指挥与控制系统;按指挥与控制系统与火控系统之间的关联程度可以分为独立式指挥与控制系统、集中式指挥与控制系统、自备式指挥与控制系统以及分布式指挥与控制系统。

按不同的控制对象可分为军队指挥与控制系统、作战指挥与控制系统及武器平台指挥与控制系统。其中,军队指挥与控制系统控制的是人和军事团体;作战指挥与控制系统控制的是信息流;武器平台指挥与控制系统控制的是各种高技术武器装备。

按指挥与控制系统的任务可将其可分为机动控制指挥与控制系统、防空指挥与控制系统、火力支援指挥与控制系统、情报/电子战指挥与控制系统,战斗勤务支援指挥与控制系统等。按与外部协同程度可将其分为开放式指挥与控制系统、封闭式指挥与控制系统。

10.3.2 指挥与控制相关技术

指挥与控制是一项复杂的系统工程,包括的关键技术较多,如信息的获取与信息处理技术、网络通信技术、图形图像处理技术、数据库技术、辅助决策技术、软件工程技术等。由于网络通信技术、图形图像处理技术、数据库技术和软件工程属于计算机科学的范畴,因此书中仅介绍信息获取技术,信息融合技术和辅助决策技术。

1. 信息获取技术

没有信息就没有指挥与控制。通俗地讲,信息是指挥与控制的先决条件和开端,也是影响指挥与控制是否有效的关键。按业务种类不同,指挥与控制的信息主要分为以下几类:一是文字类信息,通常有命令、指示、通知、通报、请示、报告、决定等;二是数据类信息,主要是各类统计数据和实时动态数据;三是功态或静态图像类信息,如工业控制中的流程图和实时监控图像以及作战指挥与控制中的态势图等;四是图形或图形加文字数据类信息,主要有以图形方式表达的情况信息、决策信息等,并附以文字进行说明;五是最常见的话音信息,主要用于下达命令、报告情况和指挥与控制人员之间的协商等。

1) 信息的获取方式

指挥与控制信息的获取方式可分为人工信息的获取和信号信息的获取两种方式。人工信息获取主要指通过人与人之间的语言,手势,表情等所获取的信息,信号信息获取是指利用各种传感装置所获取的电磁、光电、数字、图像等信息,如战时通过雷达、声纳、光学侦查设备等获取的信息。

2) 对信息获取的要求

(1) 及时性。信息的及时性是指指挥与控制系统获得信息的时效性。信息获取的及时性是影响指挥与控制效果的关键因素。不及时的信息将使指挥与控制的效果大大降低,甚至毫无价值。在军事指挥与控制系统中,要求能得到战场态势的实时信息,以便指挥员对当前的作战态势进行准确判断,并对敌方的作战意图进行推断。

(2) 准确性。信息的准确性是指指挥与控制系统所获得的信息与真实情况的一致性。信息的准确性直接决定着指挥与控制人员能否减少指挥失误,做到灵活指挥和精确指挥。对于作战指挥与控制来说,信息获取的准确性主要取决于以下几个方面:一是传感器的精确性;二是传感器的抗干扰能力;三是传输手段的可靠性。

(3) 连续性。信息的连续性是指指挥与控制系统能不间断地得到所控制区域的人员、物资和环境的真实信息。连续性为信息的真实性和可靠性提供了保障,能够为指挥与控制提供强大、灵活的信息资源。要达到信息的连续性首先要保证获得信息的人员和装备安全和完好,其次是在信息传输过程中的衰减要降到最低,保证信息传输过程无中断。对于作战指挥与控制系统来说,信息的连续性还表现在信息传输过程中的抗环境干扰能力及能抵御敌方的各种恶意干扰方面。

(4) 安全性。信息的安全性是指所获取的信息能顺利到达指挥与控制系统,并能防止恶意的干扰或破坏。信息的安全性:一是要求信息获取具有冗余备份手段;二是指信息获取过程中能同时防止人为或自然的破坏。对于作战指挥与控制系统来说,信息的安全性主要体现在信息获取的保密性和具有抗恶意干扰的能力上。

2. 信息融合技术

指挥与控制信息的获得必须运用包括微波、毫米波、电视、红外、激光、电子支援措施,以及电子情报等覆盖宽广频段的各种有源和无源探测器在内的多传感器集,以提供多种观测数据。通过优化综合处理,实时发现目标、获取目标状态估计、识别目标属性、分析目标的行为意图,并评定战场态势,进行目标的威胁分析,为火力控制、精确制导、电子对抗等为指挥与控制人员提供尽可能准确的信息。上述的信息过程在指挥与控制系统中被称为信息融合(数据融合)。

信息融合包括以下几方面的功能。

(1) 数据的校准。数据校准的作用是为了统一各传感器的时间和空间参考点。

(2) 数据的相关。数据相关的作用是判别不同时间和空间的数据是否来自同一目标。

(3) 状态估计。状态估计又称为目标跟踪,状态估计单元的输出是目标的状态估计值。

(4) 目标识别。目标识别亦称属性分类或身份估计,将实测特征与已知类别的目标特征进行比较,从而确定目标的类别。

(5) 行为估计。将所有目标的数据集与先前确定的可能态势的行为模式相比较,以确定哪种行为模式与监视区域内所有目标的状态最匹配。

信息融合模型可以根据信息流、控制关系、应用以及规模的不同而分为不同的模型。根据信息融合系统的外部特性和内部特性,信息融合模型分为两大类:一是基于系统外部特性的模型,如结构模型、功能模型、位置融合模型、输入输出模型等;二是基于融合算法本身特征的模型,如融合四元素模型、分层融合模型、属性融合模型等。

信息融合系统的模型一般由下面四个基本要素组成。

(1) 传感器,它是向信息融合系统提供原始观测信息的信息“采样器”。

(2) 原始信息的特征提取、分类、跟踪和评估。

(3) 目标的识别、分析和综合。

(4) 信息融合结果,即信息融合系统的输出。

多目标、多传感器系统各基本要素的功能如图10-5所示。对于信息融合系统来讲,传感器群的控制和管理是必不可少的环节。因为实际系统中需要构造闭环系统,从而根据信息融合结果实现传感器群的控制和管理。

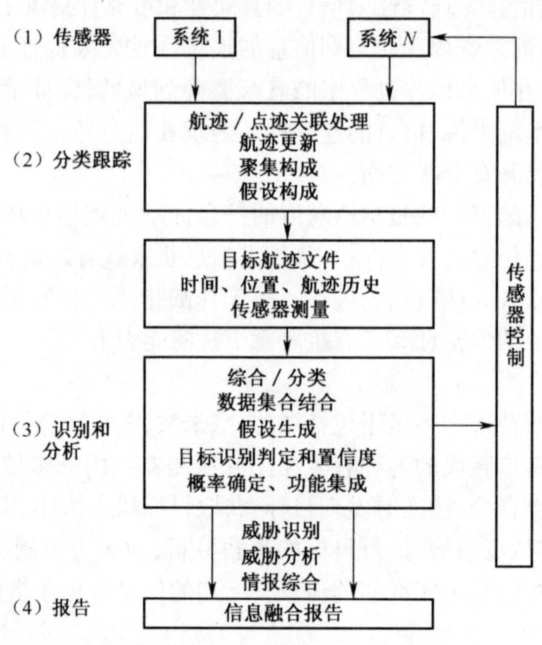

图 10-5　信息融合四元素

3. 指挥与控制中的辅助决策技术

指挥与控制中的辅助决策,按照现代决策科学的观点来说,是为实现一定目的而制定的各种可供选择的方案,并决定采取某种方案的思维活动。辅助决策不仅仅是做出抉择的一种行动,而且也是一个过程,包括做出抉择以前的准备工作和做出抉择以后的计划活动。

1) 辅助决策的任务

利用数据和模型解决非结构化或半结构化决策问题的人机交互式系统并不提供结构化决策问题的解答,而是强调直接支持决策者以提高他们决策工作的质量。显然,通过用户和计算机的交互作用所获得的工作效率远远超过了由用户或计算机独立工作所达到的程度,因此,可以说提供了计算机和用户最佳合作的决策支持。

系统功能是指系统为实现预定目标所表现出来的作用和能力。系统功能与系统的组成和结构有着密切的关系。不同组成和结构的系统能够实现不同的功能。从指挥与控制系统物理构成来说,不同的指挥与控制系统所能实现的基本功能包括以下几个方面。

(1) 信息获取功能。指挥与控制系统中的信息获取包括信息采集和接收。信息采集是指指挥与控制系统利用本身的侦察手段获得信息。信息接收是指指挥与控制系统接受上一级指挥机关或下一级指挥机构的信息。

(2) 信息传输功能。指挥与控制系统利用各种信息传输手段,按照一定的传输规程和编码格式,将信息在指挥与控制系统内部和其他指挥与控制系统之间进行传送。信息传输的基本要求是快速、准确、可靠和保密。

(3) 信息处理功能。信息处理功能包括两个方面:一是信息登录、格式检查、属性检查、统计计算等;二是数据融合,即将指挥与控制系统采集到的数据进行分类、属性识别、威胁排序等。

（4）辅助决策功能。辅助决策采用人工智能、数据库技术，以一定的模型为基础，对指挥与控制系统处理后的信息进行计算、推理，辅助作战指挥人员制定作战方案和保障方案。

2）辅助决策的特征

决策支持系统是综合利用大量数据，有机组合众多模型（数学模型与数据处理模型等），通过人机交互，辅助各级决策者实现科学决策的系统。辅助决策系统使人机交互系统、模型库系统、数据库系统三者有机结合地起来。它大大扩充了数据库功能和模型库功能，即辅助决策系统的发展使管理信息系统上升为决策支持系统的。辅助决策系统使那些原来不能用计算机解决的问题逐步变成能用计算机来解决的问题。辅助决策系统不同于管理信息系统的数据处理，也不同于模型的数值计算，而是它们的有机集成。

3）辅助决策的要求

由于辅助决策系统是为指挥与控制人员的决策提供参考的，所以，它直接影响着指挥与控制的适宜性和效率。因此，与一般的计算机软件系统不同，对辅助决策系统有一定的特殊要求。

（1）实时性要求。辅助决策必须具有较高的实时性，即为指挥员提供实时的信息，并能实时、准确地计算出决策依据要素和备选决策方案，以提高指挥员在指挥与控制中的快速反应能力。

（2）科学性要求。必须采用合理的辅助决策模型，才能保证态势要素、决策要素的分析估计结果的科学性，成为指挥员决策的依据。

（3）可扩充性要求。随着指挥样式和方式的不断变化，辅助决策所采用的手段和方法也应相应地改变，以满足指挥与控制系统的需要。随着指挥与控制对象和内容的变化，辅助决策的范围也在不断变化，这就要求辅助决策系统必须具有适应其范围变化的能力。可扩充性包括两方面的内容：方案库的扩充和模型的扩充。

（4）人机交互性要求。所有的辅助决策系统都应具有良好的人机交互能力，协调人脑和计算机工作，完成人脑和计算机的沟通。

除此之外，根据辅助决策系统应用范围的不同，对其要求也有所不同。在军事指挥与控制系统中，辅助决策系统必须具有极强的保密性。

4）辅助决策的方法

能用于指挥与控制辅助决策的方法较多，而且不同的指挥与控制系统所用的辅助决策方法也不尽相同。常用的辅助决策方法有运筹学方法、专家系统法、神经网络法、启发式方法等。

（1）运筹学方法。运筹学方法是应用现代计算技术研究指挥与控制的数量关系的方法。运筹方法可以帮助指挥员处理数量大、内容复杂的信息，完成定下决心、组织协同所需的大量计算，缩短指挥与控制周期，增加指挥决策的科学性和合理性。

（2）专家系统法。专家系统利用大量的专家知识，对研究的对象反复进行解释、预测、核实，通过一系列计算和推理，做出决策建议，实现辅助决策。知识库包含了决策所使用的各种知识，各种知识是通过知识获取把专家的知识经过知识工程师进行人机间的翻译和转换而得到的。推理机是专家系统的核心之一，它利用知识库中的知识进行推理和计算，回答用户的咨询、提出建议和结论。

(3) 神经网络法。专家系统的知识主要是规则形成、谓词逻辑、语义网络、框架、过程性知识几种形式,这难以满足辅助决策系统模式识别、自动控制、组合优化、联想记忆的需要。人工神经网络是由大量类似于神经元的处理单元相互连接而成的非线性复杂网络,试图通过模拟大脑的神经网络处理、记忆信息的方式来完成类似于人脑的信息处理功能。可采用分布式存储方式,采用成熟的学习算法(典型的有无导师的 Hebb 规则等),采用良好的容错性等,弥补专家系统在知识表示、获取、优化计算、并行推理方面的不足。

第11章　火炸药科学与技术

11.1　概　　述

11.1.1　火炸药概念

1. 火炸药

火炸药是一类化学能源材料，是一种不稳定的含能化学物质。在火炸药的组分中含有氧化剂和可燃物，当受到不大的外界作用被激发后，在没有外界物质参与下能进行剧烈的化学反应，在极短时间内进行快速反应，释放出巨大的热量，产生大量的气体，对周围介质做抛射功或破坏功，具有巨大的做功能力。

火炸药是重要的含能材料，火炸药科学与技术隶属于材料学科领域。

火炸药主要用于军事，是陆、海、空军武器的能源，在军用技术中具有重要的地位。它不但可作为弹丸发射和战斗部推进的装药，而且还是摧毁目标的能源，也是某些驱动装置与爆炸装置的能源。火炸药广泛存在于点火系统、发射推进系统、弹药系统以及起爆系统中。最基本和最传统的火炸药是发射药、推进剂和炸药。发射药被广泛用于压力推进，如抛射枪炮弹丸、水雷和鱼雷；推进剂主要用于反作用推进，如发射火箭和导弹，或用作某些驱动装置的能源；炸药主要用作炮弹、导弹、地雷等的爆炸装药。火炸药还可以用于采矿、工程爆破、金属加工和地质勘探等技术领域。作为能源材料，火炸药服务于我国国防和国民经济事业，尤其在兵器装备中，它是不可缺少的组成部分。火炸药技术是决定武器威力和射程的关键技术。

2. 火炸药的化学反应过程

火炸药的放热过程是化学反应的结果。这种反应是连续进行的，直到原子、分子碎片、离子和原子团形成稳定的最终产物。火炸药的化学反应具有三个特征：反应的高速性、反应的放热性、产生大量气体。火炸药的化学反应可以在隔绝大气的条件下进行，能在瞬间输出巨大的功率，反应过程可以控制。

按化学反应的传播方式和传播速度，火炸药化学反应过程可分为燃烧、爆炸和爆轰。燃烧，是指火炸药能迅速烧完，但其反应区进入未反应区的速度（几米每秒或几十米每秒）低于反应物中的音速。燃烧反应受外界影响较大。爆炸，是指火炸药在极短时间内，释放出大量能量，产生高温，并放出大量气体，在周围介质中造成高压的化学反应或状态变化，反应区进入未反应区的速度不稳定（几十米每秒或几千米每秒）。爆轰，是指火炸药的反应速度极大，其反应区进入未反应区的速度（几千米每秒或几万米每秒）大于反应物中的声速。爆轰反应几乎不受外界影响。各种火炸药在特定条件下都能从燃烧转变为爆轰，但在一般情况下，某些火炸药的主要反应形式是燃烧，而另一些火炸药的主要反应形式则是爆炸或爆轰。

3. 火炸药的组成

在一定的环境条件下,某些物质的生成焓可以完成对环境做功的化学能转换,火炸药物质具有这样的功能。

火炸药第一种组成形式是单组分化合物,其分子结构中含有一些特殊基团。这些化合物常可作为单组分炸药或混合炸药和火药的组分。火炸药第二种组成形式是混合物。其中主要是由氧化剂和可燃物组成的混合物。火炸药组成中另一类重要成分是附加物,使用附加物的目的是调节火炸药的性能以及改善火炸药的工艺性能。火炸药使用的附加物种类很多,如钝感剂、键合剂、燃烧催化剂、消焰剂、安定剂、能量添加剂、增孔剂、稀释剂等。

组成现有火炸药的基本元素主要是 C、H、O、N。因为该类火炸药在安定性、烧蚀性、腐蚀性、相容性以及感度、烟、焰等性能方面具有优势。火炸药的发展表明,火炸药组分不能局限于 C、H、O、N 系列的物质,从火炸药的能量考虑,一些化合物,例如金属的氢化物、氟氮、氟碳化合物等高能量物质,它们在潜能上具有优势。

11.1.2 火炸药的类型

火炸药的种类很多,分类方法也很多。

1. 按化学反应速率分类

按火炸药正常使用中的反应速度可分为低速火炸药(通常称为火药)和高速火炸药(通常称为炸药)两类。火药是一种反应速度较慢的火炸药。其化学反应在向未反应区扩展时的速度低于反应物中的声速。火药的化学反应过程属于燃烧过程。火药的线性燃烧速率为 10mm/s ~ 1000mm/s。火药一般用作发射药、起爆药、烟火剂等。炸药是一种反应速度很快的火炸药,能迅速释放能量和气体,其化学反应在向未反应区扩展时的速度高于通过此火炸药的声速。此扩展速度称为该炸药的爆轰速度,简称爆速。炸药的化学反应过程属于爆轰过程。炸药的爆速为 2km/s ~ 9km/s。高速炸药分为初级的和次级的两种,初级高速炸药(即起爆药)的特征是对热和机械冲击非常敏感,而且在很短的时间和很小的距离内爆速即可达到稳定。次级高速炸药(即猛炸药)不是以热或机械冲击来起爆,而是直接用初级高速炸药的爆轰冲击来起爆。

2. 按用途分类

按用途分火炸药可分为猛炸药、起爆药、发射药和烟火剂。猛炸药和起爆药的主要化学反应形式是爆炸,在实际应用中主要是利用其爆炸性;而发射药和烟火剂的主要反应形式是燃烧,在实际应用中主要是利用其燃烧性。

3. 按火炸药的组成分类

按火炸药的组成可将其分为化合火炸药和混合火炸药两类。化合火炸药其组成是单一的整体,也叫单质火炸药或单组分火炸药。单组分炸药是炸药的主要品种,是含能材料的基础材料,它们是含有硝基和硝酸酯基的有机物或高分子化合物。在其结构中含有氧化元素和可燃元素,两种元素之间是 N 原子。通过它们之间的组合或与其他物质的组合,可以派生出多种含能材料。单组分起爆药是用来引燃或引爆其他火炸药的,故称它们为起爆药。混合火炸药(或称复合型火炸药)是由两种以上的成分混合而成。

11.1.3 火炸药的特征

1. 火炸药的性能特征

火炸药的性能表现在诸多方面,但相对于一般的能源材料而言,火炸药有其独具的性能,这些特征决定了火炸药的应用领域和它在国防与国民经济中的地位。火炸药的性能主要表现在如下几个方面:

(1) 火炸药可以在隔绝大气的条件下进行成气、放热和做功的化学反应,相应的装置无需供氧系统。火炸药适合在人员与机械难以达到的场所和在应急的情况下作用。火炸药现在已应用于武器的推进和发射等。

(2)火炸药反应的主要形式是燃烧反应或爆炸反应,其反应可以在短时间或瞬间完成,炸药的爆轰速度每秒数千米至近万米,每千克炸药爆轰瞬间输出功率可达 5×10^{7}kW,所以炸药在军事上可以作为弹药的装药。低燃速火药的燃速是每秒几个毫米,高燃速火药的燃速可达到每秒数百米。通过发射药和推进剂的结构与燃速的调节,能够控制火药燃烧反应的输出功率。所以火药既可以完成火炮对弹丸的快速推进,火箭助推的推进,也可以完成燃烧时间较长的续航推进或作为燃气发生剂。

(3)火炸药具有敏感性和不安定性,火炸药的组分一般都具有毒性。火炸药是氧化剂和可燃物共聚一身的含能物质,因此在热、机、电、光等初始冲量作用下能发生分解、燃烧或爆炸等反应;另一方面,它自身还不断地进行着热分解反应。不恰当的储存条件既能加速热分解反应,也能引发水解反应,由此可能导致燃烧和爆炸。

2. 火炸药的基本性能的参数

衡量火炸药的基本性能的参数包括感度、猛度、威力、安定性和相容性等。

(1) 感度。火炸药受各种外界能量作用发生燃烧或爆炸的难易程度称为感度或敏感度。感度越高,越容易燃烧或爆炸。

(2) 猛度。火炸药的猛度是指火炸药击碎与其接触介质的能力,是一种对周围介质直接作用能力的标识量。猛度主要取决于火炸药爆炸时能量释放的快慢,即爆速、爆压及装药密度。

(3) 威力。火炸药的威力是指爆炸时放出的热量和生成的气体膨胀做功的能力。爆炸时生成的气体多、温度高、压力大,则威力就大。

(4) 安定性。火炸药安定性是指在一定的条件下,火炸药保持其物理、化学和使用性能不发生超过允许范围变化的能力。

(5) 相容性。火炸药相容性是指在一定的条件下,火炸药各组分间或炸药与其他材料(如弹性金属材料、零部件、非金属材料和涂料等)接触时不发生超过允许范围变化的能力。

3. 火炸药能量特征参数

火炸药能量特征参数,反映火炸药本身的能量和可以被利用的能量。

(1) 爆热。爆热是爆发(炸) 单位质量火炸药,其生成物降至初态温度时反应所释放的热量。反应的初始环境一般规定为:温度 298K、没有氧气存在和固定的反应器容积。爆热基本反映了火炸药可被利用的化学能。

(2) 爆温。爆温是火炸药在绝热条件下发生爆发(炸)反应,其产物所能达到的最高温度。反应的初始环境一般规定为:温度 298K、没有氧气存在、反应过程的容积是固定的。爆温是反映火炸药做功能力的重要参数。

(3) 比容。比容是单位质量火炸药发生爆发(炸)反应,其气体产物在标准状态下所占有的体积(水为气态)。火炸药气体产物是其做功的工质,比容大的反映做功能力大。

(4) 火药力。火药力是单位质量火炸药燃烧后的气体生成物在一个大气压力下,当温度由 0K 升高到爆温时膨胀所做的功,表示单位质量火炸药做功的能力。火药力反映了火药可以被利用的潜能。

(5) 比冲量。比冲量是衡量推进剂能量和发动机工作完善程度的参数。在火箭发动机中,单位质量推进剂所产生的冲量为比冲量。

(6) 爆速。爆速是爆轰波沿炸药柱传播的速度,它是衡量炸药爆炸性能的主要参数。其数值取决于炸药的化学性质和装药的物理性质。

11.1.4 火炸药在武器装备中的地位和作用

1. 武器对火炸药的战术技术要求

(1) 武器对火炸药先进性的要求。火炸药技术是决定武器威力的核心技术,武器要求火炸药具有高的能量及其能量利用率,并具有可被武器应用的基本性能,该性能使火炸药能够按照设计的程序有规律地进行化学反应。

(2) 与武器和环境相容性的要求。火炸药是武器的核心部件,火炸药要接受并满足武器及其环境的约束条件。武器和环境对火炸药的约束条件可以归纳为:短时间高压力的工作环境(工作压力大约为 5MPa ~ 800MPa);高加速的过载条件($5g \sim 10^5 g$);长期与金属、高分子等材料的容器接触,物质间存在材料变质的化学反应和物理变化;变化的环境温度(-60℃ ~ +70℃);环境对火炸药毒性及其污染的限制。

(3) 提高武器生存能力的要求。由于火炸药的高能化,装药元部件可燃化,以及对方诱发毁伤的战术,火炸药明显地增加了武器毁伤的可能性。提高武器生存能力的要求,就成为武器对火炸药的重要战术技术要求。

(4) 提高武器机动性的要求。武器要求火炸药有利于减轻武器的整体质量,这是增加武器机动性的基本措施。减小燃气压力,可以大幅度降低对武器强度的要求;采用不敏感的火炸药,以及采用燃气生成的控制技术,都能避免环境和燃烧引发的压力过载;火炸药的性能应有利于简化武器的勤务操作;取代金属部件的可燃或可消失装药部件;整体化、模块化的刚性组合装药;低温度感度、低压力感度的火炸药等,都能明显地简化武器的勤务操作和减轻武器质量。

(5) 效费比的要求。高效果和低耗费是武器对火炸药的总体要求,需要充分考虑包括研究、生产、服役全过程总耗费;应考虑包括平时的威慑效果和使用时做功的总效果。火炸药的勤务处理和服役期,能在很大程度上影响着效、费的比值。在某种情况下,决定火炸药成本的重要因素不单是生产,还有火炸药的使用寿命。武器装备需要具有高稳定性、储存期长和便于维护的火炸药。

2. 火炸药的地位与作用

火炸药是高能量密度物质,其化学反应可以在隔绝大气的条件下完成;火炸药反应迅速,能以极高的功率释放出能量;火炸药反应过程可以控制等特征,使武器的结构简单,具有机动性和突击性,更具摧毁、致命打击和威慑的能力。因此,近期内其他能源尚无法取代火炸药在军事上的地位。

推进剂主要用途是作火箭发动机的能源,常用于推进载荷或用来做驱动功;推进剂也能作为紧急情况下的气源。发射药主要用作身管武器的能源,利用发射药产生的气体推动和抛射载荷。炸药在军事上的用途是爆炸做功,以摧毁对方武器装备、破坏工事设施以及杀伤有生力量。

11.2 炸 药

11.2.1 炸药及其特点

炸药是指在适当外部激发能量作用下,能发生爆炸并对周围介质做功的化合物或混合物。炸药的爆炸是一种速度极快且放出大量热和气体的化学反应,其中绝大多数为氧化—还原反应。由于炸药爆炸时的放热化学反应进行得极快(从引发中心向外传播的线速度介于亚音速至超音速之间),可以近似地将其看成为定容绝热过程,因而爆炸气态产物的温度和压力都很高(温度达2000K~5000K,压力达10GPa~40GPa)。当这种高温、高压气体骤然膨胀时,使爆炸点周围介质中发生急剧的压力突跃,形成冲击波,对外界产生相当大的机械破坏作用。

反应的放热性、快速性和生成气态产物是炸药爆炸的三个重要因素。放热性提供能源;快速性使有限的能量迅速放出;而气体则是能量转换的工质。

就炸药分子结构而言,它具有四个特点:高体积能量密度,自行活化,亚稳态,自供氧。

(1) 高体积能量密度。尽管以单位质量计,炸药爆炸所放出的能量比普通燃料燃烧时放出的能量低得多,但其密度大,单位体积的能量与普通燃料相比更高。常用炸药的密度与其定容爆热的乘积来表示炸药的体积能量密度。

(2) 自行活化。炸药在外部激化能作用下发生爆炸后,在无外界提供任何条件和没有外来物质参与下,反应即能以极快速度进行,并直至反应完全。

(3) 亚稳态。炸药在热力学上是相对稳定(亚稳态)的物质,它们不是一触即爆的化学品,只有在适当外部作用激发下,才能爆炸而释放其内部潜能。

(4) 自供氧。常用单组分炸药的分子内或混合炸药的组分内,不仅含有可燃组分,而且含有氧化组分,它们不需外界供氧,在分子内或组分间即可进行化学反应。所以,即使与外界隔绝,炸药自身仍可发生氧化—还原反应——燃烧或爆炸。

炸药基本性能包括:

(1) 感度。炸药的感度是指其在外界能作用下产生剧烈化学变化的能力。炸药的感度分为热感度、火焰感度、机械感度和起爆感度四种。热感度是指炸药在热能作用下发生燃烧或爆炸的能力,以爆发点(即在某种介质中将炸药加热到发生爆炸时周围介质的最低温度)表示。火焰感度指炸药在火焰作用下发生爆炸变化的能力,以能否引起炸药爆炸的距离上、下限表示,能以炸药100%发火的最大距离称为上限,它表示点火的可靠性;使炸药100%不发火的距离称为下限,它表示炸药对火焰的安全程度。机械感度指炸药在机械能的作用下发生爆炸变化的能力,包括冲击、摩擦和针刺感度等,常以炸药爆炸的百分数表示。起爆感度是指炸药在起爆能的作用下发生爆炸变化的能力,常以极限起爆能量表示。

(2) 炸药安定性。炸药的安定性指炸药在长期储存过程中,受温度、湿度及其他条件的影响,保持其性质不发生改变的能力。炸药的安定性可分为物理安定性和化学安定性。物理安定性指在储存过程中受外界环境影响下,保持其物理性质不发生改变的能力。化学安定性指在长期存储过程中,不易分解、不与接触的金属等介质发生化学反应等的能力。

(3) 炸药的对外输出特性。炸药的对外输出特性指火炸药燃烧或爆炸后对外做功能力,常以威力和猛度两个概念表示。威力指的是炸药的做功能力,即炸药所包含的全部能量,它包括了炸药爆炸时损失的能量和变成各种有效功的能量两大部分。猛度指炸药爆炸后对其接触的物质或物体的破坏能力。即对接触物质或物体所做炸碎功的能力。

11.2.2 对炸药的基本要求

应用中,对炸药的基本要求有:

(1) 具有满意的能量水平,即具有尽可能高的做功能力和猛度。

(2) 具有足够的对冲击波和爆轰波的感度,以保证能可靠而准确地被起爆。

(3) 临界直径(发生稳定爆轰的最小装药直径)小,以保证易于获得完全爆轰。

(4) 对机械、热、火焰、光、静电放电及各种辐射等的感度足够低,以保证生产、加工、运输及使用中的安全。

(5) 具有良好的物理、化学安定性和相容性,以保证长期存储安全。

(6) 具有良好的加工和装药性能,能采取压装、铸装和螺旋装等方法装入弹体,且成型后的药柱具有优良的力学性能。

(7) 原料来源广泛,生产工艺简单,价格低廉,“三废”少并易于处理。

(8) 对一些用于特定环境的炸药,还要求满足个别特殊要求,如抗水性、耐热性、抗冻性等。

完全满足上述要求的炸药是很少的,在设计和选择使用的炸药时,大多是在满足主要要求的前提下,在其他要求间求得折中和最佳平衡。对军用炸药应更多地考虑能量水平、安全水平及作用可靠性,而对民用炸药则应更多考虑其安全性、实用性和经济性。

11.2.3 炸药的类型

炸药的品种极其繁多,可以采用各种平行的方法对炸药进行分类。

1. 按照化学组成分类

按照化学组成分,炸药可分为单组分炸药和混合炸药。

单组分炸药,由单一化合物组成,多数是分子内部含有氧的有机化合物,在一定的外界条件作用下,能导致分子内键断裂,发生高速化学反应,进行分子内的燃烧和爆轰。主要的单组分炸药有三类:硝基化合物炸药(如梯恩梯)、硝胺炸药(如黑索金和奥克拖金)和硝酸脂炸药(如泰安、硝化甘油、硝化棉)。

混合炸药,本身是含有两种以上物质组分的能发生爆炸的混合物,根据其性能和成型工艺的要求,由单组分炸药(或者氧化剂加可燃剂)和多种添加剂按适当比例混合制成。

添加剂有粘结剂、增塑剂、敏化剂、钝感剂、防潮剂、交联剂、乳化剂、发泡剂、表面活性剂、抗静电剂等。这类炸药有气态、液态及固态的。

2. 按照作用方式分类

按照作用方式,可将广义的炸药分为猛炸药、起爆药、火药及烟火剂四类。

猛炸药,通常要在一定的起爆源作用下才能爆轰,它利用爆轰所释放出来的能量对周围介质产生强烈的破坏作用,又称为高级炸药。通常所说的炸药一般是指猛炸药。常用猛炸药有梯恩梯、黑索金、奥克拖金、泰安及混合型工业炸药等。猛炸药的感度较低,具有相当的稳定性,使用时通常需要借助起爆药才能激发爆轰。猛炸药一旦被起爆就会有更高的爆速和更猛烈的破坏威力,所以它是各类爆破工程中最基本的常用炸药类型。猛炸药还可以分为单质猛炸药和混合猛炸药两类。混合猛炸药一般是由单质炸药和添加剂,或由氧化剂和可燃剂按适当比例混合加工制成的。混合炸药的发展弥补了单质炸药性能上的不足,扩大了炸药的应用范围。目前能实际应用的大多为混合炸药。

起爆药,是一种易受外界能量激发而发生燃烧或爆炸,并能迅速形成爆轰的一类敏感炸药。特点是在较弱的外界能量作用下即易激发爆轰,而且反应速度极快,爆轰成长期短,用于引爆其他炸药。常用的有氮化铅、雷汞、二硝基重氮酚等。

11.3　发射药及其装药设计

11.3.1　发射药及其类型

火药是一种含能材料,自身含有氧化剂,能够在一定能量作用下,发生快速化学反应,生成大量的热和气体产物,具有巨大的做功能力。

当火药达到一定密度后将按平行层燃烧,因此可以通过火药的成分、形状和尺寸的变化来控制其燃烧规律。火药主要用作身管武器发射弹丸的能源。

火药的物理、化学性能包括:

(1) 物理安定性:火药的吸湿性、挥发性以及渗出性和晶析性。

(2) 化学安定性:硝酸酯类火药都含有不稳定基。一是热分解;二是自动催化作用,生成物与火药起氧化作用,使火药进一步分解;三是水解,酯和水作用生成醇和酸。为了增加火药的安定性,所以在火药中都加有安定剂。

(3) 感度:火药的冲击感度和温度感度高于炸药,但起爆感度远远低于炸药。

火药按用途可分为:点火药、发射药、推进剂、烟火剂等。

(1) 点火药,是指用以引燃火工药剂、烟火药剂、推进剂及发射药的药剂。点火药按组成可分为单质及混合两类,实际使用的点火药多为混合点火药,主要由氧化剂、可燃剂及黏结剂组成。要求其物理化学性能稳定,对热冲击敏感,具有足够的点火能力,且作用可靠。装填于各种点火器件中。

(2) 发射药,通常是指装在枪炮弹膛内用以发射弹丸的火药。由火焰或火花等引燃后,在正常条件下不爆炸,仅能爆燃而迅速发生高热气体,其压力使弹丸以一定速度发射出去,但又不致破坏膛壁。发射药应具有下列特征:燃气相对分子质量小,无腐蚀性,含固体粒子少,不污染枪炮的内膛;爆温不应过高,以免烧蚀内膛;不产生火焰、燃烧有规律,能产生良好的弹道效果;物理、化学安全定性好,能长期贮存;资源丰富,生产成本低廉。不同武器要求按其弹道性能将发射药制成不同的形状和大小,常见的形态有管状、带状、片状、球状、粒状、梅花状等。

(3) 推进剂又称推进药,是指有规律地燃烧释放出能量,产生气体,推送火箭和导弹的火药。推进剂具有下列特性:比冲量高;密度大;燃烧产物的气体(或蒸气)分子量小,离解度小,无毒、无烟、无腐蚀性,不含凝聚态物质;火焰温度不应过高,以免烧蚀喷管;应有较宽的温度适应范围;点火容易,燃烧稳定,燃速可调范围大。物理、化学安定性良好,能长期贮存;机械感度小,生产、加工、运输、使用中安全可靠;经济成本低、原料来源丰富;若为固体推进剂,还应有良好的力学性质,有较大的抗拉强度和延伸率。常用的推进剂主要有固体、液体两种,少量固液混合体也在试用,还有正在研究的膏体推进剂。

(4) 烟火剂,是指利用其燃烧反应产生可见光、红外辐射、高热、高压气体、气溶胶烟幕和声响等效应的弱爆炸性物质。

发射药按火药燃烧时外部特征可将其分为有烟火药与无烟火药。有烟火药是指燃烧时会产生烟的火药。无烟火药是指燃烧时产生较少固体残留物的火药。最常用的发射药是各种无烟火药。

发射药按火药按结构分为均质火药和异质火药。按制造工艺可分为混合火药和溶塑火药。通常溶塑火药都是均质火药,混合火药都是异质火药。混合火药,是以某种氧化剂和某种还原剂为主要成分,并配以其他成分,经机械混合和压制成形等过程而制成。使用高分子复合技术生产的火药,称为高分子复合火药,属于混合火药。溶塑火药,是以硝化纤维素为主要成分,配以其他物质制成的火药。按其成分均质火药又分为:单基火药、双基火药、多基火药等。单基火药是只含一种高分子燃烧基剂的发射药,它的主要成分是硝化棉,也称硝化棉单基药。双基火药是含两类燃烧基剂的发射药,通常是高分子炸药和爆炸性溶剂。双基火药的能量高于单基火药,可调范围大,缺点是燃速温度系数较高,射击过程中形成的炮口焰和炮管烧蚀通常比单基火大,如硝化棉与硝化甘油制成的双基火药。三基火药是在双基火药中加入不溶解的燃烧基剂而制成的火药,属于复合双基火药一类。它是为了消除大口径榴弹炮、加农炮使用一般双基火药和单基火药中产生的炮管烧蚀、炮口焰、炮尾焰而发展起来的,这种火药的优点是,火焰温度低而定容火药力大,燃速温度系数小;缺点是加入的定量硝基胍,其晶形和粒度难以控制,因而火药的机械强度难以控制得均匀一致。

发射药按火药成型工艺可分为:压制火药、铸造火药、混合火药等。

发射药按火药的某些特点可分为易挥发性火药、难挥发性火药。

发射药按物理状态分可分为固体火药和液体火药。其中,液体发射药包括单元药、双元药、多元药。

11.3.2 装药设计

1. 发射药装药

发射药装药(或称发射装药)是弹药的一个组成部分,是完成一次射击所用的发射药及辅助装药元件的总称。发射药装药的功能,是在射击时赋予弹丸所需要的炮口动能,并能满足武器有关安全、弹道、勤务处理等方面的战术与技术要求。发射药装药学是有关发射药的应用理论与技术的科学。

火炮装药是指用来进行一次发射的、保证火炮内弹道性能和其他战术技术要求而具有特定形状尺寸的定量火药及所有其他有关元件。

现代火炮的装药元件及其作用大致如下。

（1）火药。它是武器的能源，是装药中最主要的元件。它的种类、质量、形状、尺寸及其在药筒或药室中的配置形式对火炮的内弹道性能起着决定性的作用。装药设计的中心环节和主要任务就是合理地选择和设计火药，解决火药使用的方式和条件问题。因此，有时把火药称为主装药。

（2）点火系统。点火是火药燃烧的起始条件，点火的好坏直接影响到火药燃烧的状况，从而影响火药装药的弹道性能。点火系统的作用是在瞬间全面地点燃发射药，使火药正常燃烧并获得稳定的弹道性能。点火过强是造成膛内气体压力骤然增高的原因之一。微弱和缓慢的点火会导致装药不均匀点燃和迟发火，这是造成弹道性能反常和射击烟雾多的主要原因。装药的正常燃烧，除选择合适的点火系统外，还必须合理地选定点火系统的结构和它在装药中的位置。点火系统由两部分组成：一是基本点火具，它对辅助点火药、传火药，或直接对装药进行点火，是提供最初点火热量的点火具。基本点火具有火帽、击发底火、电底火、击发门管等；另一是辅助点火具，用于加强点火能力，包括传火药和传火具。传火药有黑火药和速燃无烟药。传火具（如传火管）内有黑药或奔奈药条。

（3）装药辅助元件。装药中除火药和点火系统外，还可能有护膛剂、除铜剂、消焰剂、紧塞具和密封盖等装药元件。各种装药不一定都有这些元件，而是根据武器的要求分别选择采用。①护膛剂，是防止高温高压火药燃气对炮膛烧蚀的元件，是威力较大的火炮装药必不可少的元件。射击时发生物理化学变化，吸收大量的热，并在内膛表面形成冷却保护层以保护内膛，减轻火药燃气对炮膛的烧蚀作用，提高身管的使用寿命。②消焰剂，是消除火药燃气在炮口和炮尾处与空气中的氧发生进一步燃烧（二次燃烧）而产生的火焰或减弱火焰强度的一种元件。它用来避免夜间暴露目标和使射手眼花。常用的消焰剂是硫酸钾。③除铜剂。它是清除铜质弹带在运动过程中粘附在膛壁上的挂铜的一种元件，是使用铜质弹带的弹丸的不可缺少的元件。积铜的存在会妨碍甚至阻滞弹丸的正常运动和降低射击精度，甚至在积铜严重时出现胀膛现象。④紧塞具，是一种厚纸制的纸具，常有一个盂形盖和数量不等的纸筒、纸垫等，用于药筒装药。其作用在于：平时特别是运输、传递时用以固定装药，防止装药窜动或各个元件间相互错动，保护药粒免遭损坏；装填时防止装药元件向前窜动，保持装药原有结构和弹道性能；射击时在起始阶段能阻止火药燃气泄漏，帮助药筒口部迅速贴紧药室。所有这些都有利于装药的良好点火与燃烧，保证弹道的稳定性。⑤密封盖，是一种有提环的厚纸制盂形盖，其上涂有密封油，用以密封装药，防止受潮。密封盖只在药筒分装式装药才具备，射击前应取出。⑥可燃药筒或可消失药筒，是装药的容器，射击后消失。可燃药筒也具有能量。它们的燃烧性质、质量、结构对弹药的强度、储存性和易损性有重要影响，对弹道性能也有影响。

2. 发射药与身管武器的关系

发射药是身管武器的一个组成部分，是武器进行抛射的能源，而武器又是发射药正常发挥作用的环境和条件，它们是通过武器的总体设计而组成为互相联系的整体。武器射击时，首先是发射药燃烧，再通过燃烧的产物的膨胀推动弹丸，使弹丸获得很高的速度。

全过程完成了发射药化学能变为弹丸动能的能量转化。发射药和身管武器之间互相促进和互相制约,主要表现在下述几个方面:

(1) 身管武器的发射威力主要取决于发射药的能量及其利用率。

(2) 身管武器的寿命,都与发射药燃气的热作用、化学作用和冲刷作用有直接关系。

(3) 发射药的质量、装药结构、点传火性能直接影响身管武器的射击精度,发射药的高密度装药对弹道稳定性的影响更为明显。

(4) 发射药的性质(如燃气的化学性质、发射药的力学性质)明显地影响武器的战斗环境和武器的使用效果;武器射击过程中的各种有害现象(如烟、焰、噪声、冲击波、膛胀、膛炸)大都与发射药性质有关。

(5) 发射药及其装药能影响武器的机动性和勤务操作。低易损的发射药,整体的、刚性的装药能简化武器的操作程序,增加武器的使用寿命。

3. 身管武器对发射药及其装药的一般要求

枪械、迫击炮以及远射程、高初速、高射速等火炮,对发射药及其装药的要求不完全一致。但它们对发射药及其装药存在有共同的最基本的要求。

(1) 发射药应有足够的能量,在火炮药室限定的条件下,满足装药能量密度和炮口动能的需要。

(2) 发射药应有良好的燃烧性能,特别是稳定燃烧的性能,射击时,装药能按照设计的程序有规律地释放气体。

(3) 在运输、储存和射击过程中,特别是在低温射击过程中,发射药应有很好的力学性能,能承受外界的机械冲击和装药高压燃气的冲击,以及药粒彼此间挤压或碰撞。

(4) 发射药的烧蚀性应尽量小,在满足弹道指标的前提下,能保证火炮有较高的寿命。

(5) 射击时,燃烧的装药应避免形成炮口焰和炮尾焰,由膛口流出的气体应少烟、低毒。

(6) 在长期储存中装药不能变质,不能发生事故,要满足储存期安定性和安全性的要求。

(7) 选用的发射药,应该易于生产,原料丰富,成本低廉。

上述基本要求是身管武器对发射装药的共性要求,大口径远射程火炮、高膛压高初速火炮、高射速火炮、无后坐力火炮、迫击炮以及枪械,依据它们在战术中的作用和所承担的任务,对发射装药的要求又各有侧重。在基本要求的基础上,再分别满足这些特殊要求,有利于发射药潜力的发挥,有利于武器特征及其威力的发挥。

4. 火药装药的类型

目前国内外武器装备中线膛武器实际使用的装药有两种类型:一是粒状装药用传火管点火的结构;一是粒状药加长管药或全部为长管药而以点火药包点火的结构。但有时一个装药同时含有传火管和点火药包,这就成了混合结构。

根据弹道要求所确定的构造特征与装填方式,一般线膛炮装药有药筒定装式、药筒分装式以及药包分装式等装药结构。

(1) 药筒定装式装药。装药按主要按弹道要求设计,安置在药筒中并与弹丸结合在一起。该装药的特点是,装药一经设计定型就不再改变,装药量固定,无论在保管、运输或发射时,装有一定量发射药的药筒始终与弹丸结合成一体。药筒定装式装药的优点是发射速度高,在战场上能迅速形成密集的火力,装配后的全弹结合牢固,密封性好,运输、储存和使用方便。这种装药适用于各种中小口径自动武器和射速较高的火炮。装药设计不能只考虑弹道性能,还应考虑防止其他的有害现象的产生。药筒定装式装药广泛采用单基粒状药,随着口径的增大,部分采用管状药或全部采用管状药。药粒可以散装,也可以制成药包和药束装入药筒。

(2) 药筒分装式装药。药筒分装式装药是把装有发射药的药筒和弹头分成独立的组件,按套配备,分开储存。射击时分两步装填,先装弹头,再装发射装药。这种装药多用于大、中口径榴弹炮,加农榴弹炮和加农炮。药筒分装式装药能在炮位不变的情况下,通过变动装药量就可以获得不同的初速和射程。药筒分装式装药一般是由不同型号发射药组成的混合装药,混合装药有多孔和单孔粒状混合药、粒状药和管状药混合药。该装药由薄火药制成基本药包,用厚火药制成等质量的附加药包。基本药包在射击时必须能达到规定的最低初速和解脱引信保险所需的最小膛压,全装药射击时必须提供规定的最大初速,并且不能超过允许的最大膛压。使用药筒分装式装药的火炮,其口径较大,弹药的点火系统由底火和辅助点火药包组成。大威力火炮变装药还使用护膛剂和除铜剂,中威力火炮的装药只用除铜剂。

(3) 药包分装式装药。药包分装式装药的结构原理与药筒分装式装药相同,但不用药筒,直接将药包结合装入药室,并用特殊的击发门管引发。平时,药包的储运过程均置于密封的包装筒中,射击时,直接放人火炮药室。该装药可以由一种或是两种牌号的发射药组成,有若干个药包。一个整体的药包,能获得固定的初速;几个药包的组合,能分别获得不同的速度。药体可以是粒状的或是管状的,一般都具有两种以上的牌号。采用药包分装式装药时,由于取消了药筒,从而降低了使用费用;但其发射时药室的闭气问题就显得尤为突出,因而在采用药包分装式装药时,在火炮中均需同时采用可靠的闭气装置。目前,国内外流行的模块装药与药包分装式装药非常相似,不同的是在模块装药中没有药包,而是将发射药制成具有一定刚强度的装药模块(通常是将粒状药装入标准化的可燃药盒内而形成装药模块,也有直接将发射药压制成标准药块的)。在每个装药模块中,根据需要分别含有其他相应的装药元件。发射时根据发射指令不同的发射装药号而将不同数量及规格的装药模块装填进炮膛。

5. 发射药装药设计

1) 装药设计及其流程

装药设计包括装药的弹道设计、点火系统设计、装药辅助元件设计和装药的结构设计,设计流程如图11-1所示。装药的弹道设计是进行发射药能量、装药密度和全冲量的计算,设计结果是确定出装药所用的发射药种类、装药量、药型和发射药弧厚的依据。点火系统设计、辅助元件设计与结构设计,是进行点火剂、装药容器、缓蚀衬纸、消焰剂、除铜剂、固定元件、传火元件等装药部件的选择,并确定各装药元件的相对位置和确定装药的整体结构。

从整体上看,装药的弹道设计是决定装药系统做功过程的设计。一旦确定了弹道方案,接着是进行装药元件和装药结构的设计。其中,点火系统的设计是辅助元件设计的重要内容。虽然点火系统、辅助元件以及装药结构等设计的目标是明确的,但因现有的理论

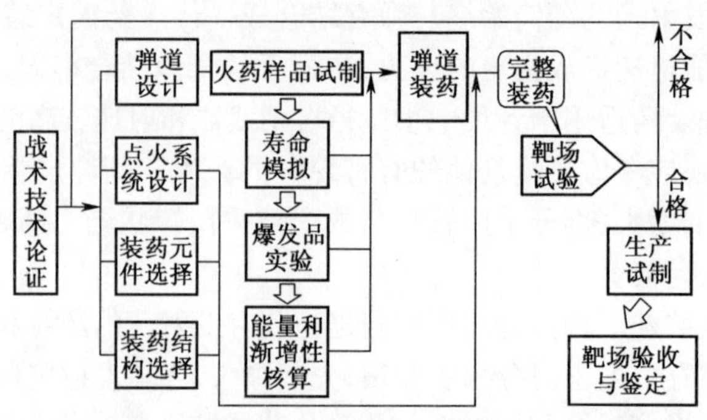

图 11－1　装药设计流程图

不系统，缺少最优化判据，所以在弹道设计之后，往往是依靠经验再结合一些试验，先初步地选择某种结构和元件，再经过弹道设计、装药元件设计、装药结构设计和试验的多次反复，直至达到总体要求后才最终确定装药的整体设计。

2）装药设计的实施

装药设计的基础参数由设计要求和武器基本条件来提供，其中包括：火炮条件（如火炮类型，火炮主要参数：火炮使用的压力、火炮口径、炮膛断面积、药室结构、炮管长度等）、弹丸条件（如弹的种类、弹丸质量、弹的结构等）、弹道指标（如最高膛压与最小膛压、初速、初速分级、初速或然误差、膛压温度系数、速度温度系数等）、射击环境（如使用环境、火炮寿命、射击时弹药的装填方法等）。

（1）装药的弹道设计。

a. 发射药选择。根据装药的基础条件以及装药设计的基本参数初步选定发射药。提出几个可供考虑的发射药型号。

b. 装药能量密度和发射药渐增性的核算。对入选的发射药进行弹道计算，求出给定条件下多组方案的最大压力、初速和燃尽系数等参数作为评价指标来权衡。

c. 装药高、低温弹道性能的核算。对初选的装药方案进行高、低温弹道性能的计算。

（2）点火系统设计。点火系统是发射药装药中的重要组成部分，点火系统能提供点燃装药所必需的能量，并能完成对装药的均匀而全面的点火。点火系统设汁有以下几种点火强度指标：点火药气体压力最大值；点火时间；点火药气体压力曲线上升的趋势；装药单位表面积所吸收的热量；点火压力曲线的重现性。由于装药的具体条件不同，对这些指标的要求也会有所不同。对于一般线膛武器，主要是控制点火压力、点火时间和点火热量，满足这些量的要求后，其他两项指标就比较容易满足。但有气体流出的低压火炮，这五项指标都必须考虑。

a. 点火元件的选择。常用的点火具有底火、点火药包和中心传火管。组成点火具的点火元件是药筒火帽、底火和辅助点火药包。小口径、短药室、定装式装药可直接选用底火作为点火具；中小口径火炮可以选择底火和点火药包作为点火具；大口径、长药室的定、变装药，需选择底火、点火药包、辅助点火药包和/或管林传火药束组成的点火具，也可直接选择中心点火管。对于装填密度较高、药筒较长的弹药，最好选用中心点火管点火具。

b. 点火药种类的选择。现有三类点火药：黑火药、多孔性硝化棉点火药和奔奈药条。

最常用的点火药是黑火药。多孔性硝化棉发射药与黑火药配合使用于低压火炮，以增加点火药的热值。奔奈药条是由黑火药与硝化棉混合而成的条状点火药，可以在大口径火炮中应用。

c. 点火药量的选择。利用定容燃烧在给定点火压力条件下计算点火药量，或者利用经验公式估算点火药量。

经过反复的试验和修正对选择的点火具、点火药和计算的点火药量进行优化，进行弹道试验时，要固定除系统之外的装填条件，只改变点火系统，同时测定火炮的最大膛压、初速和压力曲线，最后选定压力、速度、点火时间适当的、弹道稳定的点火系统。

（3）装药辅助元件选择。主要包括缓蚀衬纸、除铜剂、消焰剂以及紧塞具和密封装置等常用的装药辅助元件。

选择缓蚀剂时，应该考虑到装药条件、火炮口径、装药质量、发射药性质和药室的结构等因素，之后再确定缓蚀剂的质量、类型和装填方式。缓蚀剂占装药量的5%左右。

如果弹带的材料是铜，装药应使用除铜剂。除铜剂占装药量的1%左右。

根据火炮的口径、初速、炮口压力、燃气温度以及产生炮口焰的条件等来决定消焰剂的用量。

需要固定的装药要用紧塞具，大口径分装式装药需用密封装置。

（4）装药结构选择。

a. 根据武器的类型和战术技术要求选择相应的装药结构。中小口径加农炮、高射炮采用药筒定装式装药；大中口径榴弹炮、加榴炮和大口径加农炮，一般选用药筒分装式变装药，只用一组变装药不能满足初速分级要求时采用全变和减变两种装药，大口径榴弹炮和加农炮可以采用药包或可燃容器式分装式装药；高膛压火炮采用高能量密度装药；无后坐力炮和迫击炮采用相对应的特制装药。

b. 发射药位置。粒状药散装于药筒或药包内，装填密度低的粒状药用紧塞具固定于药筒的底部；带装药、杆状药沿药筒的轴向按序排列，过长的杆状药可以截短分段排列，可以散装，也可以捆扎后装填；粒状药和杆状药混合的装药是杆状药沿药筒轴向按序排列后，再用粒状药散装于杆状药的周围；变装药的发射药分装于药包或容器内，射击时临时组合装填。装填密度低的发射药都要用紧塞具固定于药筒的底部。

c. 点火药位置。在短药筒、装填密度不高的情况下，点火药包常放在底火和发射药之间；如果药筒较长、装填密度较高时，除底火和发射药之间的点火药外，要在装药中插入用于传火的管状药束，或者把点火药分成两袋或三袋分放于药筒的底、中、上部。固定于药筒底部的中心点火管普遍适用于粒状药装药的点火，但用于带状药或管状药装药的中心点火管，其传火孔设在点火管的两端。变装药可以将点火药分成两袋，分别放置在药包的上面和下面。

d. 辅助元件位置。缓蚀衬纸安置在装药的周围并接近于弹底，药包分装式装药使用的缓蚀剂可以直接涂在药包布上。除铜剂绕成线圈放置在发射药和紧塞盖的中间，或套在发射药束的上部，带状除铜剂扎在装药上，或直接插在装药内。消焰剂可放在装药的上端或下端，以分别消除炮口焰和炮尾焰，分装式装药可以把消焰剂预制成消焰药包使用。紧塞具和厚纸筒一起放在装药的上部。涂有石蜡、地蜡和石油酯熔合物的密封盖同样置于装药的上部，但在射击前要从药筒中取出。

（5）发射药样品试剂。

a. 发射药样品(或选用现有发射药)。取两种或两种以上的发射药品种(配方或药型)作为主方案进行试验,制出或选出的发射药试品用于密闭爆发器试验。

b. 密闭爆发器试验。通过指定最大压力的试验测出并比较出各试品在高、低、常温下的发射药特征值和 p—t 曲线,着重求出不同温度下的燃速公式,比较各试品在不同温度下的强度和增面因素,从中淘汰强度不适的发射药试品。

c. 寿命模拟。用烧蚀管法和模拟烧蚀枪法比较发射药试品的烧蚀性。

d. 用密闭爆发器试验数据进行装药能量密度和发射药渐增性的核算。

经上述工作,基本选定 1~2 种力学性能、火炮寿命、高低温弹道性能可能满足要求的装药方案。

（6）试制弹道试验用的装药、配置点火具和装药元件。对于每一种发射药,除取弧厚计算值进行试制外,再取±5%两种弧厚、合计三种弧厚进行发射药的试制。在装药方案选择的初期,设法固定点火和装药元件的有关因素,以突出发射药与弹道性能的内在联系。但是,决定方案的全过程,都应该把发射药、点火、装药元件作为一个系统进行研究和选择。

（7）靶场试验。选择和制出的装药,经必要的理化和密闭爆发器试验后才进入靶场试验。靶场试验测定初速、最大压力以及 p—t 曲线,并尽量测定膛内压力波和药室不同位置的 p—t 曲线。根据试验结果和试验条件对计算过程及内弹道编码进行修正,再进入装药诸元计算、试制装药、密闭爆发器试验、靶场试验的循环性工作,直到满足弹道诸元、勤务要求、战术要求为止。在此循环中,应不断地修改装药参数和弹道模型,同时修改装药元件和装药结构,使之成为可用于生产和实战的装药。

（8）生产试制。通过生产试制,验证生产的可能性和创造生产条件。

（9）靶场验收与鉴定。按照国家标准、军事标准的要求进行靶场验收和鉴定。

11.4 火炸药发展

火炸药已有 1000 多年的历史,它的发展可以划分为 4 个时期:①黑火药时期;②近代火炸药的兴起和发展时期;③火炸药品种增加和综合性能不断提高时期;④火炸药发展的新时期。

1. 黑火药时期

黑火药是中国古代四大发明之一,是现代火炸药的始祖。公元 808 年中国就有了正式可考的黑火药配方的文字记载。但直到 19 世纪上半叶,黑火药依然沿用延续了几百年的"一硫二硝三木炭"的古老方子。它的发明,开始了火炸药发展史上的第一个纪元。从 10 世纪至 19 世纪初叶,黑火药也是世界上唯一使用的火炸药。黑火药对军事技术、人类文明和社会进步所产生的深远影响,一直为世所公认并载诸史册。约在 10 世纪初,黑火药开始步入军事应用,使武器由冷兵器逐渐转变为热兵器。宋朝曾大量使用过以黑火药为推进动力或爆炸物组分的武器(如霹雳炮、火枪、铁火炮、火箭等)。这些武器的问世和应用,是兵器史一个重要的里程碑,为近代枪炮的发展奠定了初步基础,具有划时代的意义。

13 世纪前期,中国黑火药经印度传入阿拉伯国家。据估计,在制造和应用火药方面,当时欧洲至少比中国迟后 4 ~5 个世纪。随着黑火药在世界范围内爆破中的广泛应用,迎来了黑火药的灿烂时代。黑火药作为独一无二的火炸药,一直使用到 19 世纪 70 年代中期,延续数百年之久。由于黑火药具有易于点燃、燃速可控制等特点,目前在军用及民用两方面仍有许多难以替代的用途。

黑火药是中华民族科技园中的一个瑰宝,它在火炸药发展中所占据的显赫地位永远是我们民族的骄傲。

2. 近代火炸药的兴起和发展时期

1833 年,法国化学家 H·布雷克特制得硝化淀粉和 1834 年德国化学家米彻利希合成的硝基苯和硝基甲苯,开创了合成炸药的先例,随后出现了近代火炸药发展的繁荣局面。

1）单质炸药

1846 年意大利人 A·索布列罗制得了硝化甘油(NG),为各类火药和代那买特炸药提供了主要原材料。法国科学家特平于 1885 年首次用苦味酸(PA)铸装炮弹,从而结束了用黑火药做为弹体装药的历史。1863 年,德国化学家 J·威尔布兰德合成了梯恩梯(TNT),1891 年实现了它的工业化生产,1902 年用它装填炮弹以代替苦味酸,并成为第一次及第二次世界大战中的主要军用炸药。在 1866 年,瑞典工程师 A. B·诺贝尔以硅藻土吸收硝化甘油制得了代那买特,并很快在矿山爆破中得到普遍应用,这被认为是炸药发展史上的一个突破,是黑火药发明以来炸药科学上的最大进展。1866 年,瑞典人 C. J·奥尔逊和 J. H·诺尔宾提出了世界上第一个制造硝铵炸药的专利;1869 年和 1872 年,德国和瑞典分别进行了硝铵炸药的工业生产,硝铵炸药开始部分取代某些代那买特,并很快得到普及应用,且久盛不衰;进入 20 世纪后,硝铵炸药得到迅速发展,尤以铵梯型硝铵炸药的应用最为广泛。1877 年,K. H·默顿斯首次制得特屈儿,第一次世界大战中用作雷管和传爆药的装药。1894 年由 B·托伦斯合成的太安(PETN),从 20 世纪 20 年代至今,一直广泛用于制造雷管、导爆索和传爆药柱。G·亨宁于 1899 年合成的黑索今(RDX),是一种世所公认的高能炸药,在第二次世界大战中受到普遍重视,并发展了一系列以黑索今为基础的高能混合炸药。1941 年,G. F·赖特和 W·贝克曼在以醋酐法生产黑索今时发现了能量水平和很多性能均优于黑索今的奥克托今,并在第二次世界大战中得到实际应用,使炸药的性能提高到一个新的水平。至 20 世纪 40 年代,现在使用的三大系列(硝基化合物、硝胺及硝酸酯)单体炸药已经形成,而就应用的主炸药而言,炸药的发展已经经历了第一代苦味酸,第二代梯恩梯及第三代黑索今的三个阶段。

2）军用混合炸药

第一次世界大战前主要使用以苦味酸为基的易熔混合炸药,从 20 世纪初叶即开始被以梯恩梯为基的混合炸药(熔铸炸药)取代。在第一次世界大战中,含梯恩梯的多种混合炸药(包括含铝粉的炸药)是装填各类弹药的主角。

在第二次世界大战期间,各国相继使用了特屈儿、太安、黑索今为混合炸药的原料,发展了熔铸混合炸药特屈托儿、膨托利特、赛克洛托儿和 B 炸药等几个系列,并广泛用于装填各种弹药,使熔铸炸药的能量比第一次世界大战期间提高了约 35%。同时,以上述几种猛炸药为基(有的也含梯恩梯)的含铝炸药(如德国的黑萨儿、英国的托儿派克斯)也在第二次大战中得到应用。第二次世界大战期间，以黑索今为主要成分的塑性炸药（C炸药）及钝感黑索今（A炸药），均在美国制式化。加上上述的B炸药，A、B、C三大系列军用混合炸药都在这一时期形成，并一直沿用至今。

3）发射药和推进剂

法国化学家P·维耶里于1884年用醇、醚混合溶剂塑化硝化棉制得了单基药。1888年，A. B·诺贝尔在研究代那买特炸药的基础上，用低氮量的硝化棉吸收硝化甘油制成了双基发射药，称为巴利斯太火药，后来广泛用于火药装药。1890年，英国人F. A·艾贝尔和J·迪尤尔用丙酮和硝化甘油共同塑化高氮量硝化棉，制成了柯达型双基发射药。1937年德国人在双基发射药中加入硝基胍，制成了三基发射药。这一时期出现和形成的单、双、三基发射药，大大改善和提高了发射药的性能，促进了武器系统的进一步发展。

用于火箭的火药（固体推进剂），是在第二次世界大战末期发展起来的。1935年，前苏联首先将双基推进剂（DB）用于军用火箭。美国于1942年首先研制成功第一个复合推进剂——高氯酸钾—沥青复合推进剂，为发展更高能量的固体推进剂开拓了新的领域。与此同时，美国还研制成功了浇铸双基推进剂，为发展推进剂的浇铸工艺奠定了基础。1947年，美国制得了另一个现代复合推进剂——聚硫橡胶推进剂（PS），使火箭性能有了较大的提高，此后复合推进剂得到了迅速发展，并在大中型火箭中获得了广泛的应用。

第二次世界大战后期，德国将液体火箭推进剂用于V-1及V-2火箭中。

3. 火炸药品种增加和综合性能不断改善时期

第二次世界大战后，火炸药的发展进入了一个新的时期。在这一时期中，火炸药品种不断增加，性能不断改善。

1）单质炸药

第二次世界大战后，奥克托今进入实用阶段，制得了熔铸混合炸药奥克托儿和多种高聚物黏结炸药，并广泛用作导弹、核武器和反坦克武器的战斗部装药。在20世纪60年代，国外先后合成了耐热钝感炸药六硝基芪和耐热炸药塔柯特。中国在这一时期合成了系列高能炸药，在炸药合成史上写下了为国际同行公认的一页，也开创了合成高能量密度炸药的先河。在20世纪70年代，对三氨基三硝基苯重新进行了研究，美国制造了耐热低感高聚物黏结炸药。中国也于20世纪70～80年代合成和应用了三氨基三硝基苯，并积极开展了对其性能和合成工艺的研究。

2）军用混合炸药

第二次世界大战后期发展的很多军用混合炸药（如A、B、C三大系列），在20世纪50年代后均得以系列化及标准化。在此期间，还发展了以奥克托今为主要组分的奥克托儿熔铸炸药，使这类炸药的能量又上了一台阶。20世纪60年代，美国大力完善了HBX型高威力炸药，用于装填水中兵器。20世纪70年代初，美国开始使用燃料—空气炸药装填炸弹，并将该类炸药作为炸药发展的重点之一。这一时期重点研制的另一类军用混合炸药是高聚物黏结炸药。并在20世纪60～70年代形成系列，且随后用途日广，品种剧增。20世纪70年代后期，出现了低易损性炸药或不敏感炸药，它代表军用混合炸药的一个重要研究方向。至20世纪80年代，此类炸药更加为各国军方重视和青睐。此外，这一时期各国还大力研制分子间炸药。

中国发展军用混合炸药的过程,在某些方面几乎是与国外发达国家同步的。从 20 世纪 60 年代起,中国即相继研制了上述各主要的军用混合炸药。中国研制的很多军用混合炸药品种与 A、B、C 三大系列及美国的 PBX、LX、RX 及 PBXN 系列相当,但配方各有特色。

3）发射药与推进剂

这一时期应用的发射药仍然是以硝化纤维素、硝化甘油和硝基胍为主要含能原料的单、双、三基药。20 世纪 70 年代中期以来,各国积极研制高能的混合硝酸酯发射药和硝胺发射药。与此同时,低易损性发射药和液体发射药被普遍重视。

除了配方外,这一时期发展了装药技术并取得了实质进展。从 20 世纪 70 年代开始,装药技术的研究主要集中在增加装药量技术、低温感装药技术、点传火技术及随行装药技术等方面,特别是低温感(零梯度)装药技术,由于具有能显著提高火炮初速和降低膛内压力的作用,成为装药技术领域内的研究热点和重点,中国在这方面取得的成果处于国际领先水平。

20 世纪 50 ~ 80 年代是固体推进剂快速发展并取得重大进展的时期。在这一时期,固体推进剂由最初双基推进剂到改性双基推进剂,并在低可探测性、低易损性、贫氧和耐热等推进剂,以及在黏结剂和新型氧化剂等研究方面取得了突破性的进展。工艺也由压伸发展到浇铸,且可制备直径 6m 以上的大型药柱和药型复杂的药柱。大体上可将这一时期分成三个阶段。

我国从 1950 年制成了双基推进剂以来,相继发展了多种推进剂,尤其是 20 世纪 80 年代中国研制的硝酸酯增塑聚醚推进剂,其能量水平、燃烧性能、安全性能,特别是低温力学性能,均已达到国际先进水平,成为继美、法之后掌握硝酸酯增塑聚醚推进剂技术的国家。

4. 火炸药发展的新时期

进入 20 世纪 80 年代中期后,现代武器对火炸药的能量水平、安全性和可靠性提出了更高和更苛刻的要求,促进了火炸药的进一步发展。

20 世纪 90 年代研制的火炸药是与“高能量密度材料(HEDM)”这一概念相联系的。这里的“高能量密度材料”不是指那些单纯具有高的“能量密度”的含能材料,而是指那些既能显著提高弹药杀伤威力,又能降低弹药使用危险和易损性,增强弹药使用可靠性,延长弹药使用寿命,并减弱弹药目标特征的含能材料(火炸药)。

1987 年美国的 A. T · 尼尔逊合成出了六硝基六氮杂异伍兹烷(HNIW),英、法等国也很快掌握了合成 HNIW 的方法。1994 年,中国也合成出了 HNIW,成为当今世界上能研制 NHIW 的少数几个国家之一。20 世纪 80 年代中期以来,各国还大力研究了二硝酰胺铵的合成工艺,中国也于 1995 年合成出了二硝酰胺铵。

在 20 世纪 90 年代,除了继续提高丁羟复合推进剂、改性双基推进剂,特别是硝酸酯增塑聚醚推进剂的综合性能外,固体推进剂的研究向纵深发展。高能推进剂(高能低特征信号推进剂、高能钝感推进剂及高能高燃速推进剂)是该领域中的一个重要发展方向。

发射药在这一阶段的研究重点是高能硝胺发射药、低易损性发射药、双基球形药、液体发射药及新型装药技术。

11.5 火炸药技术

11.5.1 火炸药技术的研究内容

火炸药技术所涉及的基础理论有无机、有机、分析、物化、高分子等化学,涉及化工领域的合成、工艺、分析检测以及生产过程和设备。

火炸药技术与各国的国防实力密切相关,因此在该领域内各国都集中一批高水平的科学家,重点研究火炸药设计、燃烧、爆炸和弹道等理论;研究火炸药的制造技术;研究它在武器装备、宇航和工农业生产方面的应用理论;研究和发展高性能的火炸药新品种。

1. 高能和具有特定性能的火炸药设计理论研究

研究火炸药新品种和探索新能源火炸药是火炸药科学研究的重点和长远的研究方向,主要有以下几个方面。

(1) 发展高能量密度火炸药。火炸药研究的重点之一是设计和制备高能量密度的火炸药,研究的内容有:高能量密度的单组分炸药;性能良好的黏结剂;高能量、高密度的推进剂和发射药;含能添加剂和高燃速火药等。

(2) 发展新能源火炸药。目前具有代表性的火炸药新能源技术主要有:液体发射药、燃料空气炸药、贫氧推进剂、电热化学推进剂、新型高能量密度材料等。

(3) 发展独具特征的火炸药品种。火炸药研究的一个重要方面是利用火炸药的内在规律来改造火炸药的性质或创造新的火炸药品种,尤其是具有特定性能的火炸药,例如燃速稳定的推进剂、高爆速炸药、变燃速发射药、低爆速炸药等。

(4) 研究制备火炸药的工艺技术。火炸药研究的一项重点内容是它的生产工艺技术。火炸药工艺研究的主要内容有:生产过程连续化、自动化和遥控化等生产的现代化技术;火炸药柔性制造等生产工艺技术;新的工艺过程及有关的技术;生产过程的本质安全程度和与环境保护技术;生产过程的在线检测技术等。

(5) 研究火炸药的设计理论。主要研究火炸药的设计方法和合成理论;研究火炸药的燃烧、爆炸和弹道等理论;研究火炸药在武器装备、宇航以及在工农业生产方面的应用理论等。

2. 火炸药的应用技术研究

(1) 改善使用条件,采用新结构,提高武器的整体威力。

(2) 采用高能量密度装药技术,提高火炸药推进与毁伤的能力。

(3) 研究火炸药利用率的有关技术,主要包括:①研究组成与化学反应的关系和增加反应效率的方法;②研究装药燃气生成规律与效率的关系;③摄取环境组分,大幅度增加体系的效能等。

(4) 研究勤务处理、提高武器机动性和生存能力的装药技术,主要包括:①简化勤务处理、提高武器机动性能的装药技术;②提高武器生存能力的装药技术等。

11.5.2 火炸药技术的展望

火炸药是常规武器,甚至是一些战略武器重要的基本组成部分,为各种武器弹药提供发射和毁伤的能源,它总是沿着不断提高能量和应用更加安全的方向发展。能量与安全要求之间的矛盾性质,支配着它的整个发展进程。现代武器对火炸药的能量、安全性和可靠性又提出了极为苛刻的要求,促进了火炸药及其应用高新技术的迅速发展,成为优先发展的军事技术领域之一。

火炸药技术的发展涉及有机合成、化学热力学与动力学、界面化学和计算机应用等工程技术,它是一种综合性很强的技术。由于该学科的交叉性和行业的综合性,在其科技进步和长期发展中形成为一项系统工程。火炸药技术的发展方向归纳起来是:

(1) 利用高新技术更新改造传统的火炸药工业。

(2) 以更高的能量和先进的含能材料及技术为武器弹药的更新换代建立技术基础。

(3) 加强火炸药基础理论、计算机辅助设计及性能模拟演示验证等基础技术的研究。

火炸药重点发展的技术有:

(1) 含能材料和功能材料的合成与应用技术。

(2) 新型火炸药的配方和应用技术。

(3) 火炸药新工艺技术。

(4) 火炸药能量释放、利用及转换技术。

(5) 火炸药性能演示验证技术。

(6) 火炸药弹道性能模拟、评估技术。

(7) 火炸药安全与环保技术。

火炸药技术的突出特点在于它的实践性,其发展必须建立在已经充分论证的理论和极严格的实验研究基础之上,未来的进展还要依靠该领域内经验丰富的科技人员及其实践。

参考文献

[1] 田棣华,等. 兵器科学技术总论[M]. 北京:北京理工大学出版社,2003.

[2] 李鸿志,等. 现代兵器科学技术[M]. 济南:山东人民出版社,2003.

[3] 袁军堂,张相炎编著. 武器装备概论[M]. 北京:国防工业出版社,2011.

[4] 宋贵宝,等. 武器系统工程[M]. 北京:国防工业出版社,2009.

[5] 栾恩杰. 国防科技名词大典(兵器)[M]. 北京:航空工业出版社,2002.

[6] 慈云桂. 中国军事百科全书(军事技术基础理论分册)[M]. 北京:军事科学出版社,1993.

[7] 《兵器工业科学技术辞典》编辑委员会编. 兵器工业科学技术辞典[M]. 北京:国防工业出版社,1991.

[8] 钱林方. 火炮弹道学[M]. 北京:北京理工大学出版社,2009.

[9] 曹红松,等. 兵器概论[M]. 北京:国防工业出版社,2008.

[10] 董跃农. 士兵系统[M]. 北京:国防工业出版社,2006.

[11] 王裕安,等. 自动武器构造[M]. 北京:北京理工大学出版社,1994.

[12] 马福球,等. 火炮与自动武器[M]. 北京:北京理工大学出版社,2003.

[13] 谈乐斌,等. 火炮概论[M]. 北京:北京理工大学出版社,2005.

[14] 张相炎. 火炮概论[M]. 北京:国防工业出版社,2013.

[15] 潘玉田,郭保全. 轮式自行火炮总体技术[M]. 北京:北京理工大学出版社,2009.

[16] 武瑞文,等. 现代自行火炮武器系统顶层规划和总体设计[M]. 北京:国防工业出版社,2006.

[17] 张相炎. 火炮设计理论[M]. 北京:北京理工大学出版社,2005.

[18] 于子平,张相炎. 新概念火炮[M]. 北京:国防工业出版社,2012.

[19] GJB 744—89 火炮术语、符号. 北京:国防科工委军标出版发行部出版发行,1990.

[20] 李军主编. 火箭发射系统设计[M]. 北京:国防工业出版社,2008.

[21] 郑慕侨,等. 坦克装甲车辆[M]. 北京:北京理工大学出版社,2003.

[22] 阎清东,等. 坦克构造与设计[M]. 北京:北京理工大学出版社,2007.

[23] GJB 742—89 装甲车辆术语、符号. 北京:国防科工委军标出版发行部出版发行,1992.

[24] 王儒策. 弹药工程[M]. 北京:北京理工大学出版社,2005.

[25] 李向东. 弹药概论[M]. 北京:国防工业出版社,2004.

[26] 王志军,伊建平. 弹药学[M]. 北京:北京理工大学出版社,2005.

[27] 鞠玉涛,陈雄. 火箭导弹技术引论[M]. 北京:兵器工业出版社,2009.

[28] 祁戴康. 制导弹药技术[M]. 北京:北京理工大学出版社,2002.

[29] 沈如松. 导弹武器系统概论[M]. 北京:国防工业出版社,2010.

[30] 周立伟. 目标探测与识别[M]. 北京:北京理工大学出版社,2008.

[31] 张河. 目标探测与识别技术[M]. 北京:北京理工大学出版社,2005.

[32] 魏云升,等. 火力与指挥控制[M]. 北京:北京理工大学出版社,2003.

[33] 张彦斌. 火炮控制系统及原理[M]. 北京:北京理工大学出版社,2009.

[34] 宋跃进. 指挥与控制战[M]. 北京:国防工业出版社,2012.

[35] 秦继荣. 指挥与控制概论[M]. 北京:国防工业出版社,2012.

[36] 王泽山. 火炸药科学技术[M]. 北京:北京理工大学出版社,2002.
[37] 王泽山,等. 火药装药设计原理与技术[M]. 北京:北京理工大学出版社,2006.
[38] 欧育湘. 炸药学[M]. 北京:北京理工大学出版社,2006.
[39] GJB 741—89 火药术语、符号. 北京:国防科工委军标出版发行部出版发行,1990.
[40] 军事百科,www. baidu. com.
[41] 枪炮世界,http://www. gun-world. net.
[42] 国防在线,http://www. defenseonline. com. net.
[43] 军事科技,http://www. army-technology. net.
[44] 中国国防部,http://www. nod. gov. cn.
[45] 中华军事,http://military. china. com.
[46] 全球防务,http://www. defence. gov. cn.
[47] 美国国防部,http://www. defenselink. mil.
[48] 英国军事,http://www. army. mod. uk.
[49] 德国军事,http://www. bundeswehr. de.
[50] 法国军事,http://www. defense. gouv. fr.